U0213254

BLUE BOOK

智 库 成 果 出 版 与 传 播 平 台

四川蓝皮书

BLUE BOOK OF SICHUAN

四川生态文明建设报告
（2024）

ANNUAL REPORT ON ECOLOGICAL CIVILIZATION
CONSTRUCTION OF SICHUAN (2024)

主　编　李晟之　李晓燕
副主编　赵　川　王　倩

社会科学文献出版社
SOCIAL SCIENCES ACADEMIC PRESS（CHINA）

图书在版编目（CIP）数据

四川生态文明建设报告. 2024 / 李晟之，李晓燕主
编；赵川，王倩副主编. --北京：社会科学文献出版
社，2024.6. --（四川蓝皮书）. --ISBN 978-7-5228-
3763-5

Ⅰ. X321. 271
中国国家版本馆 CIP 数据核字第 20244VP730 号

四川蓝皮书
四川生态文明建设报告（2024）

主　　编 / 李晟之　李晓燕
副 主 编 / 赵　川　王　倩

出 版 人 / 冀祥德
责任编辑 / 侯曦轩　张　媛
责任印制 / 王京美

出　　版 / 社会科学文献出版社·皮书分社（010）59367127
　　　　　　地址：北京市北三环中路甲 29 号院华龙大厦　邮编：100029
　　　　　　网址：www. ssap. com. cn
发　　行 / 社会科学文献出版社（010）59367028
印　　装 / 天津千鹤文化传播有限公司

规　　格 / 开本：787mm×1092mm　1/16
　　　　　　印张：24　字数：365 千字
版　　次 / 2024 年 6 月第 1 版　2024 年 6 月第 1 次印刷
书　　号 / ISBN 978-7-5228-3763-5
定　　价 / 158. 00 元

读者服务电话：4008918866

四川蓝皮书编委会

主　任　刘立云　杨　颖

副主任　李中锋

编　委（按姓氏笔画为序）

王　芳　王　倩　向宝云　刘　伟　刘金华

安中轩　李卫宏　李晟之　李晓燕　何祖伟

张立伟　张克俊　陈　妤　陈　映　罗木散

庞　森　赵　川　彭　剑　蓝定香　虞　洪

廖祖君

《四川生态文明建设报告（2024）》
编　委　会

主要编撰者简介

李晟之 博士，四川省社会科学院生态文明研究所研究员，四川省社会科学院农村发展研究所硕士生导师、资源与环境中心秘书长，四川省政协人口与资源环境委员会特邀成员，社区保护地中国专家组召集人。研究方向为国家公园与碳汇经济。著有《社区保护地建设与外来干预》《都江堰——四姑娘山生态走廊绿色高质量发展战略研究》等作品，并连续 9 年担任《四川蓝皮书：四川生态建设报告》主编，多项政策建议获省部级领导批示。

李晓燕 博士，四川省社会科学院生态文明研究所研究员，四川省社会科学院农村发展研究所硕士生导师，四川省社会科学院生态文明研究所副所长，被评为中共中央宣传部宣传思想文化青年英才、四川省学术和技术带头人、四川省"天府万人计划"青年拔尖人才。研究方向为生态文明与农业经济。在《马克思主义研究》等期刊发表论文 40 余篇，出版专著《低碳农业发展研究——以四川为例》《健全农业生态环境补偿制度研究——基于生产功能与生态功能的视角》2 部，主持国家级和省部级项目 12 项。1 项成果入选"国家哲学社会科学成果文库"，9 项成果获得省部级奖励，20 余项政策建议获国家领导人、四川省主要领导批示，部分成果被省、市、县（区）各级政府或有关部门采纳。

赵　川 博士，四川省社会科学院生态文明研究所副研究员，农业农村部中国重要农业文化遗产专家委员会专家，第十四批四川省学术和技术带头人后备人选，四川省"科技下乡万里行"文旅服务团专家。主要研究方向为绿色发展、旅游经济、乡村旅游。参与国家和省部级课题4项，专利两项。多项政策建议获中央领导及省部级领导批示，发表论文40余篇，主持参与区域经济及旅游发展研究和规划50余项。著有《文化旅游融合创新典型案例研究》等学术专著。

王　倩　博士，四川省社会科学院生态文明研究所副研究员，四川省社会科学院区域经济研究所硕士生导师，美国加州大学（伯克利）访问学者，四川省海外留学高层次人才。主要研究方向为区域经济、生态文明。主持国家社科基金一般项目1项、国家社科基金重大项目子课题2项。著有《基于主体功能区的区域协调发展研究》等学术专著，多项政策建议获中央领导及省部级领导批示，获四川省哲学社会科学优秀成果一等奖。

摘　要

党的二十大报告指出，"中国式现代化是人与自然和谐共生的现代化"。习近平总书记在 2023 年 7 月来川视察中指出，四川是长江上游重要的水源涵养地、黄河上游重要的水源补给区，也是全球生物多样性保护重点地区，要把生态文明建设这篇大文章做好。这为四川加快生态文明建设提供了根本遵循。四川地处长江黄河上游，需要坚决扛牢上游责任，共抓大保护、不搞大开发，高质量建设大熊猫国家公园，加快创建若尔盖国家公园，切实筑牢长江黄河上游生态屏障，推动生态环境质量持续改善，坚持山水林田湖草沙一体化保护和系统治理，以更高标准打好蓝天、碧水、净土保卫战，加快建设美丽四川，做好生态文明建设大文章，为子孙后代守护好巴蜀大地的青山绿水、蓝天净土，谱写美丽中国的四川篇章。

《四川蓝皮书：四川生态文明建设报告（2024）》继续沿用"压力—状态—响应"模型对 2023 年四川省生态建设基本态势进行梳理和总结，并聚焦经济文化、生态环境、大熊猫国家公园等专题展开研究。在第一部分总报告对四川省 2022～2023 年度生态建设的主要行动、成效和挑战进行了系统评估和总结，并对未来发展趋势进行了研判。在第二部分经济文化篇中，结合生态文明的建设背景，对四川省县域经济、生态产业、绿色金融、生态文化等方面进行了专题研究。在第三部分生态环境篇中，围绕生态产品价值实现、协调发展、清洁能源、极端气候、零废弃城市建设等议题进行了研究。第四部分专题篇对碳交易、环境法制建设等议题进行了研究。在第五部分国家公园建设篇中，围绕四川省大熊猫国家公园、若尔盖国家公园的生态产品

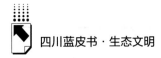

价值实现、自然教育和社区发展问题进行了深入研究。

2024 年，四川省需要紧密围绕《中共中央 国务院关于全面推进美丽中国建设的意见》中的各项要求，结合四川实际聚焦美丽四川建设，在生态产品价值实现、降碳减污协同增效、城乡人居环境建设、"双碳"战略下的清洁能源转型及应用上争取新突破，继续深入推进国家公园建设，为四川经济社会建设注入持续的原动力。

关键词： 生态建设　绿色转型　"双碳"　美丽四川

目 录 ⌐⟨

Ⅰ 总报告

Ⅱ 经济文化篇

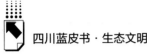

V 国家公园建设篇

皮书数据库阅读**使用指南**

总 报 告

B.1

2022~2023年四川生态建设基本态势

李晟之　孙 玺*

摘　要： 本报告使用"压力—状态—响应"模型（PSR模型）的框架体系，构建三组反映四川省生态环境"压力""状态"和生态建设"响应"的指标。通过对三组指标的变化情况展开数据收集与总结分析，评估四川省2022~2023年的生态建设成效。总体来看，四川省生态环境建设基本态势持续向好，生态环境质量显著改善，生态保护措施力度加大，但在生态建设实践中仍存在一些由自然灾害、经济运作、政策规制、人为活动带来的问题。因此，在未来四川省生态建设和发展过程中，要持续深化污染防治工作，提升生态环境治理能力，推动生态产品价值转化。

关键词： PSR模型　生态建设　生态评估　四川

---

* 李晟之，四川省社会科学院生态文明研究所研究员，主要研究方向为农村生态；孙玺，四川省社会科学院，主要研究方向为农村发展。

本报告采用"压力—状态—响应"模型（PSR 模型）的框架体系，分析四川省生态建设总体成效。PSR 模型全称为 Pressure—State—Response，是加拿大统计学家 David J. Rapport 和 Tony Friend 在 1979 年提出的，其后广泛用于环境可持续发展问题的研究或评价。PSR 模型实质上是以因果关系作为逻辑基础，通过分析"压力"（Pressure）、"状态"（State）、"响应"（Response）3 个指标的变化情况，综合反映人类行为活动与生态环境之间的作用关系。这种作用关系指人类通过经济社会活动从自然环境中获取资源，这些活动会导致生态环境状态发生变化，而生态环境状态的变化反过来也会影响人类的活动行为和决策，[①] 即社会或个人为减小生态环境状态变化带来的负面影响而作出补救的响应行动。PSR 模型主要强调人类活动对环境造成的压力、特定时间阶段环境的变化状态以及社会和个人对环境变化的响应这三个环节。本报告通过收集四川省生态建设三个环节中的相关指标数据和信息，系统评估四川省 2022～2023 年生态建设中压力、状态和响应的情况。

本报告旨在研究四川省 2022～2023 年生态建设的基本态势，分析四川省生态建设详细情况，展望四川省生态建设发展趋势。本报告所使用的数据均为《2022 年四川省生态环境状况公报》《2022 年四川省国土绿化公报》《2022 年四川省生态环境统计公报》《2022 年四川省国民经济和社会发展统计公报》等相关政府部门已披露的数据，由于报告完成时，涉及2023 年的数据尚未披露完整，因此本报告主要使用 2022 年的相关数据进行撰写。

一 四川生态建设"状态"

四川省地形复杂多样，海拔高低悬殊，总体呈现西高东低的特征。加之

---

① 李晟之、杜婵：《四川生态建设基本态势》，载李晟之主编《四川生态建设报告（2020）》，社会科学文献出版社，2020。

横断山区和华西雨屏的独特地理气候，四川省囊括了森林、草原、湿地、荒漠四大生态系统，是各类生物重要的栖息地，也是全球生物多样性保护的热点地区。本部分将从土地利用状况、生态环境状况介绍四川省2022年生态建设总体"状态"，选取与自然资源相关的指标来衡量四川省生态产品供给能力；从空气质量、水土状况、垃圾分解等方面反映四川省生态系统的调节能力；以固碳和土壤质量说明四川省生态支持能力；分析生态文化价值体现四川省文化服务供给能力。

（一）总体概况

1. 土地利用状况

2022年四川省国土变更调查数据显示，四川省主要地类面积分别为：耕地面积520.99万hm^2、林地面积2543.50万hm^2、草地面积960.81万hm^2、湿地面积122.96万hm^2、园地面积121.44万hm^2、水域及水利设施用地面积108.66万hm^2、交通运输用地面积54.24万hm^2、城镇村及工矿用地面积186.15万hm^2（见图1）。

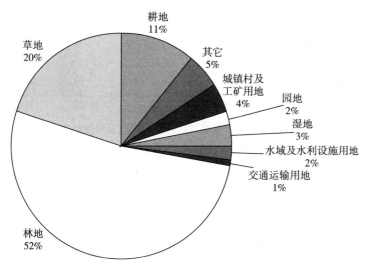

图1　2022年四川省各地类面积构成比例

资料来源：《2022年度四川省国土变更调查主要数据》，四川省自然资源厅。

2. 生态环境状况

2022 年，四川省根据《生态环境状况评价技术规范》（HJ192—2015）测定，生态环境状况指数（EI 值）为 70.9，相比 2021 年的 71.7，降低了 0.8，四川省生态环境总体状况评定为"良"（EI≥75 为"优"、55≤EI<75 为"良"、35≤EI<55 为"一般"、20≤EI<35 为"较差"、EI<20 为"差"），生态环境总体状况较 2021 年保持相对稳定。其中，用以评估生态环境状况指数的 5 个指标数值分别为：生物丰度指数为 63.6、植被覆盖指数为 86.2、水网密度指数为 30.7、土地退化指数为 83.2、环境质量指数为 99.9。相比 2021 年，植被覆盖指数和水网密度指数变化较大，分别下降了 1.5 和 2.9；生物丰度指数和环境质量指数基本稳定，上下浮动值为 0.1；土地退化指数连续 3 年无变化（见图 2）。

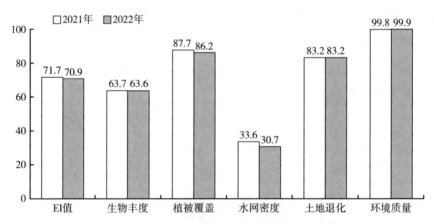

图 2　2021~2022 年四川省生态环境状况指数及分指数变化情况

资料来源：《2022 年四川省生态环境状况公报》。

（1）市域生态环境状况

市域层面，2022 年全省 21 个市（州）的生态环境状况评定结果均为"优"和"良"，除凉山州由 2021 年的"优"降为 2022 年的"良"，其余均无变化。其中，生态环境状况评定结果为"优"的市（州）共 3 个，为雅安市、乐山市、广元市，占市域总量的 14.3%，占全省面积的 9.1%；生态环境状况评定结果为"良"的市（州）共 18 个，占市域总量的 85.7%，占全省面积的 90.9%。对 21 个市（州）的生态环境状况指数进行测定，测定结果为 59.3~83.5。相比 2021 年，"无明显变化"的市（州）数量从 17 个下降至 9 个，其余 12 个市（州）均有变差的情况。生态环境状况指数变差的 12 个市（州）中，广安市"明显变差"；成都市、宜宾市、南充市由"略微变好"转为"略微变差"；乐山市和广元市尽管评定结果为优，但生态环境状况指数较 2021 年"略微变差"；自贡、遂宁、内江、达州、巴中、资阳 6 个市（州）由"无明显变化"转为"略微变差"。

（2）县域生态环境状况

县域层面，2022 年四川省对全省范围内 183 个县（市、区）的生态环境状况进行测定，测定的结果中，96.2% 的县域生态环境状况为"优"和"良"，剩余 3.8% 的县域测定结果为"一般"。其中，生态环境状况评定结果为"优"的县（市、区）共 36 个，较 2021 年减少 7 个，占县域总量的 19.7%，生态环境状况指数值为 75.1~89.9；生态环境状况评定结果为"良"的县（市、区）共 140 个，较 2021 年增加 6 个，占县域总量的 76.5%，生态环境状况指数值为 55.4~74.8；生态环境状况评定结果为"一般"的县（市、区）共 7 个，较 2021 年增加 1 个，占县域总量的 3.8%，生态环境状况指数值为 40.1~54.3。相比 2021 年，县域层面的生态环境状况测定结果中，"无明显变化"的县（市、区）数量从 134 个下降至 82 个，90 个县（市、区）"略微变差"，10 个县（市、区）"明显变差"，只有绵阳平武县生态环境状况指数"略微变好"。

（二）生态产品供给

生态产品一般包含有形的生态产品和无形的生态服务。其中，有形的生态产品是可以直接获取、使用的自然资源，如水资源、林木资源、生物资源等，大多数可以进行量化；无形的生态服务指生态系统运行过程中提供的服务和自我维持的功能，如气候调节服务、水土支持服务、文化供给服务等，不容易直接量化。一直以来，生态产品的供给能力是衡量生态环境"状态"

的重要指标，本部分选取四川省的水资源、森林资源、草原资源、湿地资源和生物资源指标作为有形的生态产品，通过各项指标的数值衡量四川省生态产品的供给能力与生态建设"状态"。

1. 水资源

2022年，四川省对地表水质量进行测定，全省地表水水质总体评定结果为"优"。在全省范围内监测的343个地表水断面中，Ⅰ类水质"优"断面208个，占监测断面总量的60.6%；Ⅱ类水质"优"断面40个，占监测断面总量的11.7%；Ⅲ类水质"良好"断面93个，占监测断面总量的27.1%；Ⅳ类水质断面2个，占监测断面总量的0.6%，主要污染指标为高锰酸盐指数和化学需氧量；暂无Ⅴ类、劣Ⅴ类水质断面（见图3）。

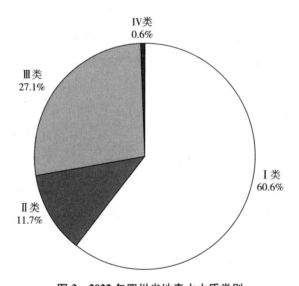

图3　2022年四川省地表水水质类别

资料来源：《2022年四川省生态环境状况公报》。

（1）湖库水质

2022年，四川省对全省范围内14个湖库进行监测。其中，Ⅰ类湖库1个，为泸沽湖；Ⅱ类湖库11个，较2021年增加1个，分别为邛海、葫芦口水库、紫坪铺水库、黑龙滩水库、升钟水库、二滩水库、沉抗水库、双溪水库、三岔湖、白龙湖、瀑布沟，水质情况为"优"；Ⅲ类湖库2个，较2021年减少1个，为老鹰水库和鲁班水库，水质情况为"良好"。与2021年相比，瀑布沟从Ⅲ类转为Ⅱ类湖库，水质情况略有好转，其余湖库水质均无变化。对全省14个湖库的水体综合营养状态指数进行测定，其中水体"贫营养"的湖库有4个，分别为泸沽湖、邛海、紫坪铺水库、二滩水库，与2021年相比，二滩水库富营养程度有所好转；水体"中营养"的湖库有10个，分别为葫芦口水库、黑龙滩水库、升钟水库、沉抗水库、双溪水库、老鹰水库、鲁班水库、三岔湖、白龙湖、瀑布沟。

（2）集中式饮用水水源地水质

市域层面，四川省在21个市（州）范围内共设立了46个集中式饮用水水源地监测点。2022年，对46个监测点水质进行测定，监测断面所测项目全部达标。全年共取水236699万吨，取水水量全部达标，水质达标率为100%。

县域层面，四川省在21个市（州）142个县（市、区）范围内共设立了230个集中式饮用水水源地监测点。2022年，对230个监测点水质进行测定，监测断面所测项目全部达标。全年共取水257894.1万吨，取水水量全部达标，水质达标率为100%。

乡镇层面，四川省在21个市（州）169个县（市、区）范围内共设立了2593个集中式饮用水水源地监测点。2022年，按实际开展的监测项目进行测定，共有2530个监测断面所测项目达标，达标率为97.6%，较2021年提高2.7个百分点。

2. 森林资源

（1）国土绿化

四川省森林面积约19.46万km²，森林覆盖率为40.26%，森林蓄积量达19.44亿m³。其中，天然林占比在80%以上，数量位居全国前列。具体来看，四川省2022年共完成营造林37.29万hm²，包含人工造林（含更新）2.67万hm²、封山育林7.61万hm²、退化林修复7.85万hm²、中幼林抚育19.16万hm²（见图4）。

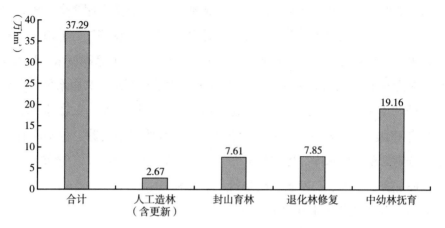

图4　2022年四川省营造林完成情况

资料来源：《2022年四川省国土绿化公报》。

2022年全省共有0.32亿人次参加义务植树活动，共植树1.1亿株（见表1）。

表1　2022年及历年累计四川省义务指数情况

单位：亿人次，亿株

时间	参加人数	植树数
2022年	0.32	1.1
历年累计	15.219	65.7578

资料来源：《2022年四川省国土绿化公报》。

（2）生态空间格局

2022年，四川省生态保护红线面积调整为14.86万km²，占全省幅员面积的30.6%。2022年出台的《四川省国土空间生态修复规划（2021—2035年）（征求意见稿）》将四川省的生态空间划分为"四区九川"的分布格局，确定生态保护修复一级分区8个、二级分区22个。

（3）古树名木保护

2022年，四川省全面完成古树鉴定审核及认定公布，根据四川省绿化委员会统计数据，截至 2022 年末，全省共有古树及名木 71578 株。其中，一级古树新增 87 株、达到 10833 株，二级古树有 6376 株，三级古树有 54272 株，名木有 97 株。新增省级古树公园 10 个。在古树名木的鉴定上，四川省于 2022 年启动古树名木主要树种树龄鉴定课题研究，发布《古柏木个体健康评价技术规范》地方标准，并开展蜀道翠云廊古柏生境调查，形成《蜀道翠云廊古柏保护专题报告》。在古树名木的保护上，省级财政统筹资金支持 11 个县（市）开展古树名木抢救复壮试点，编印《古树名木抢救复壮典型案例（第二批）》，持续开展"保护古树名木助力乡村振兴"公募项目，启动打击破坏古树名木违法犯罪活动专项整治行动，不断加大古树名木保护力度。

（4）森林管护

开展森林管护是守护绿水青山的关键。森林管理方面，四川省林长制办公室牵头编印省级林长巡林工作手册，建立省级联络单位沟通协作机制和林长巡林情况月调度机制。2022 年，38 名省级林长带头开展巡林工作 70 余次，各级林长开展巡林工作 346.4 万次，巡林发现并解决 12.3 万个问题，问题整改完成率达 99%。森林保护方面，四川省加大林草有害生物防治，开展松材线虫病媒介昆虫生物防治试点，累计除治病（枯）死松树 123.89 万株、清理面积 7.29 万 hm^2，实现了疫区数量、疫点数量、发展面积"三下降"。

（5）森林采伐

2022 年，四川省木材采伐量为 407.2 万 m^3，相比 2021 年采伐量下降 33%，其中商品林 354.2 万 m^3、公益林 53 万 m^3，主要在于公益林采伐量大幅降低。全年在林木采伐许可证下的采伐量为 310 万 m^3，其中商品林 292.5 万 m^3、公益林 17.6 万 m^3。

（6）城市绿化

2022 年，四川省建成区新增园林绿地 9670hm^2，城市建成区绿地率达 37.98%；新增城市公园绿地 3164hm^2，建成区绿化覆盖率达 43.05%，城市人均公园绿地面积 13.73m^2（见表 2）。

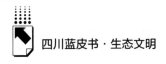
表2 2021~2022年四川省城市绿化情况

年度	建成区园林绿地面积（hm²）	建成区绿地率（%）	建成区绿化覆盖面积（hm²）	建成区绿化覆盖率（%）	城市公园绿地面积（hm²）	城市人均公园绿地面积（m²）
2021	118210	37.41	134331	42.51	40088	14.44
2022	127880	37.98	144964	43.05	43252	13.73

资料来源：《2022年四川省国土绿化公报》。

全省城市建成区绿地率、绿化覆盖率等指标较2021年稳步提升。城市人均公园绿地面积减少0.71m²，这是全国第七次人口普查后，城市人口数增加导致的。2022年，四川省完善并发布省级森林城市评价指标，达州市成功创建国家森林城市，全省国家级森林城市达到12个。全省新（改）建"口袋公园"102个，建设总面积为62.15万㎡；创建省重点公园14个、省级生态园林村12个。

（7）林业生产

2022年，四川省林业生产总值超4700亿元，较2021年增长9.3%。全省持续推进竹类、林下经济、木本油料、花卉苗木、林草中药材、木材培育利用、生态旅游康养七大林草产业发展。2022年，四川省在竹产业发展方面持续巩固提升，全省累计认定10个省级竹产业高质量发展县、30个竹林乡镇；建立15个现代竹产业园区、122个现代竹产业（康养）基地；打造63条翠竹长廊、113个竹林人家。其中，2022年新增现代竹产业基地3.67万hm²，全省竹产业基地面积累计达71.33万hm²；建设投产竹笋、竹材加工项目17个，全省竹加工转化率为73%，2022年竹产业总产值达1015亿元，较2021年增长14.4%。在油茶产业发展方面，四川省2022年实现良好开局，省政府办公厅印发《关于推进全省油茶生产发展的实施意见》，实施油茶生产三年行动，动员各地因地制宜积极主动发展油茶产业，2022年已完成新造改造油茶7万亩的年度任务。在林业产业园区建设方面，四川省成功构建8个国家级林业产业园区，数量居全国第二位；新认定10个省级现代林业园区；累计建立 52 个市（州）级园区、30 个县（市、区）级园区。2022 年，全省现代林业园区总产值实现超 500 亿元。

3. 草原资源

草原一直是四川省农牧民生存和发展的重要基础，也是长江、黄河上游地区的重要生态屏障，它不仅为水源提供了保护，还对水土保持起到了重要作用。四川省草原生态系统资源丰富，类型多样，共有 11 类 35 组 126 个类型，分布在海拔 270~5500m 的地区。2022 年，四川省政府办公厅印发《关于加强草原保护修复和草业发展的实施意见》，全面加强草原保护修复和草业发展。全年共实施人工种草 4.67 万 hm^2、天然草原改良 11.69 万 hm^2、封育围栏 3.67 万 hm^2，治理退化草原 76.84 万 hm^2。草原综合植被盖度达到 82.57%，远高于全国平均 50% 的水平。治理草原虫鼠害 56.8 万 hm^2，草原有害生物成灾率 9.93%，远低于国家控制指标（见表 3）。

表 3　2022 年四川省草原绿化情况

单位：万 hm^2

年度	人工种草	天然草原改良	封育围栏	退化草原治理	虫鼠害治理
2022	4.67	11.69	3.67	76.84	56.8

资料来源：《2022 年四川省国土绿化公报》。

2022 年，四川省财政落实 8.92 亿元资金，对草原持续实施奖补。阿坝、理塘、木里等 11 个县创建草畜平衡示范县，甘孜、红原、松潘草原入选国家首批"红色草原"，白河牧场纳入国家首批国有草场建设试点。

4. 湿地资源

四川湿地资源丰富，对保证我国西部生态安全、水安全具有重要的战略意义。2022 年，四川省现有湿地总面积为 123.08 万 hm^2，占全省幅员面积的 2.53%。其中，森林沼泽 0.005 万 hm^2、灌丛沼泽 8.79 万 hm^2、沼泽草地 91.28 万 hm^2、内陆滩涂 6.26 万 hm^2、沼泽地 16.75 万 hm^2（见表 4）。

表4　2022年四川省湿地情况

单位：万 hm²

年度	森林沼泽	灌丛沼泽	沼泽草地	内陆滩涂	沼泽地
2022	0.005	8.79	91.28	6.26	16.75

资料来源：《第三次全国国土调查主要数据公报》。

此外，四川还有95.5万 hm² 的"水域"地类。其中，河流水面54.67万 hm²、湖泊水面3.52万 hm²、水库水面16.29万 hm²、坑塘水面21.02万 hm²。这些"水域"中部分已划入生态保护红线，成为"具有显著生态功能的水域"，按照《湿地保护法》进行管理。

截至2022年底，四川省已拥有3个国际重要湿地、32个湿地类型的自然保护区（国家级湿地自然保护区4个）、55个湿地公园（国家级湿地公园29个，含5个试点），湿地保护率为57%。在开展湿地资源综合监测方面，四川省完成312个湿地样地监测和若尔盖、长沙贡玛两处国际重要湿地的动态监测与预警。此外，在加强湿地生态问题督查方面，相关部门及时发现并制止破坏泸定兴隆海子湖、雅安海子山湿地和越西书古湿地等行为，并责令恢复，同时联合自然资源厅、生态环境厅印发了《关于开展违规侵占国家湿地公园等自然保护地问题排查整治专项行动的通知》，进一步加强湿地生态环境问题督查力度。

5.生物资源与生物多样性

四川省生物多样性特点突出，是孑遗种和濒危种最为丰富的地区，也是具有全球保护价值的高原物种起源和进化中心。四川省作为全国野生动植物种类最丰富的三大省份之一，现有野生脊椎动物1400余种，占全国总数的45%以上，其中，国家重点保护野生动物297种，极危野生动物28种；现有高等植物14470种，占全国总数的1/3以上，其中，极小种群野生植物32种，占全国总数的26.7%；拥有四川牛羚、四川雉鹑、长江鲟、南方红豆杉、珙桐等多种中国特有物种。

在生物资源保护方面，四川省围绕大熊猫、川金丝猴、四川山鹧鸪和光叶蕨、疏花水柏枝、峨眉拟单性木兰等极小种群，完善就地保护措施，实施抢救性保护和野外救护，加强栖息地监测巡护。同时，四川省持续开展大熊猫、林麝等人工圈养种群的繁育研究和野化放归，推进崖柏、距瓣尾囊草等极小种群植物野外回归，珙桐、连香树、红豆杉、攀枝花苏铁等物种迁地保护成效显著。推进林木种质资源保存库建设，加强水青冈、毛叶山桐子、竹类等本土原生优质种质资源保存，共建成国家和省级林木种质资源库20处。多项保护措施的实施，使全省珍稀野生动物种群数量和植物物种得以增加。其中，野生大熊猫数量新增181只，保护等级由濒危转为易危，黑颈鹤种群数量增长近2000只；鳗鲡、红唇薄鳅等多年不见的本土鱼类重新出现在赤水河流域；在四川省重新发现疏花水柏枝、丰都车前、光叶蕨等极度濒危灭绝物种，野生动植物种群及其生态环境得到有效保护。

（三）生态系统调节

生态系统调节是指当生态系统达到动态平衡的最稳定状态时，能自我调节和维护自身的功能，并能在很大程度上克服和消除外来干扰，保持自身的稳定性。[1]

1. 空气质量

（1）城市空气质量

2022年，四川省根据《环境空气质量标准》（GB 3095—2012）对全省21个市（州）的环境空气质量展开评定，全年平均环境空气质量为"优"的天数占38.6%，为"良"的天数占50.7%，受污染的天数占10.7%（见图5）。其中，14个市（州）的环境空气质量达到二级标准，较2021年增加1个城市，余下7个市（州）未达到标准。

四川省对环境空气质量中六项主要监测指标的数值进行测度后显示，2022年，全省21个市（州）的二氧化氮（NO_2）年均浓度为23μg/m³、可

---

[1] 杨宇琪、李晟之：《2020~2021年四川生态建设基本态势》，载李晟之主编《四川生态建设报告（2022）》，社会科学文献出版社，2022。

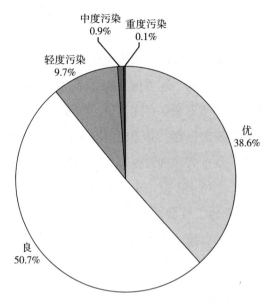

图5 2022年四川省城市环境空气质量占比情况

资料来源：《2022年四川省生态环境状况公报》。

吸入颗粒物（PM 10）年均浓度为48μg/m³、一氧化碳（CO）第95百分位年均浓度为1.0mg/m³，相比2021年分别下降了4.2%、2.0%、9.1%，21个市（州）在这3项监测指标上全部达到标准。另外3项主要监测指标中，二氧化硫（SO$_2$）年均浓度为8μg/m³，与2021年相同，除攀枝花市外的20个市（州）均达到国家一级标准；细颗粒物（PM 2.5）年均浓度为31μg/m³，较2021年下降3.1%，15个市（州）达到标准，成都市、自贡市、泸州市、乐山市、宜宾市、眉山市6个城市超标；臭氧（O$_3$）第90百分位年均浓度为144μg/m³，相比2021年上升13.4%，增长幅度较大，16个市（州）达到标准，成都市、自贡市、德阳市、宜宾市、眉山市5个城市超标。

（2）农村空气质量

2022年，四川省根据《环境空气质量标准》（GB 3095—2012），对成都平原和川东北地区农村区域范围内的10个空气自动监测点位数据进行收集，评估全省农村区域的环境空气质量状况。结果显示，2022年四川省农村区域环境空气质量较好，全年平均环境空气质量为"优"的天数占 43.7%，为"良"的天数占 47.2%，受污染的天数占 9.1%（见图6）。

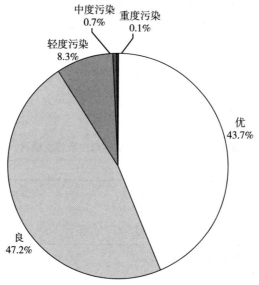

图6　2022年四川省农村环境空气质量占比情况

资料来源：《2022年四川省生态环境状况公报》。

农村区域环境空气质量中六项主要监测指标的年平均浓度数值分别为：细颗粒物 $26\mu g/m^3$、一氧化碳（第95百分位数）$1.1mg/m^3$、二氧化氮 $12\mu g/m^3$、二氧化硫 $7\mu g/m^3$、臭氧（第90百分位数）$140\mu g/m^3$、可吸入颗粒物 $42\mu g/m^3$。同城市空气质量相比，农村区域的一氧化碳和二氧化硫年均浓度与城市区域的年均浓度基本相同，细颗粒物、臭氧、二氧化氮、可吸入颗粒物年均浓度较城市分别低 23.5%、6.7%、50.0%、19.2%。

2. 水土状况

水土流失方面，2022年，四川省完成新增水土流失综合治理面积 5268km²，国家水土保持重点项目工程治理 988km²，总体上看，四川省水土流失面积强度双降态势持续巩固。当前，全省仍有 10.95 万 km² 的水土流失面积，占四川省幅员面积的 22.5%，广泛分布于川中丘陵、盆周山地和干热干旱河

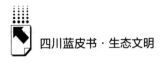

谷区域。

水土保持方面，2022 年，四川省持续推进全省重点区域生态修复，完成退化草原治理 76.84 万 hm^2、沙化土地治理 3.38 万 hm^2、岩溶地区石漠化治理 0.67 万 hm^2、干旱河谷土地治理 0.13 万 hm^2，实施矿区植被恢复与绿化 0.17 万 hm^2，修复海子山和长沙贡玛湿地 0.72 万 hm^2。同年，阿坝州围绕黄河上游生态保护修复，编制实施《阿坝州黄河干流生态防护带建设实施方案》，完成黄河干流生态防护带建设长度 37.6km（见表 5）。

表 5　2022 年四川省重点区域生态修复情况

单位：万 hm^2

年度	退化草原治理	沙化土地治理	岩溶地区石漠化治理	干旱河谷土地治理	矿区植被恢复与绿化	湿地生态修复
2022	76.84	3.38	0.67	0.13	0.17	0.72

资料来源：《2022 年四川省国土绿化公报》。

3. 垃圾分解

（1）固废处理

2022 年，四川省开展危险废物专项整治，建立废弃危险化学品等危险废物监管联动工作机制。持续推进危险废物规划项目建设，全省危险废物综合经营持证单位达 79 家，利用处置能力达 521.16 万吨/年，较 2021 年增长 37.05%；医疗废物集中处置能力达 14.99 万吨/年，较 2021 年增加 13.8%。在废物集中收集方面，危险废物集中收集能力达 5.5 万吨/年，实现"零突破"；废铅蓄电池集中收集能力达 73.2 万吨/年，较 2021 年增长 3 万吨/年。

（2）垃圾分类与处理

截至 2022 年底，全省范围内总共设立 217 座城市生活垃圾无害化处理厂，单日生活垃圾处理能力达到 6 万吨，厨余垃圾处理能力达 5421.15 吨。其中，包括 39 座焚烧发电厂，单日处理能力达 4.41 万吨。城市生活垃圾无害化处理率为 100%，县城生活垃圾无害化处理率为 99.78%。

（3）污水处理

截至 2022 年底，全省范围内总共设立 339 座城市（县城）生活污水处理厂，单日污水处理能力达到 1181.37 万吨，污水处理率为 96.87%。累计建设 1804 个建制镇生活污水处理设施，单日污水处理能力达到 166.6 万吨，建制镇生活污水处理率为 68.3%。四川省持续推进地下水环境调查评估与能力建设项目，初步构建地下水环境监测网络体系，省级地下水环境管理信息化平台建成并投入试运行，共计对 43 个重点污染源地下水污染状况完成调查评估。其中，广元市地下水污染防治试验区圆满完成 2022 年度建设目标，废弃矿井涌水治理试点项目成果经验在全国范围内得到推广。

（四）生态支持

1.固碳

固碳，也称为碳封存，指的是增加除大气之外的碳库的碳含量的措施，包括物理固碳和生物固碳。[1] 要实现有效固碳，本质上要减少各个产业的碳排放量，尤其是工业产业，通过开发碳汇项目增加碳储存量，推动绿色低碳发展。2022 年 3 月，四川省委、省政府出台《关于完整准确全面贯彻新发展理念做好碳达峰碳中和工作的实施意见》，要求把碳达峰碳中和纳入经济社会发展全局，确保如期实现碳达峰碳中和。2022 年 12 月，四川省政府印发《四川省碳达峰实施方案》，要求牢牢把握将清洁能源优势转化为高质量发展优势的着力方向，加快建成全国重要的实现碳达峰碳中和目标战略支撑区，为全国实现碳达峰贡献四川力量。两个文件的印发标志着四川绿色低碳发展工作迈入全面推进阶段。

2022 年，四川省碳中和活动场次大幅增加，碳排放抵消量近 16.7 万吨。全省实现 197.17 万吨国家核证自愿减排量（CCER）交易，交易规模排在全国第 3 位，交易量是全国交易总量的 22.91%，四川省碳市场整体运

---

[1] 杨宇琪、李晟之：《2020～2021 年四川生态建设基本态势》，载李晟之主编《四川生态建设报告（2022）》，社会科学文献出版社，2022。

行平稳。建成 12 个碳市场能力建设基地，确定在 11 个市（州）17 家园区开展省级近零碳排放园区建设试点。试点园区主导产业包括钢铁有色、机械制造、食品加工等传统产业和电子信息、动力电池、锂电材料、机器人等先进制造业，还涉及数字经济和总部经济。预计到 2025 年试点园区产值可达到 5000 亿元左右，绿色低碳优势产业产值达到 2000 亿元左右。2022 年，首只百亿元以上规模绿色低碳优势产业基金在四川省签约，这标志着首期规模 100 亿元、总规模 300 亿元的四川省绿色低碳优势产业基金组建运营。该基金投资领域涵盖清洁能源产业、清洁能源支撑产业、清洁能源应用产业，将为四川绿色低碳产业高质量发展提供有力投融资支持。

2. 土壤质量

土壤质量指土壤在生态系统中保持生物的生产力、维持环境质量、促进动植物健康的能力，[①] 包括土壤肥力质量、土壤环境质量和土壤健康质量。2022 年，按照《土壤环境质量农用地土壤污染风险管控标准（试行）》(GB 15618—2018)，四川省在全省范围内对 604 个土壤风险点进行监测，监测结果显示全省农用地土壤环境质量总体稳定，但有色金属和黑色金属矿采选业、有色金属和黑色金属冶炼和压延加工业、化学原料和化学制品制造业周边土壤污染风险高。四川省在加强土壤污染防治方面，持续更新《四川省建设用地土壤污染风险管控和修复名录》，建设四川省长江黄河上游土壤风险管控区，完成全省 21 个市（州）土壤污染分区管控方案。2022 年，全省共有 1198 家企业被列入 2022 年度土壤污染重点监管单位；140 家耕地周边涉镉问题企业纳入整治清单，64 家企业完成整治销号；9 个土壤源头管控项目入选"国家 102 项重大工程"，启动实施 4 个项目。

（五）文化服务供给

生态系统提供的文化服务供给功能是从生态系统中获得的非物质类惠

---

① 李晟之、杜婵：《四川生态建设基本态势》，载李晟之主编《四川生态建设报告（2020）》，社会科学文献出版社，2020。

益。[1] 四川现有 500 余处各种类型的自然保护地，建成 1 条国家森林步道——横断山国家森林步道。全省范围内有 3 个全国森林旅游示范市县，4 个国家级森林康养基地，261 个省级森林康养基地（全国森林康养基地试点建设单位 52 个），150 个省级森林乡镇，10 个省级古树公园，1657 个星级森林人家。2022 年，四川省成功举办第四届四川生态旅游博览会，开展 80 余场花卉（果类）、红叶等生态旅游节会，新评定四星级省级森林人家 34 个、省级森林康养基地 12 个。2022 年 12 月，四川省政府出台《四川省乡村旅游提升发展行动方案（2022—2025 年）》，要求到 2025 年打造一批度假乡村，其中，天府旅游名镇名村要达到 240 个，力争 15 个镇（乡）、70 个村入选全国乡村旅游重点村镇名录。乡村旅游年度接待游客超 4 亿人次，旅游总收入超过 3800 亿元，充分发挥带动作用，让至少 100 万以上农民能实现就地就业。

二 四川生态建设"压力"

一般而言，自然环境的转变、经济社会的发展、资源要素的利用行为均会对生态系统产生影响，当影响趋于不利时，会为生态建设的过程带来"压力"。本部分从自然压力和人为压力两个方面入手，分别选取环境破坏和经济增长的相关指标分析四川生态建设中的"压力"情况。

（一）自然压力

1. 地震与地质灾害

2022 年，四川省发生 3 次破坏较大的地震，分别是"6·1"芦山 6.1 级地震、"6·10"马尔康 6.0 级震群和"9·5"泸定 6.8 级地震。其中，芦山 6.1 级地震的最大烈度为 8 度，等震线长轴 76 公里，呈北东走向，短

---

[1] 杨宇琪、李晟之：《2020~2021 年四川生态建设基本态势》，载李晟之主编《四川生态建设报告（2022）》，社会科学文献出版社，2022。

轴 65 公里，在四川省范围内主要波及 7 个区（县），分别为雅安市芦山县、宝兴县、天全县、名山区、雨城区，成都市邛崃市、大邑县；马尔康 6.0 级震群型地震的最大烈度为 8 度，等震线长轴 111 公里，呈北西走向，短轴 67 公里，在四川省范围内主要波及 4 个县（市），分别为阿坝州马尔康市、阿坝县、红原县、壤塘县；泸定 6.8 级地震的最大烈度为 9 度，等震线长轴 195 公里，呈北西走向，短轴 112 公里，在四川省范围内主要波及 3 个市（州）12 个县（市、区）82 个乡镇（街道）。2022 年地震灾害总共造成绵阳、宜宾、乐山、雅安、阿坝、甘孜和凉山 7 市（州）31 县（市、区）69 万人次受灾，紧急转移安置 10.7 万人次；房屋倒塌 1.3 万余间，不同程度房屋损坏 31.1 万余间。

2022 年，四川省共发生地质类灾害 1918 起，相比 2021 年下降 11.4%，其中发生 945 起滑坡、637 起崩塌、333 起泥石流和 3 起地面塌陷。

2. 气温与森林火灾

2022 年四川省年平均气温为 15.9℃，是 1961 年以来历史最高年均气温，并已连续 10 年高于常年平均值。1961~2022 年，四川省年平均气温、平均最高气温和平均最低气温均呈现明显上升趋势，升温率分别为 0.18℃/10a、0.25℃/10a、0.23℃/10a；各季节气温升高趋势显著，其中冬季平均最高气温上升速率最快，为 0.28℃/10a；省内各区域年平均气温呈现一致性上升趋势，川西高原冬季平均最低气温上升速率最快，为 0.43℃/10a。省内各地年平均气温差异较大，年平均气温较高的地区在盆地、攀枝花及凉山州的中部、南部、东部局地，年平均气温在 15~20.6℃，其中攀枝花站最高，达到 20.6℃；年平均气温较低的地区为阿坝州西北部和中部，甘孜州北部及其南部的理塘、稻城，年平均气温均低于 10℃；其余地区年平均气温保持在 10~15℃。与常年相比，四川省大部分地区年平均气温偏高，尤其盆地中部明显偏高 1~1.7℃。

2022 年，全省共发生 15 起森林火灾，比 2021 年下降 34.8%，人为引发火灾起数较 2021 年下降 50%，均未出现人员伤亡情况，牢牢守住了"两个确保"底线。未发生草原火灾和重特大火灾。

3. 降雨与洪涝灾害

2022年，四川省年平均降水量844.7mm，较常年偏少12%，是1961年以来第5少的年份。1961～2022年，全省平均降水量线性变化趋势不明显，汛期降水变化趋势同样不明显；各区域降水变化特征有差异，其中川西高原年平均降水量明显增多，增加速率为10.9mm/10a。省内各地年降水量分布不均，年降水量较多的区域为巴中、达州、雅安北部及乐山、眉山、泸州、宜宾，年平均降水量均在1000mm以上，局部地区可达1200mm以上；年降水量较少的区域为盆西北的绵阳、德阳、成都3市大部，盆中部分地区、川西高原、攀枝花、凉山州西部和东部，年平均降水量在500～800mm，局部地区不足500mm，全省年平均降水量最少的地区是得荣，仅为247.2mm；盆地及凉山州其余地方降水量在800～1000mm。与往年同期相比，四川省内大部分地区年平均降水量减少1～3成，绵阳、成都、德阳3市减少4～5成。

2022年，四川省区域性暴雨过程少，暴雨天气站次数偏少，属于暴雨偏弱年。全省共有130县站出现暴雨天气，累计发生暴雨309站次，其中大暴雨44站次，无特大暴雨出现。全年共出现3次区域性暴雨天气过程，分别为5月1次、6月2次，7～8月未出现区域性暴雨过程，区域性暴雨次数较往年有所减少。

2022年，四川省洪涝导致的灾害造成21个市（州）177个县（市、区）共计192.6万人次受灾，因灾死亡失踪的人数为46人，农作物受灾面积达到5万 hm²，房屋倒塌1000余间，直接经济损失达43.6亿元。

4. 干旱

2022年，四川省干旱情况为春旱偏轻，夏旱一般，伏旱范围广、强度大，总体为重旱年。从干旱发生的范围来看，春旱范围较小，重旱以上区域集中出现在攀枝花市；夏旱范围较大，重旱以上区域主要出现在盆西北和盆东北等地；伏旱范围广、持续时间长、旱情偏重，盆地大部、川西高原中部、攀西地区东北部均有较大范围的重、特旱发生，其中盆地尤为显著。除攀枝花市以外，持续干旱造成20个市（州）138个县（市、区）共计

761.6 万人次受灾，干旱导致饮水困难、需要进行救助的达 121.4 万人次，农作物受灾面积 52.2 万 hm²，直接经济损失达 48 亿元。

5. 草原有害生物

2022 年，四川省草原有害生物危害面积为 329.78 万 hm²，较 2021 年减少 4.1%。其中，草原鼠害面积 167.2 万 hm²、草原虫害面积 60.49 万 hm²、草原病害面积 5.19 万 hm²，相比 2021 年，分别减少了 6.2%、2.2%、23.6%。全省草原鼠害面积中，高原鼠兔危害面积 134.11 万 hm²，占危害总面积的 80.2%；草原虫害面积中，草原蝗虫危害面积 25.29 万 hm²，占草原虫害面积的 41.8%。总体来看，2022 年全省草原有害生物成灾面积 95.73 万 hm²，占草原有害生物危害面积的 29.03%，成灾率 9.88%。全省草原毒害草发生面积 96.91 万 hm²，较 2021 年基本持平。为遏制草原鼠害、虫害，2022 年全省共完成草原鼠害（高原鼠兔、高原鼢鼠）防治 40.33 万 hm²、草原虫害（草原蝗虫和草原毛虫）防治 18.15 万 hm²。[①]

6. 污染物排放

2022 年，四川省在废水污染物排放方面：全省废水中化学需氧量、氨氮、总氮、总磷排放量分别为 126.88 万吨、5.80 万吨、18.79 万吨、1.72 万吨。在废气污染物排放方面：全省废气中二氧化硫、氮氧化物、颗粒物、挥发性有机物排放量分别为 12.22 万吨、31.07 万吨、15.19 万吨、26.11 万吨。在工业固体废物产生方面：全省一般工业固体废物产生量为 1.51 亿吨，综合利用量为 6797.50 万吨，综合利用率为 44.27%；一般工业固体废物处置量为 2517.36 万吨，处置率为 16.56%；工业危险废物产生量为 529.49 万吨，利用处置量为 534.12 万吨，利用处置率为 97.04%。

（二）人为压力

1. 经济增长

2022 年，四川省实现地区生产总值（GDP）为 56749.8 亿元，比

---

① 《今年四川草原病害面积同比减少 23.6%》，2022 年 12 月 14 日，https://www.sc.gov.cn/10462/10464/10465/10574/2022/12/14/33e56fe200bd48d9ad932807ed1c5bf8.shtml。

2021年增长2.9%，地区生产总值年均增速高于全国0.8个百分点，稳居全国第6位。[①] 其中，第一产业、第二产业、第三产业增加值分别为5964.3亿元、21157.1亿元、29628.4亿元，相比2021年三产分别提升了4.3%、3.9%、2.0%。人均地区生产总值超过6.5万元，同比增长2.9%。居民消费价格上涨2.0%，总体控制在4.5%的预期目标内。社会消费品零售总额实现24104.6亿元，较2021年下降0.1%，年均增速高于全国1.9个百分点。社会固定资产投资较2021年增长8.4%，年均增长率为9.8%。全年地方一般公共预算收入为4882.2亿元，较2021年增长7.5%，年均增长率为8.2%。居民人均可支配收入方面，城镇居民人均可支配收入为43233元，同比增长4.3%，年均增长率7.1%；农村居民人均可支配收入为18672元，同比增长6.2%，年均增长率8.8%。

2022年，全省各区域经济发展势头良好。成都市经济总量突破2万亿元；7个区域中心城市经济总量全部超过2000亿元，其中有两个城市突破3000亿元，分别为绵阳市和宜宾市；全省183个县（市、区）中，经济总量过百亿元的县（市、区）有125个，占县（市、区）总量的68.3%。在2022年赛迪发布的全国百强县区榜单中，全省范围内共有4个县级市进入全国百强县、13个区跻身全国百强区之列。

2. 人口变化与城镇化

截至2022年底，四川省常住人口达到8374万人，相比2021年末增长了2万人。其中，城镇人口4886.2万人，乡村人口3487.8万人。全省城镇化水平大幅提升，常住人口城镇化率从2012年的43.4%持续提升至2022年的58.35%，年均提高1.5个百分点。全省户籍人口达到9067.5万，较2021年减少27万人，户籍人口城镇化率为38.86%，比上年提高0.42个百分点。当前，四川省城镇化正处于加快推进阶段，农业转移人口规模较大，城镇人口向中心城市集聚态势明显，人口跨省跨市流动频繁，城镇化从城乡关系向"城乡+

---

① 《2023年四川省人民政府工作报告》，2023年1月20日，https：//www.sc.gov.cn/10462/c105962/2023/1/20/00ade04b7fa54c5f81e1e9b895eb7f3e.shtml。

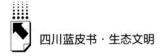

区域"关系加速演变。

3. 农业生产

2022年，种植方面，四川省全年粮食作物播种面积为646.4万 hm²、油料作物播种面积为168.9万 hm²、中草药材播种面积为15.9万 hm²、蔬菜及食用菌播种面积为154.2万 hm²，分别较2021年增长1.7%、2.2%、6.0%和4.2%。四川省全年粮食产量达3510.5万吨，连续三年稳定在3500万吨以上，其中，夏粮产量增长1.7%、秋粮产量减少2.5%。经济作物中，蔬菜及食用菌产量为5198.7万吨、园林水果产量为1238.4万吨、油料产量为434.1万吨、茶叶产量为39.3万吨，相比2021年，分别增长3.2%、7.4%、4.2%、4.8%。养殖方面，畜牧业综合生产能力不断增强。四川省全年生猪出栏重回6000万头以上，达到6548.4万头，较2021年提高3.7%，猪肉产量增长3.8%；牛出栏306.0万头，较2021年提高4.4%，牛肉产量增长4.7%、牛奶产量增长3.6%；羊出栏1792.7万只，较2021年提高1.5%，羊肉产量增长1.3%；家禽出栏78087.1万只，较2021年提高0.8%，禽蛋产量增长3.7%。四川省全年水产养殖面积为19万 hm²，较2021年减少0.2%，水产品产量172.1万吨，同比增长3.4%。四川省全年新增有效灌溉面积1.4万 hm²，年末有效灌溉面积297.2万 hm²。年末农业机械总动力4917.7万 kW，比2021年增长1.7%。

4. 工业发展

四川省统计局发布分析报告显示，2022年四川工业企业利润总体保持稳定增长。全省规模以上工业增加值较2021年增长3.8%，工业企业实现营业收入54932.4亿元，企业生产、销售稳步推进，为利润增长提供了有力支撑，全年实现利润总额4836.3亿元，较2021年增长10.7%。规模以上工业企业产品销售率为96.4%，营业收入利润率为8.8%，同比增长0.6个百分点。产业发展上，绿色低碳优势产业利润高速增长，较2021年提高43.0%，高于全省平均水平，拉动规上工业利润增长10.7个百分点，其中动力电池、晶硅光伏利润分别增长2.8倍和1.6倍，在绿色低碳优势产业中名列前茅，是拉动规上工业利润增长的强劲动力。在采矿业、制造业方面，相比2021

年，采矿业利润提高25.3%，其中，油气开采业利润增长39.9%、有色金属矿采选业利润增长37.8%，均保持较快增长；制造业利润增长10.8%，其中，化工行业受新能源产业带动，利润增长94.8%，电气机械和器材制造业利润增长63.8%。高技术产业保持较快增长，规模以上高技术产业增加值比2021年增长11.4%，营业收入占比超过20%，其中电子及通信设备制造业增长25.6%，计算机及办公设备制造业增长2.1%，航空、航天器及设备制造业增长12.6%。总体来看，2022年四川工业企业中小微企业经营压力仍然较大，亏损企业数较多，亏损额同比增长较快，生产经营面临不少难题。[①]

5. 能源建设

四川省依托"水丰气多"的优势，国家清洁能源示范省建设成效巨大，清洁能源装机占比提高至85%以上。截至2022年底，四川省水电装机规模近1亿kW，装机规模和年发电量均居全国第1。"西电东送"年外送电量超过1500亿kW·h，是三峡电站年发电量的1.3倍。金沙江下游梯级开发规划的乌东德、白鹤滩、溪洛渡和向家坝4座大型水电站全部建成，总装机容量达到4646万kW，是三峡电站的两倍。其中，白鹤滩水电站单机容量世界第1、装机规模世界第2，标志着在长江上游建成了世界最大清洁能源走廊；乌东德水电站单机容量世界第2、装机规模世界第7。全省清洁能源装机占比提高至85%以上。四川省"川气东输"工程年均输出天然气140多亿m^3，全省天然气（页岩气）累计探明储量、年产量均居全国第1。[②]

6. 交通网络建设

2022年，四川省全年通过公路、铁路、民航和水路等运输方式完成旅客周转量848.1亿人次公里，较2021年下降34.9%，旅客客流量主要受新冠疫情影响大幅降低；完成货物周转量3052.2亿吨公里，同比提升3.8%。

① 《2022年规模以上工业实现利润总额4836.3亿元》，2023年2月8日，http://www.scskfq.com/scjk/c100005/202302/46c5780d2dc6435fa0d0a0e933b212d0.shtml。

② 《2023年四川省人民政府工作报告》，2023年1月20日，https://www.sc.gov.cn/10462/c105962/2023/1/20/00ade04b7fa54c5f81e1e9b895eb7f3e.shtml。

截至 2022 年底，四川省已完成建设 9179km 高速公路里程，累计建成 16 个民用运输机场、41 条进出川大通道。在交通运营方面，四川省铁路累计运营里程超过 5800km、高铁累计运营里程达 1390km，城市轨道交通运营里程为 558km，五年时间内共计完成 1.5 万亿元的综合交通投资，相当于前两个五年的总和。

三 四川生态建设"响应"

（一）政策、制度与监督

生态建设离不开政策制度的有力保障，四川省以习近平生态文明思想为指导，坚持运用法治思维和法治方式保护生态环境。2022 年，四川省相继出台《美丽四川建设战略规划纲要（2022—2035 年）》《四川省"十四五"生态环境保护规划》《关于深入打好污染防治攻坚战的实施意见》，系统部署全省生态文明建设工作。

四川省着力强化生态建设立法监督，修订《四川省〈中华人民共和国土地管理法〉实施办法》《四川省固体废物污染环境防治条例》，审议《四川省大熊猫国家公园管理条例》，填补了大熊猫国家公园管理和执法的法律空白。出台《四川省生态环境系统"十四五"法治政府建设实施方案》《四川省生态环境系统第八个五年法治宣传教育实施方案》，研究制定生态环境系统全面推广"1+8"示范试点工作实施方案。在环境污染方面，四川省强化统筹联动，修订《四川省重污染天气应急预案（修订）》，印发实施《四川省环境空气质量积分管理暂行办法》，将空气质量目标管控任务细化到每一天、每一时。能源结构调整方面，四川省出台《四川省"十四五"能源发展规划》《四川省"十四五"可再生能源发展规划》，旨在持续推进全国优质清洁能源基地建设。2022 年四川省在全国率先开展河湖长制进驻式督查试点，出台《四川省省级河长联络员单位联席会议制度》，修订河湖长制工作省级考核办法，全面落实河湖长制。在优化城市饮用水水源布局上，四川印发实施《四川省"十四五"饮用水水源环境保护规划》，划定、调整、撤销11处县级及以上集中式饮用水水源保护区。四川省在农业农村生态环境保护方面，出台《四川省"十四五"农业农村生态环境保护规划》《四川省畜禽养殖污染防治规划》，2022年全省化肥农药继续保持零增长，畜禽粪污综合利用率达77%以上，秸秆综合利用率达92.8%，废旧农膜回收率达84%。

生态环境保护督查方面，四川省出台《四川省环境质量改善不力约谈办法》《四川省长江生态环境问题整改销号办法》，修订《四川省生态环境保护督察问题整改销号办法》《建设项目环境影响评价区域限批管理办法》，建立政府督查与生态环境监督贯通协调机制，完善中央督察问题现场核查机制，形成发现问题、解决问题的管理闭环。针对全省重点领域生态环境监管，四川省大力开展秋冬季大气监督帮扶、重点区域夏季臭氧攻坚帮扶、水环境问题整治等关系群众切身利益的重点领域执法活动。2022年，全省共下达3191份行政处罚决定书，罚款金额达到1.95亿元。2022年，中央生态环境保护督察第一轮交办了155项整改任务，四川省完成152项，完成率98%；中央生态环境保护督察第二轮交办了69项整改任务，四川省完成43项，完成率62%；国家移交的72项长江生态环境问题整改任务，四川省完成64项，完成率89%。其中4个长江、黄河问题的整改情况入选2022年国家正面典型整改案例。四川省持续整改省级督察问题，第一轮省级督察发现的8924个问题，四川省已整改8921个；第二轮省级督察交办的689项整改任务，四川省完成647项；第二轮省级督察移交的5038个信访问题，四川省已办结4951个。

（二）生态产品价值实现实践

四川省秉承"绿水青山就是金山银山"的理念，于2021年底启动生态产品价值实现机制试点工作，推动各地探索发展自然教育、生态体验、森林康养、生态文创等多样化的自然资源生态价值转化机制和路径。试点地区经过两年的实践探索，形成了一些较好的经验成果。

大邑县作为四川省生态产品价值实现机制试点县之一，以川西林盘保护修复与合理开发利用为抓手，重塑川西林盘乡村生态格局，建成姚林盘、稻乡渔歌、桐林林盘等118个林盘美学空间样板，促进林盘资源可持续经营开发，推动生态产品价值核算交易。崇州市以打造"集体经济组织+多元主体+职业经理人+综合服务"林业共营制为突破口，探索林业多元主体联动发展，优化林业综合服务体系，促进林业产业延链拓链，强化关键要素支撑，健全人才"培用管"机制，完善林业用地等制度供给，丰富"林业+"业态场景，助力林农等各类经营主体致富增收，推动林业生态价值转化。2022年，崇州市林业综合产值达129.41亿元，同比增长5.6%。蒲江县坚持"产业生态化、生态产业化"，强化功能植入、场景营造、业态提升，构建蒲江国际田园生态商务区，打造集商旅办公、三产融合、创新示范等于一体的多功能、复合型、无边界新型产业园区。

（三）生态建设与保护

2022年，四川省全面启动大熊猫国家公园建设，高标准推进2万 km² 的大熊猫国家公园建设，埋设界碑界桩2894个，整改大熊猫国家公园小水电、矿业权等问题，实施大熊猫栖息地生态修复约0.27万 hm²，大熊猫野外监测年遇见数从往年的135只上升至178只。四川省持续推进新的国家公园创建，2022年若尔盖国家公园获准创建，着手实施四川黄河上游若尔盖草原湿地山水林田湖草沙冰一体化保护和修复工程。建成生态保护红线生态破坏问题监管试点，核查整改疑似生态破坏问题1208个，持续推进自然保护地强化监督"绿盾2022"专项行动，完成全省自然保护区、风景名胜区等自然保护地的优化调整。全省生物多样性保护方面，出台《关于进一步加强生物多样性保护的意见》，明确了生物多样性保护责任分工方案，编制《四川省生物多样性保护优先区域规划（2022—2030年）》，在60%以上水生生物关键栖息地设置监测点位开展环境监测，全省水生生物资源恢复状况良好。

在生态文明示范创建方面，四川省2022年扎实推进川西北生态示范区建设，编制实施黄河流域生态保护和高质量发展规划，推动长江黄河上游生态安全屏障建设；建成 10 个国家级生态文明建设示范市（县）、2 个"绿水青山就是金山银山"实践创新基地，16 个地区获得第二批省级生态县命名。同时，四川省将生态文明示范创建纳入各市（州）生态环境保护党政同责目标考核，并对获得国家生态文明示范创建命名的地区奖补 800 万元/个，获得省级生态县命名的地区奖补 300 万元/个。截至 2022 年底，全省累计建成国家生态文明建设示范区 32 个、"绿水青山就是金山银山"实践创新基地 8 个，省级生态县命名总数居全国第 3 位、西部地区第 1 位。

（四）环保基础设施建设

建设环保基础设施不仅能满足人们的日常需求，提供生产生活的基础服务，还能增强社会的绿色竞争力，促进生态环境可持续发展。2022 年，四川省针对极端高温下全省用电超负荷的情况，重新编制电源电网规划，规划了超过 7600 亿元的电源电网项目，加快构建全省更加安全可靠的电力系统。提早实施川渝 1000 千伏特高压交流工程，开工建设世界最大的雅砻江两河口混合式抽水蓄能电站、世界最大的水光互补项目柯拉光伏电站，抓紧推进全国最大的攀枝花"水资源配置+抽水蓄能+新能源开发"三结合等项目。①在 2022 年四川省举办的节能环保产业暨环保基础设施招商会上，共促成 569 亿元的签约投资项目、869 亿元的融资项目。新增 8 亿元政府一般债券，拓宽了环保融资渠道。成都银行、成都农商银行、乐山商业银行发行 90 亿元绿色金融债券，省农行、农发行新增绿色贷款 520 亿元，为全省生态环保基础设施建设提供了有力的资金保障。

（五）自然教育

四川拥有丰富的自然资源和独特的地理环境，具有发展自然教育的优势与条件。2022 年，四川省以国家青少年自然教育绿色营地为载体，大力

---

① 《2023 年四川省人民政府工作报告》，2023 年 1 月 20 日，https：//www.sc.gov.cn/10462/c105962/2023/1/20/00ade04b7fa54c5f81e1e9b895eb7f3e.shtml。

开展全国三亿青少年进森林研学教育活动。通过举办全省生态旅游节会、生态屏障建设论坛和生态摄影大赛，展示四川以大熊猫文化为引领，森林文化、草原文化、湿地文化、生物多样性文化为骨干，竹（木）文化、花文化、鸟文化、茶文化等为重点的生态文化体系。截至2023年，四川省共建成生态文明教育基地150个、自然教育基地187个、全国生态文化村30个，指导20家单位开展了国家青少年自然教育绿色营地试点建设，其中，成都大熊猫繁育研究基地、瓦屋山国家森林公园和唐家河国家级自然保护区正式认定为国家青少年自然教育绿色营地，为全社会养成热爱自然、保护自然、尊重自然的意识搭建了良好的平台，全面唱响了四川生态文明建设主旋律。①

四　四川生态建设"压力—状态—响应"系统分析及未来趋势展望

（一）"压力—状态—响应"系统分析

1. 外部多重因素频繁扰动，生态环境"压力"加剧

生态环境承受的"压力"一般来自外部自然因素和经济社会活动对环境造成的破坏和扰动。2022年，四川省全年自然灾害频发，尤其是极端高温天气和地震灾害与往年相比对生态环境造成的损害较大。具体而言，2022年四川省经历了3次6.0级以上地震，地震涉及范围广、破坏程度大，尤其是震中附近的生态环境破坏严重，短时间内生态系统难以恢复。3次地震共造成67.8万人受灾，因灾死亡失踪人数为122人，全年因地震造成的直接经济损失高达201.8亿元，是近5年以来损失最重的一年。2022年四川年平均气温为历史最高位，大部分地区的年平均气温也较往年偏高，且年平均

---

① 《年度盘点｜四川：林草高质量发展行稳致远》，2023年1月25日，https：//www.forestry.gov.cn/main/5384/20230128/093352848538169.html？eqid = 94611df40001114500000002646d63ae。

降雨量较往年也偏少。气候特征导致四川省经历了极端高温天气和干旱灾害，四川是水力发电大省，为保电力东送，四川省内多地在 6~7 月出现大面积长时间的停电状况，极大地影响了人们的行为活动。而干旱导致全省 138 个县 100 多万人次饮水困难。干旱灾情为近 10 年来最严重。四川省草原面积辽阔，草原生态系统易受鼠害、虫害、毒害草的破坏，防治难度较高，尤其是鼠害难以得到彻底治理。2022 年，草原鼠害面积为 167.2 万 hm^2，治理鼠害面积 40.33 万 hm^2，治理率仅为 24%，鼠害整体危害较重，加剧了草原生态系统的"压力"。

而城镇化率的持续提升，导致中心城市（区域）的人口规模急剧增加，城市的生态环境品质与容量难以匹配大规模的人口。同时，经济的高速发展使建设用地的需求大幅增加，城市不得不逐渐向城郊边缘地区甚至远郊地区扩展土地利用面积，建设过程中生态环境极易受到破坏，在自然因素的基础上进一步加剧了生态环境"压力"。可见，外部自然因素的急剧变化会对生态环境造成巨大的不利影响，而经济社会的发展也会与生态环境保护产生一定的矛盾，这些都将加剧生态环境的"压力"。四川省在未来生态建设过程中应重点考虑经济发展与生态保护之间的平衡问题，对于自然灾害的形成，要从内部规范人类对生态资源的利用和索取行为，减轻灾害带来的破坏和损失。

2. 系统治理能力显著提升，生态环境"状态"趋于稳定

2022 年，四川省生态环境保护工作突出系统治理，以实现减污降碳协同增效为总抓手，统筹推进污染治理、生态保护、应对气候变化。通过推进工业源、移动源、扬尘源污染综合整治，大气环境质量实现"双下降""双增加"：全省细颗粒物年均浓度 31μg/m³，较 2021 年下降 3.1%；重污染天数由 2021 年的 15 天下降至 7 天；细颗粒物平均浓度达标城市增加至 15 个、县（市、区）增加至 148 个，全省空气质量优良天数率稳定在 9 成左右。在水污染治理方面，四川省开展"清河、护岸、净水、保水、禁渔"五项行动，全力保护水资源环境，全省 537 个河湖评价健康率达到 90% 以上，203 个国考断面水质优良率达 99% 以上，长江黄河干流水质达到 Ⅱ 类，地级以上城市黑臭水体全部实现长治久清，水环境质量创历史最好水平；加强饮用水水源地保护，完成389个饮用水水源地问题整改，县级及以上饮用水水源地水质达标率100%，农村集中式饮用水水源地水质达标率首次突破90%，水污染治理成效显著。针对重点区域，四川省持续开展生态修复治理工作，完成黄河干流河岸侵蚀应急处置，治理退化草原、沙化土地、岩溶地区石漠化、干旱河谷土地面积达81.02万hm^2，草原鼠害、沙化和过度放牧问题得到初步遏制。在生态治理总体管控上，各地区生态环境状况差异较大，四川省落实生态环境分区管控措施，推进成都市、乐山市"三线一单"减污降碳协同管控试点研究，助力川渝两地生态环境分区协同管控。通过系统治理，四川省生态环境质量持续改善，生态环境总体状况评定为"良"，实现"天更蓝、山更绿、水更清"。全省21个市（州）生态环境状况均为"优"或"良"，生态环境"状态"逐步趋于稳定。

3. 环境保护工作面临挑战，生态建设"响应"仍需强化

四川省多年来持续推进生态文明建设和生态环境保护工作。从2022年的生态环境保护情况来看，四川省从政策制度层面出发，针对生态环境系统、环境污染防治、能源结构调整、水资源环境、农村生态环境、环保督查等方面分别出台多项规划方案，系统部署全省生态文明建设工作。同时，四川省持续探索生态产品价值实现机制和转化路径，加强大熊猫国家公园等自然保护地、自然保护区的生态建设，推进生态文明示范创建，加大对环保基础设施建设投资，积极开展自然教育活动，提升社会生态文明意识。总体来看，四川省2022年生态环境保护工作成效显著，生态建设积极"响应"。但在生态建设过程中，四川省也存在经济发展和生态保护的矛盾问题，生态环境保护结构性、根源性的压力没有从根本上得到缓解，全省生态环境保护工作面临挑战，生态建设"响应"仍需进一步强化。一是生态环境治理成效需要巩固。全省大气污染防治形势依然严峻，全省仍有1/3的市（州）空气质量不达标；农村生态环境未得到根本改善，部分地区农用地土壤质量依然存在超标现象，土壤污染风险较高。二是污染源头防控需要加强。四川省的产业结构中，高耗能行业占比偏高，不利于绿色低碳发展，能源结构仍有较大优化空间，清洁能源的供给能力和输送利用规模有待提高。全省化学需氧量、氮氧化物、挥发性有机污染物等主要污染物排放强度仍然高于全国平均水平，排污许可质量监管工作亟须加强。三是环保基础设施建设需要健全。城镇、农村的生活污水收集和处理能力不足，污水收集管网总体数量较少，已有设施老化，污泥无害化处理处置设施配套不足。生活垃圾分类、收集体系需进一步完善，建制镇及农村区域收集转运体系有待加强。生活垃圾集中焚烧设施处理能力不足，厨余垃圾处理水平较低，全省环保类基础设施运维能力亟须提升。

（二）未来趋势展望

1.持续深化污染防治工作

四川省应持续深化空气、水资源、土壤资源的污染防治工作，维护生态环境"状态"的稳定。针对大气污染防治，要始终坚持源头治理、综合施策的导向，从工业源（火电、钢铁、水泥、焦化及燃煤工业锅炉等）、移动源（机动车、船舶等）、面源（扬尘、餐饮油烟、农业面源）等污染源头出发，推动多项污染物的区域协同治理和协同控制。尽管四川省2022年的水污染治理成效显著，但仍需持续巩固提升水环境质量。在水污染的防治上不仅需要严格控制污染减排，还要加强对水资源的利用、对水生态的修复以及地上饮用水水源地的保护和地下水污染的防治。通过落实水资源刚性约束制度、优化水资源配置和调度统筹水资源的利用；对工业污水、城镇污水、农村生活污水，加快推进污水处理设施及管网建设，对已有设施进行长效化运行维护；严格管理河湖生态缓冲带，落实长江"十年禁渔"要求，维护水资源生态系统功能；对集中式饮用水水源地进行规范化整治，完成水源地标志标牌、隔离防护等基础设施建设；继续实施地下水环境调查评估与能力建设项目，健全全省地下水污染基础数据库及优先管控名录。在土壤污染防治工作上，四川省要扎实推进"净土"行动，强化土壤污染源头防控和土壤风险管控，突出重金属污染防治，提高城乡区域固体废物分类处置能力和固废综合利用水平，保持土壤环境总体稳定。对于污染防治工作中可能出现的风险，四川省要树立环境安全底线思维，强化各地域、各行业、重点领域的风险防范和管控措施，构建全过程、多层级的生态环境安全和应急管理体系，有效控制环境风险，保障生态安全。

2. 提升生态环境治理能力

生态环境治理能力与生态保护建设成效息息相关，是推进生态环境保护的基础支撑，四川省应着力提升生态环境治理能力现代化水平。一是要推进区域协同治理。四川省通过与重庆市共同实施长江、嘉陵江、岷江、沱江、涪江、渠江等生态廊道建设，联合开展川渝地区大气污染综合治理和跨界流域水生态环境治理，实现生态共建环境共保，生态环境治理能力得到有效提升。未来不仅要深化川渝两地的环境治理合作，四川还需要与毗邻省份，如陕西、甘肃等省份加强联防联控，同时要围绕成都都市圈实现环境共治。二是要提高治理工作智慧化水平。四川省应加快生态环境数据平台建设，推动污染源排放、生态环境质量、环境执法、环评管理、自然生态等数据整合集成、动态更新和共建共享，提升生态环境数据处理能力，拓展数据应用场景。利用新一代信息数字技术，提高智慧环境管理及治理技术水平，重点提升精细化服务感知、环境污染治理工艺自动化、固体废物（含危险废物）管理信息化、污染治理设施运行监控智能化、环境污染及风险隐患识别智能化等方面技术水平。三是要推动环境治理科技成果转化。加强对科技成果的评估、筛选一批实用性强、效果好、易推广、适合解决四川省突出生态环境问题的治理技术，投入示范使用。鼓励科研机构、高校、企业、社会团体等采取联合建立创新研究开发平台、技术转化机构等方式，推动科研成果转化应用。围绕长江经济带、黄河流域、成渝地区双城经济圈等区域生态环境系统治理与保护需求，开展全过程、多维度污染控制和生态保护的技术集成与应用示范，对确有需要、产业化应用前景较好的生态环境治理科技成果予以重点支持。

3. 推动生态产品价值转化

四川省在下一步的生态建设进程中，要深入践行"绿水青山就是金山银山"理念，继续鼓励各地探索生态产品价值实现路径，健全生态产品价值实现机制，推动生态优势加速转化为经济发展优势。在推动生态产品价值转化过程中，一方面要加强生态文化体系建设。通过建设四川省生态文化传播平台，推动与生态文化相关的文学、影视、词曲等作品创作，大力弘扬生态文化。深入挖掘古蜀文化、巴文化、三国蜀汉文化中的生态元素，开发具有四川特色的生态文创产品、公共场所和设施，推进生态文化工程建设。各部门之间要协作配合，积极营造党委和政府主导、部门协调推动、社会各界参与的生态文明建设宣教工作氛围，加强生态文明宣传教育。另一方面要提升生态产品价值转化能力。建立生态产品调查评价机制，推进自然资源确权登记，探索建立四川省生态产品价值评价和核算体系，强化结果应用。通过创新纵向生态补偿方式，丰富横向生态补偿模式，扩大流域横向生态补偿实施范围，实施生态环境损害赔偿制度，推进生态综合补偿试点示范，不断健全生态产品保护补偿机制。探索有利于生态产品价值实现的财政制度和绿色金融政策，推动发行生态环境保护项目专项债券。依托优良的自然本底、丰富的农林资源以及川西林盘、公园绿道等特色资源优势，加快发展"生态+产业"模式，打造一批具有地方特色的生态产业品牌，逐步拓宽生态产品价值实现路径。探索开展生态产品交易，鼓励打造具有地方特色的生态产品区域公用品牌，建立生态产品质量认证、追溯体系，促进生态产品价值增值，进一步推动四川省生态产品价值转化。

经济文化篇

B.2
生态文明建设背景下县域生态旅游
高质量发展路径研究

何成军*

摘　要：　县域生态文明建设关系着中国式现代化的实现，生态旅游的发展是建设生态文明的重要途径。本报告以四川省攀枝花市盐边县为例，基于相关理论和对盐边县生态旅游发展存在困境的分析，对盐边县生态旅游高质量发展提出了一系列路径建议，涵盖生态产品体系构建、生态新要素挖掘、生态文化氛围维系、生态资源保护等，对盐边县生态文明建设提供了借鉴。

关键词：　生态文明　生态旅游　盐边县

一　引言

世界经济论坛在 2024 年 1 月 10 日发布的《2024 年全球风险报告》显

---

* 何成军，四川城市职业学院副教授，主要研究方向为乡村旅游与乡村振兴。

示，环境风险仍然是当前全球面临的最严重威胁之一。应对气候变化、发展低碳经济等行动逐渐成为全球共识。自 19 世纪末瑞典科学家 Svante Arrhenius 提出温室效应的概念，到 1972 年 6 月联合国人类环境会议通过的《人类环境宣言》、1983 年联合国环境规划署（UNEP）制定的《维也纳公约》、1987 年 9 月 24 个国家签署的《蒙特利尔议定书》、1994 年 3 月正式生效的《联合国气候变化框架公约》，再到 2005 年 2 月正式生效的《京都议定书》、2009 年 12 月达成的《哥本哈根协议》和 2016 年 11 月正式生效的《巴黎气候协定》，人类对气候变化的认识和应对行动经历了漫长而曲折的历程，减排议题逐渐受到每个国家的重视，并形成了具有法律约束力的国际公约。

20 世纪 90 年代以来，国际气候治理机制建设历经《联合国气候变化框架公约》《京都议定书》《巴黎气候协定》，中国作为一个负责任的大国，参与国际气候治理的角色从 1990~2000 年的重要参与者，到 2001~2010 年的重要参与者和重要协调者，再到 2011 年以来的关键参与者、重要贡献者和引领者，先后推动了气候变化南南合作，提出中国气候治理理念，确立全球气候减排模式，实施"一带一路"应对气候变化南南合作计划,[1] 呼吁"构建人类命运共同体是世界各国人民前途所在"[2]，为推动全球气候治理贡献了中国智慧和力量。

党的十八大以来，中国把生态文明建设作为关系中华民族永续发展的根本大计，实施了积极应对气候变化的国家战略，在开展国内气候行动、实现低碳发展方面取得了显著进展和成效。推动经济社会发展绿色化、低碳化，把经济高质量发展和环境高水平保护辩证统一，形成相互协同、共生共促的关系，已经成为我国进入高质量发展新阶段践行新发展理念、构建新发展格局的有效路径，同时也成为发展新质生产力的重要方面。

在国家扎实推进生态文明建设背景下，县域经济的发展如何解决生态环

---

[1] 李志斐、董亮、张海滨：《中国参与国际气候变化治理 30 年回顾》，《中国人口·资源与环境》2021 年第 9 期。

[2] 《习近平著作选读》第一卷，人民出版社，2023。

境保护工作所面临的不平衡、不充分问题，转变经济发展方式，建设"资源节约型、环境友好型"社会，促进人与自然和谐共生？从实践经验来看，县域生态文明的建设，应该立足区内资源禀赋、生态文明建设基础，牢固树立"绿水青山就是金山银山"的绿色发展理念，从生态文明体制机制创新、生态空间优化、经济绿色发展、生态环境质量提升、生态生活改善、生态文化建设等方面进行规划和部署。攀枝花市盐边县作为传统农业大县，长期以来经济以传统工矿产业为主，一产和三产比重相近，呈现经济总量低，产业结构面临提档升级的发展难题，而以旅游业为主的三产占比较低、总量低，未来有巨大的提升空间。因此，在盐边产业大发展、城镇大提升的关键阶段，推进生态型旅游发展具有全局性、长远性和关键性的作用。以生态型旅游为抓手，发挥旅游统筹带动作用，引导传统农业向观光休闲农业转型升级，走一条工矿产业向旅游业转型的创新之路，有效优化传统产业、引领产业转型，培育新的经济增长点，推动盐边构建现代产业体系，高水准打造康养名县，助推盐边社会经济全面发展，是盐边县生态文明建设的重要突破点。

二　盐边县发展生态型旅游的理论建构

人类文明植根于对象性存在的现实自然界，生存与环境的统一是人类社会实践的应有之义。[①] 在中国，县域生态文明建设是决定全国生态文明建设成效的基本支撑，也是维护自然界生态系统平衡的最小行政单元。以县域生态旅游推动生态文明建设，符合多重理论的基本观点。

（一）满足马克思主义矛盾理论的基本观点

当前我国社会主要矛盾为人民日益增长的美好生活需要和不平衡不充分

---

① 陈墀成、邓翠华：《论生态文明建设社会目的的统一性——兼谈主体生态责任的建构》，《哈尔滨工业大学学报》（社会科学版）2012年第3期。

的发展之间的矛盾，这种不平衡在生态文明建设领域，主要表现在县域之间的不平衡、产业发展的不充分。这样的主要矛盾在盐边县这样的县域，将在一定历史时期生态文明建设领域的多种矛盾中起着支配性作用，是影响和制约一定时期生态文明建设成就的决定性矛盾。正确地认识和把握这一主要矛盾，并按照社会发展进步的方向推动解决这一主要矛盾，使生态文明建设的主要矛盾进入更新阶段更高水平，是实现先进生产力和先进生产关系的基本要求，也是一种社会形态向新的社会形态转变、一个时代向新的时代演化的根本原因。以生态旅游发展推动县域生态文明建设，以旅游为核心动能改变县域生产力和生产关系，实现县域绿色生产力的提升和绿色生产关系的变革，符合解决我国当前以盐边县为代表的县域社会主要矛盾的基本逻辑。

（二）是马克思主义生态观的基本体现

马克思恩格斯认为，在人面前总是摆着一个"历史的自然和自然的历史"。随着人类物质生产实践水平的提高，人与自然不断走向统一。这个走向统一的过程，也就是建设生态文明的过程。在马克思与恩格斯辩证的、实践的自然观看来，人与自然之间社会性地组织起来、通过物质性生产劳动展开的复杂的历史关系，就是人与自然、社会与自然、人与人之间相互作用、相互制约的整体性关系。以县域生态旅游发展推动生态文明建设，是把县域内人与自然环境通过生态制度、生态生产和生态治理社会性组织起来，进行生态性的劳动，与自然发生生态性的关系，这符合马克思主义生态观的基础观点。

（三）符合公共产品理论下各主体博弈的基础观点

2013年，习近平总书记在海南考察时强调，良好生态环境是最公平的公共产品，是最普惠的民生福祉。这一科学论断深刻揭示了生态与民生的关系，阐明了生态环境的公共产品属性。正因为生态环境具有公共产品属性，所以，各主体在博弈规则下力争实现自身利益最大化，在生产中实现各自的利益诉求。在利用生态环境提供的空气、水源、物产、景观等生产生活必需品时，各社会主体倾向于选择可实现最大支付回报的博弈策略，而往往忽略承担保护环境的责任。因此，这种主体之间利用生态环境而避免承担责任的行为，可被视为一种博弈过程。这种博弈具有纵向多层级、横向多界限的特征，这使各自利益更难以调和，内在的博弈关系也更加复杂。要想使博弈过程变得顺畅，首先就要有一个能协调多主体共同参与的机制。以环境友好型、资源节约型为代表的生态旅游的发展，符合各社会主体间的利益诉求，在生态旅游发展过程中，各社会主体能在以生态质量为核心的诉求下协商，促进不同层级主体的沟通，改变以往博弈过程中因行政主体主导而忽视公众、企业主体诉求的情况。

三 盐边县生态旅游发展存在的问题

（一）县域水资源供需矛盾突出

据《攀枝花市 2021 年水资源公报》统计，2021 年，盐边县总用水量12788.46 万 m^3，占全市总用水量的 19.7%，其中农业用水量占全市农业用水量的 30.3%；工业用水量占全市工业用水量的 3.3%；生活用水量占全市生活用水量的 8.3%。县域经济节约用水技术、中水回用技术需大力推广应用，工业企业的节水措施还需加强，农业节水灌溉的措施需要大范围推广，节约用水的生活理念需要大力提倡。雅砻江、金沙江部分河段水资源配置中生态用水占比低，环境容量小，水体自净能力不足。

（二）环境污染治理仍需加强

中央环保督察反馈的生活垃圾处理、生活污水处理、油烟、噪声、扬尘等问题还时有出现；工业企业危废规范管理、建筑工地扬尘整治、汽修挥发性有机物管控等问题发生率较高，整改难度大；餐饮油烟精细化管理、露天禁烧和秸秆综合利用等方面还存在亟待解决的问题。老城区区域污水管网不完善，雨污分流难度大；全县农村污水处理设施未全覆盖，聚居点以及一些老集镇还没有建设集中污水处理设施，部分乡镇生活污水管网建设不完善，导致污水收集率偏低，已建污水设施运行维护技术力量不足，存在不达标排放现象；部分乡镇生活垃圾收集、分类、中转能力欠缺；部分河流河滩存在耕种现象，农药化肥施用对水体造成影响；部分养殖场治污设施陈旧，畜禽粪污收储运体系有待进一步完善。

（三）生态旅游公共服务配套不健全

一是内联外通、旅游化的交通体系尚未形成，县内外交通建设较为滞后，辖内无航空、无对外水运，联通攀枝花等重点客源的高速公路联系不畅，景区景点之间道路状况较差，通景公路、乡村旅游公路等几乎空白，交通问题严重制约了盐边县旅游业的发展。二是全县域旅游集散咨询服务体系未形成，配套设施建设不足。旅游交通、游客中心、停车场、旅游厕所、自驾车营地等基础配套设施严重滞后，城市观光交通、旅游公交专线等旅游交通服务缺乏，全域旅游标识严重缺失。三是全域旅游数据统计体系尚未建立，旅游信息化、智慧化服务水平有待提升。大数据中心、全域WIFI等智慧旅游服务设施急需完善。

（四）生态旅游发展产业要素有待提升

重项目硬件开发，轻旅游要素配套。现有的2个重点景区（点）、盐边县城、红格镇、渔门镇等旅游集散地的住宿、餐饮、购物、休闲娱乐设施等都以中低端业态为主，要素设施尚未达标，数量规模、设施档次、服务品质、特色化等方面需全面提升。一是住宿设施方面，缺乏高星级宾馆、文化主题旅游饭店、连锁酒店、森林木屋、自驾车营地等特色住宿设施。二是餐饮设施方面，缺乏特色餐饮街区、品牌地方餐饮店。三是旅游娱乐设施方面，缺乏常规性的夜间秀场、室内剧场、民俗文化演艺产品，体育、健身、美容等休闲娱乐设施有待丰富。品牌餐饮店、精品特色购物商店等旅游服务要素，整体呈现县域旅游要素配套结构不合理、发展不足、综合效益不高的现状。

四 盐边县生态旅游高质量发展路径

（一）完善生态康养旅游产品体系

盐边县生态旅游的发展，第一重点领域是发展生态康养旅游，要利用得天独厚的阳光气候环境和农业产业优势，以"泉养、食养、果养、药养、医养"五养为重点，将健康养生与温泉、美食、果蔬、中药材等资源进行嫁接和融合，大力发展大健康旅游产业，助推大健康大旅游深度融合发展。充分利用红格温泉等特色温泉资源，以阳光康养温泉为核心理念，将温泉与民族医药、美容护肤、康复养疗等相结合，开发 SPA 水疗中心、温泉民族养生馆、中医温泉养生馆、温泉理疗中心等温泉康养业态，重点打造红格温泉康养小镇、热水河彝族风情温泉小镇，打响盐边阳光温泉康养度假胜地。依托盐边丰富的美食资源和独特的饮食文化，围绕有机食材、药食同源、安全食疗、健康生活，以民族美食餐饮为重点，引导旅游景区、度假酒店、餐饮企业等旅游市场主体，开发一批原生态、富营养、有功效的滋补养生产品，发展药膳药宴、生态餐饮、功能性食疗等旅游产品。依托惠民、永兴、渔门和国胜等乡镇的桑葚产业，发挥桑葚道地药材的优势，建设桑葚红酒庄园、桑葚主题农庄、桑葚家庭农场、桑葚产业园等一批桑果康养基地，以保健养生桑葚酒为主打，大力研发桑葚果酱、桑葚茶、桑葚淋酱、桑葚汁、桑葚戚风等健康食品，充分挖掘桑葚的食用、营养、药用等价值，培养一批"药食同源"产品生产加工企业，做大桑葚产业深加工，打造药食同源的盐边桑果康养品牌。大力发展中药材康养旅游，扩大格萨拉中药材种植面积，在中部、南部等有条件的区域，适当种植名贵中草药材，开展生态观光、膳食养生、科普研学等旅游活动，打造一批民族医药种植基地、特色中药材种植基地。面向婴幼儿、中青年、老年等不同的群体，以康复中心、医养结合中心为载体，以运动康复、医疗保健、介护养老、健康养生等功能为重点，大力打造一批功能完善、设施齐全的大众医养设施。

（二）拓展生态农业旅游发展边界

围绕深入实施乡村振兴战略，依托自然生态、特色农业、乡村文化等资源，建设一批花卉、特色水果、特色林下产品、中草药村等采摘体验项目，大力发展观光农业、休闲农业、创意农业、定制农业，打造田园综合体、现代农业庄园、家庭农场、共享庄园等旅游业态，高标准发展以芒果、茶叶、蚕桑为代表的农业深加工，以旅游引领传统农业向服务业转型升级。一是加快昔格达文化田园建设，重点推进沃尔森芒果庄园建设田园综合体，推动"园区景区化"发展，打造集观光旅游、休闲采摘、艺术写生、文化创意、餐饮娱乐、养生度假等于一体的农业示范园区，建设成特色旅游景区。二是建设永益金丝皇菊观光园、龙头村玫瑰花观光园、惠民桑葚采摘园、脐橙农庄、七彩番茄农庄、逸品敲冰巧克力庄园、红格金菠萝观光采摘园、红格玫瑰花观光园等一批农业观光休闲项目，创新田园艺术景观，开展田园观光、生态采摘、艺术写生、休闲娱乐、特色体验等活动。三是大力引导芒果、茶叶、蚕桑、花卉、蔬菜等产业种养殖大户，创办家庭农场，积极培育一批新型青年农场主，开展田园观光、产品采摘、耕作体验、特色住宿等旅游经营活动。四是引导金河纳尔河芒果示范园，加强游客中心、游览线路、餐饮、住宿、娱乐等综合服务设施建设，大力发展众筹农业、共享农业，构建芒果深加工产业链，创建国家现代农业庄园。五是做强茶文化体验，打造国胜茶旅文化产业园，创新茶园生产合作模式，打造定制茶园、茶园文化博览中心、生态观光茶园、茶心苑等项目，延长茶叶产业链，提升附加值。六是大力组建盐边县农业产业协会，与川农大、省林科院等科研院深入合作，以科技人员下乡、微课堂的形式，为农户提供技术服务指导，提升农业产业的规范化管理、精细化服务等水平。七是推进金河芒果产业园标准化建设，支持中丝天成公司建设桑蚕博物馆和蚕丝加工观赏车间，提升沃尔森育果农庄品质，开发芒果采摘体验线路，改造环线公路，培育纳尔河、欧方营地康养业态，打造集水果产业园、康养综合体、水果采摘、生产加工研学于一体的农文旅融合产业园。

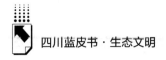

（三）加快生成生态运动旅游消费场景

整合红格体育设施、赛事活动等资源，结合旅游项目开发建设，以"造小镇、建基地、办赛事"为重点，完善和推动体育场馆、运动基地等体育产品建设，强化体育赛事专业化运营和管理，做大做强盐边体育旅游。围绕红格绿色休闲运动中心、省运动竞训基地，加大专业体育馆群建设，建立完备的赛事场馆体系，拓展周边空间建设时尚极限运动公园、生态山地公园，开发二滩水上运动、水上竞训基地、户外骑行、低空运动等体育产品，建好县城四川省少年蹴球训练基地，打造综合型体育旅游小镇，培育国家级体育竞训基地，承接大规模的省内外运动队集训。结合景区、度假区开发建设，积极打造绿石林户外越野基地、盲谷户外探险基地、百灵山大药塘户外运动基地、大湾村山地户外运动基地、二滩水上运动基地、二滩户外健身基地、热水河山地运动公园等体旅运动基地。围绕彝族摔跤、傈僳族射弩、爬杆及蹴球等少数民族体育，打造少数民族体育运动基地，在中小学校开展民族体育传统文化教育，定期与各类文化研究会、民族大学体育学院等相关单位开展学术研究交流，普及和传承少数民族体育文化，积极申报民族体育传承保护基地。用好四川省竞训基地这一品牌，争取高水平体育赛事活动在盐边举办。集中精力办好全民运动会、射箭锦标赛、女子垒球比赛、羽毛球锦标赛、二滩半程马拉松、二滩至格萨拉山地徒步大会、大窝凼村越野挑战赛等一系列体育赛事，常态化策划自行车骑行大赛、水上皮划艇大赛、汽车越野赛等赛事活动，形成体育旅游精品赛事。加快引进专业赛事投资商和运营商，进行市场化的开发、运营、管理，引进和组织国际、国内大型体育赛事，搭建高度专业化的赛事商业体系，推动盐边体育赛事品牌化发展。推动成立体育运动行业协会，积极与国内外自行车俱乐部、汽车俱乐部、登山俱乐部、户外运动俱乐部等专业俱乐部建立联系，扩大与国家、省、市体育队的合作领域，推进与省内外体育院校的合作，打造运动训练基地、体育实践基地、赛事举办地。

（四）做好文化生态旅游产品特色

按照"文化为魂，旅游为体"的思路，通过"非遗活化、文化展演、文化可视、跨界融合、数字展馆、文旅活动"六大文旅发展新模式，以旅游为原动力激发文化发展活力，促进文旅融合发展。活态化演绎非物质遗产文化。将笮山锅庄、傈僳族婚俗、斗釜歌、绷鼓仪式等非遗项目，通过实景互动表演、场景化表演等方式，引入景区、度假区、特色文化街区等游客集中场所，以游客喜闻乐见的方式弘扬传承盐边非遗文化。文化互动展演激发文化活力。在文化传习中心、微文化博物馆、特色文化街区等，围绕傈僳族手工麻布、苗族刺绣等少数民族手工艺，开展非遗传承人技艺展演，引导游客参与现场制作，增强对盐边地域文化的认同感。大笮文化艺术装点城市家具。深挖大笮文化主题元素，对城市灯饰、垃圾桶、公交站台、旅游公交巴士、标识标牌、公共卫生间等进行文化艺术创造，形成一批具有公共艺术色彩的城市家具，让地域文化融入生活。以跨界融合全新方式传播文化。迎合当代人的审美理念与消费观念，引导大笮文化传承人和设计师、艺术家跨界合作，通过创意设计，全新演绎民族文化与农业文化资源，推出满足大众生活的文创产品，比如以蚕桑刺绣被、刺绣扇子、真丝刺绣围巾、麻布杉、扎染礼服等为代表的民族刺绣用品和民族风高定服装，打造文旅购物精品。众筹打造异地数字化文旅博物馆。充分发挥大笮文化研究会的作用，积极协调，与成都大学合作，以众筹的方式，引入 VR、AI、全息投影等新科技，在成都打造一座集产品展销、非遗展演、互动体验、文创研发、培训教育等于一体的数字化文旅博物馆，同时是成都大学的文化实践培训基地，大力传承和弘扬大笮文化。线上线下文旅小活动加持客源引流。结合当地的少数民族宗教信仰、重大节日、人文风俗，融合现代人新的生活方式，利用短视频、微信、微博等平台线上引爆活动话题，线下举办"脱单专场"等活动，重在吸引中青年人群踊跃参加，通过分享扩散、口碑效应，不断引流线上用户线下旅游。

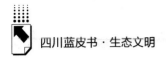

（五）加强水域生态环境保护制度建设

按照国家和四川省统一安排，坚持"保护优先、合理布局、控管结合、分级保护、相对稳定"的原则，加快建立以格萨拉、百灵山、二滩等为重点的保护制度，在生态区域实施产业准入负面清单制度。对森林公园、饮用水水源保护区、洪水调蓄区、重要水源涵养区等自然生态空间进行统一确权登记。制定实施盐边县生态红线区域保护规划，科学划定不同类型的生态红线范围和保护边界。一是优化提升雅砻江、惠民河、南阳河、岔河沟、择木龙温泉瀑布、冷水河喷泉等主要水源的水质。建立水质监测系统，搞活水体，降低河道污染物堆积量，减少河堤淤泥的沉积，加强岸边植物环境保护，加强生态护岸技术的应用。二是继续深入贯彻落实河长制，加强河道管理及河库联合执法。三是加强二滩水库的环境建设和保护，对水库周围裸露地面进行绿化，及时清运和处理垃圾；采取有效措施，防止库区城镇污水对库区水体的污染；控制和减少污染物直接排入河流、水库；鼓励、推广库区农村采用沼气等清洁能源，减少生活垃圾。四是在新建旅游项目上马时，严格执行建设项目审批制度、环境影响评价制度，严把项目建设环保准入关，切实保证河道水系的生态命脉。

（六）提升林草山地生态保护质量

一是严格贯彻执行有关政策、法规，按照圈层生态屏障，建立资源保护网络体系，在保护的前提下有序开展旅游开发活动。二是重点加强草原草场生态环境修复，防止外来物种侵入，优化草场草质，加强植树造林，营造小组团森林植被景观，提升草场的景观环境。三是持续强化"天保工程"管护力度，严防森林火灾，推进林业生态建设，完善生态补偿机制，提高森林覆盖率。四是严禁违法、违规开山采石行动，加强破损山体的生态修复，防止泥石流、滑坡、山洪等地质灾害，做好重大自然地质灾害预警机制。五是加强对红土地、盲谷、禾麻垮峡谷、四川岩子、黑沟岩堰等地质地貌景观保护，相关部门要做好地质遗迹的长期观测、探测和研究，注重维护自然地质遗迹的完整性和生物多样性。六是对有价值的地质景观，应高起点、高标准做好整体规划开发，打造生态旅游环线，发挥自然资源的旅游价值。

五　结论

本报告基于生态文明建设相关基础理论和县域生态文明建设重要性，聚焦生态旅游推动生态文明建设这一核心话题，以攀枝花市盐边县为例，构建了以问题为导向、以精准路径设计为支撑的研究体系。研究分析了盐边县生态文明建设过程中存在的困境，描述了盐边县生态文明建设中存在的县域水资源供需矛盾、环境污染治理压力、生态旅游公共服务配套不健全、生态旅游发展产业要素不齐全等问题。基于问题，从完善生态康养旅游产品体系、拓展生态农业旅游发展边界、加快生成生态运动旅游消费场景、做好文化生态旅游发展基础、加强水域生态环境保护制度建设、提升林草山地生态保护质量等维度提出了盐边县生态文明建设背景下的生态旅游发展路径。为盐边县生态文明建设，尤其是县域生态旅游的发展提供了一定借鉴。

参考文献

曹洪军、李昕：《中国生态文明建设的责任体系构建》，《暨南学报》（哲学社会科学版）2020 年第 7 期。

熊康宁、黄慧琼、杨英等：《喀斯特修复区生态产品价值实现与生态文明建设模式》，《贵州民族研究》2023 年第 3 期。

余洁、吴泉蓉：《黄河流域旅游经济与生态文明耦合协调发展研究》，《干旱区资源与环境》2024 年第 5 期。

B.3
生态产品价值实现视角下森林康养产业发展路径研究

赵 川 徐海尧*

摘 要： 森林康养是生态产品价值实现的重要业态，四川省森林资源丰富，依托自然资源禀赋发展森林康养产业能够助力推进健康中国、美丽中国和乡村振兴。本报告从生态产品价值实现视角出发，结合人口老龄化背景下的康养产业的发展趋势，分析了四川省森林康养产业发展现状，提出了从"森林康养+旅游""森林康养+医疗""森林康养+农业""森林康养+商贸""森林康养+文化"等方向推动四川省森林康养产业高质量发展的路径；并就产业融合、配套设施、营商环境、市场推广、人才培养、行业自律六个方面提出了建议。

关键词： 生态产品价值实现 森林康养 生态康养

党的二十大报告指出要建立生态产品价值实现机制，森林康养作为森林生态产品价值实现的新业态，为践行绿水青山就是金山银山的"两山"理念提供了新的有效途径，同时也是推进健康中国和乡村振兴战略的有效实践。四川省是全国较早进行森林康养产业化发展的省份之一，康养产业发展迅速，已有丰富的森林康养及生态产品价值实现实践案例。截至2023年底，四川省共有森林康养基地全国试点单位35个、国家级森林康养基地6个、森林康养国际合作示范基地11个、省级森林康养基地298个、森林康养步

---

* 赵川，博士，四川省社会科学院副研究员，主要研究方向为生态经济、旅游经济；徐海尧，四川省社会科学院社会学研究所，主要研究方向为人口资源与环境。

道近 3000 公里。① 基于上述背景，本报告旨在从生态价值实现视角下分析四川省森林康养产业发展路径。

一 发展背景

四川省森林资源丰富，从北部的大巴山到西部的青藏高原东缘，森林覆盖率高，景观资源富集，林下产品丰富，气候宜人，具有发展森林康养产业的先天优势。

（一）生态产品价值实现的背景

生态产品价值实现是贯彻习近平生态文明思想的重要举措，是践行"两山"理念的关键途径，也是推进人与自然和谐共生的现代化的重要路径。2010 年 12 月，国务院印发的《全国主体功能区规划》将生态产品定义为"维系生态安全、保障生态调节功能、提供良好人居环境的自然要素，包括清新的空气、清洁的水源和宜人的气候等"。2017 年 8 月，中央全面深化改革领导小组第三十八次会议通过的《关于完善主体功能区战略和制度的若干意见》提出要"建立健全生态产品价值实现机制，挖掘生态产品市场价值"。2018 年 4 月，习近平总书记在深入推动长江经济带发展座谈会上的讲话中提出要"努力把绿水青山蕴含的生态产品价值转化为金山银山"，指出要探索可持续的生态产品价值实现路径。2021 年 4 月，中共中央办公厅、国务院办公厅印发了《关于建立健全生态产品价值实现机制的意见》，提出"建立健全生态产品价值实现机制，是践行绿水青山就是金山银山理念的关键路径，是从源头上推动生态环境领域国家治理体系和治理能力现代化的必然要求，对推动经济社会发展全面绿色转型具有重要意义"。

（二）康养旅游

康养旅游是现代旅游业发展中产生的新型旅游模式。现代康养旅游起源

---

① 资料来源：四川省林业与草原局官方网站。

于西方温泉浴和疗养旅游，2016 年颁布的《国家康养旅游示范基地》（LB/T 051—2016）行业标准中将康养旅游定义为"通过养颜健体、营养膳食、修心养性、关爱环境等各种手段，使人在身体、心智和精神上都达到自然和谐的优良状态的各种旅游活动的总和"。从定义上来看，森林康养旅游与康养旅游有重合部分，森林康养旅游即通过森林资源达到养生、保持健康的旅游活动。学术界普遍认为康养旅游发展与人口老龄化现象密切相关，人口老龄化趋势为康养产业提供了潜在的增长空间。随着我国的人口老龄化程度不断加深，市场对养老健康的需求也不断增加，康养旅游修身养性、避暑避寒的特点契合老年人群的养老需要，推进康养旅游是适应当前积极老龄化、健康老龄化的可行路径。四川省重视康养旅游发展，相继出台《四川省康养旅游发展规划（2015—2025）》《四川省大力发展生态康养产业实施方案（2018—2022）》等专项引导性文件，并积极建设现代康养旅游产业发展，为森林康养产业发展提供了良好的政策基础。

（三）森林康养

森林康养是生态康养的一部分，起源于 19 世纪 40 年代德国的森林疗养，随后 20 世纪其他发达国家相继开始探索森林康养，如美国的森林保健，日本、韩国的森林浴。我国于 1982 年成立了全国第一个国家森林公园，诞生了我国森林康养的雏形，为后来森林康养基地提供了引领和参考。

进入 21 世纪后，我国森林康养出现产业化发展，四川省在我国森林康养产业发展浪潮中走在了前列。2015 年 7 月我国第一个森林康养主题研讨会"中国（四川）首届森林康养年会"在四川省眉山市洪雅县召开，会议对我国森林康养学术意义、森林康养产业发展模式、现实意义及前景进行了深度讨论。会议发布了《中国（四川）首届森林康养年会宣言》（《玉屏山宣言》），对森林康养进行了多角度深层次论述，指出"森林康养是以森林对人体特殊的功效为基础、依托丰富的森林生态景观、优质的森林环境、健康的森林食品、浓郁的森林文化等主要资源，结合中医药健康养生保健理念，辅以相应的养生休闲及医疗服务设施，开展利于人体身心健康、延年益寿的森林游憩、度假、疗养、保健、养老等服务活动"。2016 年，原四川林业厅印发的《四川省林业厅关于大力推进森林康养产业发展的意见》指出森林康养是"是指以森林对人体的特殊功效为基础，以传统中医学与森林医学原理为理论支撑，以森林景观、森林环境、森林食品及生态文化等为主要资源和依托，开展的以修身养性、调适机能、养颜健体、养生养老等为目的的活动"。2017 年，四川省森林康养产业联盟成立，标志四川森林康养步入产业化发展阶段。学术界对森林康养概念定义有狭义和广义两种界定。狭义的森林康养指以森林资源和森林环境为依托，以健康理论为指导，以传统医学和现代医学相结合为支撑，进行森林医疗、疗养、康复、保健、养生、度假等一系列有益人类身心健康的活动。广义的森林康养泛指以森林资源及环境为依托开展促进、维持、恢复人体健康的行为活动过程。李后强等在《生态康养论》中提出温度、湿度、高度、洁净度、优产度、绿化度构成的生态康养"六度理论"，其中，森林作为绿化度的核心，在康养产业发展方面发挥重要作用，包括提供产品、调节功能、文化功能和生命支持功能四类功能。[①]

本报告基于上述概念界定，提出森林康养产业是依托森林等林地生态资源，实现以森林康养为主体、多产业融合的有机产业集群。

二 四川省森林康养发展现状

四川省是森林生态资源大省，依托优势森林资源禀赋和规模庞大的消费市场持续因地制宜探索森林康养发展，从顶层设计到消费市场都具有良好的基础。

（一）顶层设计高度重视

四川省高度重视森林康养产业发展。2015 年 7 月，四川省启动首批十大森林康养试点示范基地建设；2016 年 5 月，四川省原林业厅印发《四川省林业厅关于大力推进森林康养产业发展的意见》，明确森林康养发展指导思想、基本原则、主要目标等重点任务；2016 年 12 月，四川省发布《四川省森林康养"十三

---

① 李后强、廖祖君、蓝定香、第宝锋等：《生态康养论》，四川人民出版社，2015。

五"发展规划》提出构建四川省森林康养发展布局；2017年1月，支持发展森林康养产业写入2017年四川省委、省政府1号文件《关于以绿色发展理念引领农业供给侧结构性改革切实增强农业农村发展新动力的意见》，为森林康养发展提供引导性文件；2017年6月，四川省委、省政府印发《推进农业供给侧结构性改革加快由农业大省向农业强省跨越十大行动方案》，指出大力发展以森林康养为主体的生态康养；2020年8月，四川省林草局印发《关于促进林草生态旅游产业高质量发展的指导意见》，提出重点推进森林康养示范区建设；2021年7月，四川省民政厅、林草局、自然资源厅等8部门联合出台《关于加快推进森林康养产业发展的实施意见》。这些文件的出台，体现了四川省高度重视森林康养发展，结合生态保护要求和市场反响不断完善森林康养顶层设计。

（二）积极引导促进发展

2016年四川省颁布《森林康养基地建设—基础设施》（DB51/T 2261-2016）、《森林康养基地建设—资源条件》（DB51/T 2262-2016）等地方行业标准；2017年颁布《森林康养基地建设-康养林评价》（DB51/T 2411-2017）地方行业标准。从2017年起，四川省先后推进"森林康养人家"和"四川省森林康养基地"申报工作，2022年四川省林草生态旅游发展中心牵头修订2017年原四川省林业厅《四川省森林康养基地评定办法（试行）》，出台《四川省森林康养基地评定和运行监测办法》提高准入门槛，保障四川省森林康养产业高质量发展，2022年修订后的森林康养基地评定和运行监测办法对生态文明及乡村振兴提出了要求，四川省森林康养基地申报单位应开展生态文明建设，有效发掘森林康养文化，融合当地特色的森林资源和文化元素，建有不少于1处的生态文明宣传展示点。根据基地自身发展特色，积极开展自然教育和森林康养活动；助推乡村振兴，通过发展森林康养产业，带动当地农村特色产业发展，提高农林产品附加值。积极吸纳当地农民就业，拓宽收入渠道。截至2023年底，四川省省级森林康养基地达298处，覆盖全省21个市（州）。①

---

① 《第八批四川省森林康养基地评定出炉》，2023年11月28日，https://lcj.sc.gov.cn/scslyt/ywcd/2023/11/28/8c17aa1937354060ac4236ca5d5c6f07.shtml。

（三）消费市场前景广阔

四川省旅游消费市场规模庞大，文旅经济增长势头强劲，旅游消费总收入持续增长。四川省大数据监测显示，2023 年四川省旅游消费总额 7443.46 亿元，旅游接待 6.8 亿人次。[①]《2023 年四川省国土绿化公报》显示四川省 2023 年林草生态旅游综合收入近 1900 亿元，[②] 森林康养旅游规模持续扩大，庞大的消费市场规模为四川省森林康养发展提供了强劲动力。2020 年第七次全国人口普查数据显示，四川省 60 岁及以上人口 1816.4 万人，老年人口规模位居全国第三，占人口总量的 21.7%，老龄化位居全国第七，根据国际通行标准，四川省已进入深度老龄化社会。[③] 四川省庞大的老年人口规模带来了旺盛的森林健康需求。2023 年，四川全省实现社会消费品零售总额 2.63 万亿元，增速高于全国，呈现火热的消费态势。[④] 蓬勃发展的消费市场为森林康养产业带来了充足的动力，四川省森林康养基地主要聚集于成都市、绵阳市、乐山市、雅安市、宜宾市、巴中市，呈现多核心分布，主要集中于成都平原周边。随着成渝地区双城经济圈的战略地位日益突出，四川省与重庆市的关联也愈发密切，四川省森林康养产业凭借优越的景观和气候资源在持续吸引重庆市及周边地区客源，同时川东北大巴山区域的森林康养产业发展也吸引了陕西、湖北等周边省份的消费。

（四）因地制宜探索路径

优质的森林资源是带动森林康养产业发展的根本。四川省是我国林草生态资源大省，根据 2021 年国家林草局《2021 中国林草生态综合监测评价报告》，四川省共有林地面积 3.81 亿亩，居全国第一位；森林面积 2.92 亿亩，居全国第四位；森林覆盖率 35.72%，高出全国森林覆盖率 11.7 个

---

① 《四川文化强省旅游强省建设取得新成效》，中新网四川新闻，https：//www.sc.chinanews.com.cn/whty/2024-03-08/205455.html。

② 四川省林业和草原局：《2023 年四川省国土绿化公报》，2024 年 3 月。

③ 四川省统计局：《四川省第七次全国人口普查公报》，2021 年 5 月。

④ 四川省统计局、国家统计局四川调查总队：《2023 年四川省国民经济和社会发展统计公报》，2024 年 3 月。

百分点。① 独特的森林资源成为四川省康养旅游优势，四川省自 2015 年起就在探索因地制宜发挥地方优势、使森林康养与养老健康产业融合发展的路径，探索生态文明建设的新方式。如位于眉山市洪雅县七里坪镇的峨眉山七里坪森林康养基地 2019 年被授予"全国森林康养标准化建设基地"荣誉，七里坪镇森林覆盖率达 90%以上，负氧离子含量达 20000~40000 个/cm³，依托峨眉山和瓦屋山以康养文旅产业为主导发展出集"医、养、游、居、文、农、林"于一体的健康养生全产业链。甘孜藏族自治州泸定县四川海螺沟国家森林公园，依托世界上仅存的低海拔冰川和独特的原始森林、矿物质温泉等多种优势，将温泉水引入雪山下的磨西镇，形成了坐拥雪山、森林、温泉的度假小镇。全国唯一全域获评中国气候宜居城市以及国家森林城市的攀枝花市，森林覆盖率 62.38%，冬无严寒、夏无酷暑，积极推进"康养+"产业融合发展，冬季到攀枝花康养度假消费的"候鸟式"度假消费趋势已经形成，到攀枝花过冬的"候鸟"老人已超 15 万人。宜宾市竹林资源优势突出，全市竹种植物三十余属近五百种，通过发展特色竹产业，2023 年宜宾市竹产业综合产值达 385 亿元，② 其中以竹旅游和竹康养为主的第三产业产值占近三成，长宁县蜀南竹海的竹林康养独具特色。凉山州以西昌为中心，将森林康养发展嵌入绿色崛起战略目标，树立"大农业+大文化+大旅游"融合发展理念，将森林康养产业作为特色先导产业，推进多产业融合康养发展，实现直接、间接效益数十亿元。

三 四川省森林康养产业发展问题

尽管具有良好的资源禀赋，在发展中四川省森林康养产业也面临着区域发展不平衡、龙头品牌和专业人才缺乏等问题，一定程度上制约着森林康养产业高质量发展。

---

① 国家林业和草原局编《2021 中国林草生态综合监测评价报告》，中国林业出版社，2021。
② 《做好"竹"文章 宜宾"熊猫笋"乡村振兴示范基地揭牌》，宜宾市人民政府，https://www.yibin.gov.cn/xxgk/zdlyxxgk/xczx/202403/t20240314_1965534_wap.html。

（一）区域发展不平衡

四川省内森林康养产业发展情况和森林覆盖率地区差异较大。以省级森林康养基地为例，四川省森林康养基地覆盖全省 21 个市（州），但主要集聚分布于成都平原经济区、川南经济区的宜宾市和川东北经济区的巴中市，森林资源丰富的川西北经济区、川东经济区、攀西经济区森林康养基地数量反而较少。森林康养基地数量与地区经济发展水平相关，地区分布不均衡，如甘孜、阿坝等森林资源丰富的地区对森林康养资源的利用转化深度不够。截至 2023 年底，四川省各市（州）省级康养基地数量和森林覆盖率数据如表 1 所示。

表 1　四川省各市（州）省级康养基地数量和森林覆盖率

单位：个，%

市（州）	省级森林康养基地数量	森林覆盖率
宜宾市	38	46.89
巴中市	36	63.20
成都市	31	40.50
绵阳市	25	56.13
广元市	20	58.85
凉山州	20	52.16
雅安市	18	69.42
眉山市	18	50.25
广安市	15	31.67
德阳市	12	26.40
达州市	12	45.58
乐山市	11	61.03
遂宁市	9	29.02
泸州市	7	49.70
攀枝花市	7	64.50
资阳市	5	37.59
阿坝州	4	26.50
南充市	3	41.80
自贡市	5	36.23
内江市	1	33.09
甘孜州	1	35.26

资料来源：四川省林业和草原局、各市（州）人民政府官方网站及国民经济和社会发展统计公报。

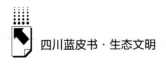

（二）龙头品牌缺乏

四川省各市（州）、各经济区森林康养产业主体之间发展水平差距较大，森林康养概念宣传不到位，森林康养功能定位不清晰，缺乏产品特色，营销方式创新不足，品牌打造不充分，缺乏突出全省森林康养特色的龙头品牌。

（三）专业人才缺乏

森林康养产业融合林业、旅游业、医疗卫生事业、养老产业等多领域的特点对森林康养业人才素质提出了高要求，目前主要体现在经营管理人才缺乏、产业人才缺乏、技术人才缺乏三个方面。由于森林康养目的地普遍距离大中城市较远，森林康养经营管理人才招聘难、留人难的问题较为突出；在技术人才方面，缺乏森林或园林康养、风景园林等方面的规划设计人才和能够运营管理森林康养产业的经营人才。2022 年 9 月，人社部发布了新修订的《中华人民共和国职业分类大典》，森林康养师作为新增职业岗位正式纳入国家职业大典，但森林康养师作为新兴职业人才刚刚起步，也存在专业课程缺乏、培训不到位等问题。

四　以"森林康养+"推动生态产品价值实现的路径

森林康养产业作为森林生态资源向生态产品转化过程中产生的一种新兴产业形态，与传统旅游业、传统农业林业、传统医疗卫生等行业既有联系，又有区别。四川省森林康养产业需要坚持跨界融合发展，在"森林康养+旅游""森林康养+医疗""森林康养+农业""森林康养+商贸""森林康养+文化"等不同领域，打造多样化的森林康养产品。

（一）"森林康养+旅游"

森林康养与旅游业发展相结合，将森林相关的生物、景观、气候、气象、农特产等自然资源生态产品转化为森林养生、森林旅游等生态旅游产品，带动森林康养与旅游业高质量互动融合发展。四川省森林康养基地大多本身具备旅游目的地特性，也往往与风景名胜区、森林公园、湿地公园等品牌有交叉重叠，其发展需要注重不同生态的特色与游客旅游体验深度融合，如用好春季的花卉、夏季的凉爽气候、秋季的红叶、冬季的冰雪等资源开发对应的生态旅游产品，并与旅行社、研学机构积极开发生态旅游和森林旅游路线产品。如四川省广安市华蓥山旅游区依托95%森林覆盖率结合当地红色文化，坚持"宜融则融、能融尽融"的多元化融合发展原则为游客提供森林保健养生、休闲游憩等服务，推动森林康养与红色文化结合为游客提供特色旅游产品。

（二）"森林康养+医疗"

在我国逐渐显著的人口老龄化背景下，森林康养作为健康产业的有效承载主体，凭借其天然的健康疗养属性，为医疗卫生事业和健康产业的发展注入新的动力。森林康养项目依靠丰富优质的生态资源，结合自然医疗和中医药等养生手段，可以为不同需求的人群提供医疗保健、运动康复以及休闲疗养等健康养生产品。当前，森林康养正在成为转化森林生态资源与健康产业发展的重要桥梁，激发着人们对自然和健康生活方式的重视，为康养市场提供更加多元化的选择。增加高质量森林康养产品供给不仅能进一步满足人们对高质量生活的追求，也能够促进消费，帮助地方经济发展。还要充分利用当地的医药资源，开发以中（藏）医药为主题的健康养生产品和康养服务。如四川省眉山市洪雅县洪雅林场与四川省林业中心医院共同对森林康养开展多次实证医学研究，涵盖森林康养对高血压人群疗效等多种医学研究，总结出特色"健康数据知多少、康养也有小处方、为了健康动起来、回家你可别偷懒"四步康养法，取得多项研究成果。

（三）"森林康养+农业"

森林康养产业的高质量发展离不开当地优质的农副产品，打造森林康养农业品牌成为森林康养结合农业发展的可行路径。近年来，四川省林下经济增长势头明显，林菌、林药、林禽、林蜂等林下种养业与森林康养产业融合发展潜力巨大。根据四川省内地区特色培育一批具有国际知名度的特色森林农特产品，如巴中银耳木耳、甘孜州松茸、攀西地区的松露等菌类产品，提供在地品尝的膳食养生、亲身参与的林下采摘、在线定制的农业电商系列产品，能更有效地增加四川林下农特产品的价值。同时，还可以依托"农旅融合"发展模式，以森林康养基地为载体，积极探索发展农业观光、农业休闲、乡村旅游等多种形式的融合发展模式，可以有效利用森林康养目的地周边的农业空间，以农业生产和农村经济发展为生活目标，以农作、农事、农活为生活内容，用农业主题的康养生活体验产品为游客提供回归自然、康养身体的参与性项目。如四川省雅安市荥经县以森林康养为主题，支持和推广森林康养、林下种植等多层次立体复合生态模式，建设龙苍沟貊貊溪渔现代渔竹产业园、龙苍沟筲箕湾森林竹笋复合示范园区，有效延伸了森林康养产业链，为游客提供了更多的选择。

（四）"森林康养+商贸"

森林康养产业的发展能有效促进森林生态产品的商贸流通。每一个康养游客不单是森林生态产品的消费者，也是潜在的宣传员。优质的森林生态资源可以通过充分挖掘、科学开发打造成特色的特产品牌，如跑山鸡、野生菌等特色农产品，从蒲扇到家具的竹木工艺品等。这些森林特产可以通过文创设计提升辨识度，利用互联网电商平台销售，依托现代物流体系和信息技术从线上线下拓宽市场。结合季节性特征，开展森林康养主题文化节庆活动来提升森林康养品牌形象，是森林康养结合商贸产业发展的有效路径，通过在夏季举办森林文化节、森林旅游节、森林康养体验月等活动，配套特色产品推介活动，有效提升市场影响力和认知度，并带来实质性的销售业绩。同时可以开展本地异地联动的营销活动，在人气旺盛的旅游景区和城市商场中开展特色旅游商品展销活动，举办森林康养主题交易会，推动"森林康养+商贸"的融合发展。如四川省成都市大邑县积极探索生态产品价值实现新路径，依托县内丰富的生态资产，借助"成都时尚消费品设计大赛"等平台，以"美好生活、智能生产、绿色生态、智慧治理"为理念，探索生态产品消费新模式，围绕西岭雪山打造特色文创产品，将中医药文化与文创商贸深度融合，打造了多样化特色产品。

（五）"森林康养+文化"

森林康养产业要丰富游客的体验，就需要有效融合当代的流行文化和当地的民族、民俗、非遗、艺术文化等特色文化，提供高质量的特色康养文化主题活动。一方面要结合现代人喜爱的一些康养运动，提供如森林瑜伽、户外徒步、登山、垂钓等体验项目。另一方面要充分研究当地的传统民俗活动、民间故事、民间表演，将里面可传承、可转换的部分融入森林康养产品中，丰富森林疗养、保健养生、休闲娱乐等活动的独特性。例如，四川省凉山州的达体舞、甘孜阿坝州的锅庄舞，都是参与门槛低、体验性强、有着康养健身效果的特色舞蹈。同时注意打造文化主题景观，利用当地的历史文化、非物质文化遗产等资源，开发相关的森林养生旅游产品和康养文创产品开发。如四川省广元市依托独特气候条件和丰富森林资源加快建设唐家河旅游度假区、广元康养产业园等项目，2021年获评最美中国旅游城市；结合优质的森林生态资源，通过加强历史文化遗存、古树名木、古旧村落、开发利用，实施古村复兴、老街改造、老屋修复保护工程，有效提升了康养目的地的基础设施和景观风貌，增强了接待能力，丰富了文化内涵和文化活动，有效促进了森林康养与文化旅游的深度融合。

五　高质量推动森林康养产业发展的建议

结合四川省森林康养产业发展现状和问题，要实现四川省森林康养产业高质量发展，需要从产业融合、配套设施、营商环境、市场推广、人才培养、行业自律六个方面进行完善。

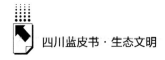

（一）推进产业融合机制，探索创新发展模式

跨界融合发展是森林康养发展的必由之路。[①] 要充分发挥森林资源、气候资源等优势，在促进一二三产业融合发展的基础上，深入挖掘森林康养产业发展潜力，实现"一业兴百业旺"。通过推进森林康养与林下经济融合发展，将林下采集融入森林康养服务环节中，发展观光旅游、采摘结合、户外食宿等特色林下旅游康养项目，打造森林康养农业融合本土特色产业示范基地，延伸林产品加工产业链，提高林产品附加值，培育龙头企业，形成康养旅游、林下采集、加工销售一条龙产业体系，促进林业生态产品价值实现。鼓励各地积极探索创新森林康养模式，依托森林资源富集区发展森林康养产业带和产业集群，积极发展森林体育、森林旅游、森林养生、森林养老等特色业态。依托地方特色文化，加强与旅游、体育、中医药等行业的协同联动，大力发展以康养旅居为主题的多元化产业融合模式，打造全产业链。

（二）完善配套基础服务设施建设

加强基础设施和配套服务设施建设，在保持生态风貌下完善道路住宿、水电供应、医疗保健、光纤网络等设施，积极引进市场化的商业服务配套，提升森林康养基地的服务能力和接待能力。在符合国土空间规划和环保要求前提下，建设森林步道、骑行道以及林区标识系统等道路辅助设施。结合新能源发展趋势，建设停车场、新能源汽车充电桩等交通配套设施。有条件的地区可以在森林基地和周边森林步道中按距离配置自动体外除颤器（AED）、野外报警器、野外医疗箱等医疗辅助设施。要结合数字技术完善电子商务配套服务和物流交通体系，打通森林康养农副产品等特色实体产品外销渠道。搭建森林火险、地质隐患预警监测平台，保障森林康养发展安全。

（三）探索多元化融资渠道，优化营商环境

合理利用各级政府产业投资基金，探索设立以社会资本为主的康养产业

---

① 叶智、郊光发：《跨界与融合是森林康养发展的必由之路》，《林业经济》2017年第11期。

投资基金，通过股权投资、政府和社会资本合作等方式，积极吸引社会资本进入森林康养产业领域。鼓励民间资本通过参股、控股、收购等方式参与森林康养建设和运营。鼓励和引导社会资本设立森林康养产业发展基金，建立以政府出资为引导、企业和个人出资为主体的多元化投入机制；加快推进林业产权改革，明晰林农集体产权、引导林权有序流转、合作经营和规模化管理，推进森林康养带动林业发展。鼓励国有林场、林场职工利用自有林地开展森林康养活动，支持其发展森林旅游等林下经济，提高收入水平，打通"绿水青山"与"金山银山"的双向转化通道。

（四）加强品牌建设与市场推广

大力实施品牌战略，积极培育森林康养产品，通过生态旅游、休闲度假等多种方式，使森林康养产品具有较高的市场知名度和美誉度。注重保护品牌的独特性，建立完善的品牌标识、质量标准、质量认证体系，推进森林康养产品品牌化建设。根据四川省内分区特点打造独具地方特色的森林康养品牌，如川东北经济区围绕大巴山等地方名片打造品牌；攀西地区依托阳光水果等优势资源打造阳光康养；川西地区打造雪山森林康养品牌。加强与国内外知名康养企业、相关行业协会、专业机构的合作，通过多种方式进行宣传推广和品牌营销，提升森林康养产品的市场知名度和美誉度。强化品牌的市场竞争力；加强与政府相关部门、行业协会及媒体的沟通合作，充分利用互联网、广播电视、报纸杂志等多种渠道，提高森林康养产品的知晓度和美誉度；注重市场营销策略研究与创新，针对不同市场需求、不同消费群体及不同的消费习惯，采取线上线下多种营销模式。通过宣传推广和品牌营销活动，提升森林康养产品的知名度和美誉度，扩大市场份额。用好数字经济赋能，利用数字平台优势推动森林康养产品的营销宣传，促进生态产品价值实现。

（五）强化森林康养人才支撑

加强森林康养师等急需紧缺的专业人才培养，积极引进相关专业人才，开展技术培训，提高从业人员服务意识和技能水平。要引进一批懂保护、懂康养、懂市场的经营管理人才，要利用各种返乡创业扶持政策，吸引本地人返乡创业，吸引外地资本、知识、技术下乡。鼓励高校、科研院所、企业与地方联合组建森林康养研究中心，为森林康养产业发展提供智力支撑。还要完善培训机制，做好森林康养专题培训教材和相关课程开发等工作，有针对性地对森林康养相关人员进行轮训，扶持市场化森林康养人才培训以提高内部造血功能，完善森林防火、森林安全等森林康养配套服务人才培养体系。

（六）建立健全行业自律组织

强化森林康养行业自律，建立健全森林康养行业组织。通过不同层级的协会规范行业经营行为，引导行业内企业遵循道德规范和商业伦理，在开发中注重保护森林生态环境，以良好的产品服务维护森林康养行业的整体形象，提升行业整体的服务质量和运营效率。还需要进一步完善森林康养标准体系和服务规范，开展森林康养等级评价工作，持续推动四川森林康养服务标准化建设，促进四川森林康养产业健康有序发展。

六　结语

森林康养产业是涵盖生态、康养、文旅、环保等要素的综合性产业，在推动林业、旅游业、农业、服务业等不同产业的高质量发展中具有重要作用。从高质量发展的视角出发，森林康养产业有助于创造新的经济增长点，实现绿色增长和创新增长，并作为深入实践"两山"理念的有效途径，对于推进美丽中国和健康中国建设有重要意义。在探讨了森林康养产业在四川省的发展背景、现状、面临的问题，提出高质量发展路径以及政策建议后，本报告也强调了森林康养产业的跨界融合属性及其在推进产业融合中的积极作用。四川省在森林康养产业方面的发展经验，为其他地区的森林生态产品价值实现提供了参考和借鉴。未来，森林康养与生态产品价值实现方面的研究还可以进一步结合实证数据和深化理论探讨，为森林康养高质量发展提供更为坚实的理论支撑。此外，森林康养发展中的新模式、新业态、新经验也值得长期关注，以期为生态产品价值实现提供更丰富的学术成果和对策建议。

参考文献

吴后建、但新球、刘世好等：《森林康养：概念内涵、产品类型和发展路径》，《生态学杂志》2018 年第 7 期。

陈云、刘大均、王维等：《四川省森林康养基地可达性及其影响因素研究》，《绿色科技》2023 年第 15 期。

郭檬、吴杨波：《森林康养产业发展浅析—以洪雅·峨眉半山七里坪森林康养旅游度假区为例》，《现代园艺》2022 年第 3 期。

B.4
新时代打造更高水平"天府粮仓"的绿色金融回应[*]

江 莉 张斐然[**]

摘 要: 新时代打造更高水平"天府粮仓",是习近平总书记赋予四川发展的重要战略定位,也是粮农领域落实总体国家安全观的关键体现,还是产业融合赋能农业高水平发展的路径指引,更是"满足人民日益增长的美好生活需要"的有力举措。作为现代服务业核心组成部分的绿色金融,在服务于高度利用"自然资源"且严重依赖"生态环境"的农业实体经济方面,展现出极强关联性和天然耦合性。绿色金融所具有的"回应外部性问题"、"化解风险困境"以及"优化资源配置"三大功能,为其回应新时代打造更高水平"天府粮仓"提供了坚实基础。故此,在综合考量四川"天府粮仓"建设和绿色金融发展进程的基础上,有必要深入揭示两者共存、交融、互促的紧密关系,解答"回应什么"、"为何回应"、"回应逻辑"以及"怎样回应"四个问题,最终提出进一步优化产品、扩大规模、创新支持、制度改进等对策建议,从而为新时代打造更高水平"天府粮仓"构建起绿色金融保障。

关键词: "天府粮仓" 绿色金融 农业绿色转型 产业融合

---

[*] 基金项目:四川省哲学社会科学基金项目"高质量共建'一带一路'框架下四川海外投资利益保护制度研究"(项目编号:SCJJ23ND474);四川省软科学研究项目"绿色金融驱动更高水平'天府粮仓'建设的模式及政策研究"(项目编号:2023JDR0320);四川省社会科学院院级项目"欧盟绿色立法逆全球化态势与中国应对研究"(项目编号:23FH15)。

[**] 江莉,四川省社会科学院生态文明研究所助理研究员,主要研究方向为国际环境法;张斐然,四川省社会科学院马克思主义学院,主要研究方向为马克思主义中国化。

一　新时代打造更高水平"天府粮仓"的基本面向

党的十九大以来，习近平总书记多次到四川考察，均对粮农工作作出重要指示，为四川农业发展指明了方向。2018 年 2 月，习近平总书记强调，要把发展现代农业作为实施乡村振兴战略的重中之重。[①] 2022 年 6 月，习近平总书记强调，成都平原自古有"天府之国"的美称，要严守耕地红线，保护好这片产粮宝地，把粮食生产抓紧抓牢，在新时代打造更高水平的"天府粮仓"。[②] 2023 年 7 月，习近平总书记指出，要抓住种子和耕地两个要害，加强良种和良田的配套，打造新时代更高水平的"天府粮仓"。[③] 在新时代打造更高水平的"天府粮仓"，是四川肩负的重大战略使命。为了更好地扛起这一重大使命，从必然性、内涵意蕴、当前实践三个关切点确认其基本面向实为必要。

（一）新时代更高水平"天府粮仓"的打造必然

成都平原长期以来被誉为"天府之国"。新时代"天府粮仓"以成都平原 35 个县（市、区）为中心，包含盆地丘陵 63 个县（市、区）、盆周山区 30 个县（市、区）、攀西地区 24 个县（市、区）、川西高原 31 个县（市、区），覆盖面积更大、涉及产业更多元。如今，从高速增长转向高质量发展，进入全面建设社会主义现代化国家的新时代，四川打造更高水平"天府粮仓"成为必然选择。

其一，新时代打造更高水平"天府粮仓"对于合理粮食空间布局具有重要价值。我国粮食主产区主要分布于中部、华北和东北地区，打造完善西

---

① 侯亚景：《战旗飘飘促振兴　党建引领结硕果——成都市郫都区战旗村乡村振兴调研》，《红旗文稿》2019 年第 15 期。

② 林治波、王明峰、宋豪新、王永战、李凯旋：《奋力推动新时代治蜀兴川再上新台阶（沿着总书记的足迹·四川篇）》，《人民日报》2022 年 6 月 19 日，第 1 版。

③ 张帆、宋豪新：《四川打造新时代更高水平的"天府粮仓"》，《人民日报》2024 年 1 月 10 日，第 1 版。

部粮食主产区能够起到优化粮食空间布局、补充西部粮食储备以及保障国家粮食安全的重要作用。根据国家统计局公布的2023年粮食产量数据公告,2023年四川粮食总产量达到3593.8万吨,全国排名第九,居西南地区之首,其本身也具备建设成为农业强省的良好基础条件。不仅如此,随着我国综合国力和人民生活水平的提高,人民对健康饮食的需求不断增加和农产品供给不平衡之间的矛盾逐渐凸显。作为西部粮食主产区,"天府粮仓"建设很大程度上肩负满足和保障西部地区人民粮食安全的重要使命。

其二,新时代打造更高水平"天府粮仓"对四川经济增长具有显著推动作用。农业是国民经济的基础产业,其自身对经济发展具有重要贡献,同时也是非农产业的源头。一方面,农业经济的发展能够为从业者创造物质财富,广泛覆盖种植、加工、运输、销售等环节,为国家经济发展做出贡献。同时,基于农业景观的美学价值,还能拓展出观光休闲、文化传递等精神价值,为经济的健康持续发展提供基础。另一方面,农业经济发展为城乡居民创造大量就业机会,擦亮"川字号"金字招牌,满足促进农民农村共同富裕的需求。同时,农业经济还能促进城乡关系稳定和谐,起到社会稳定器的作用,抵御国际粮食价格波动与外部经济压力。

其三,从能力建设角度来看,新时代打造更高水平"天府粮仓"不仅是提高粮食生产能力的实际行动,也是对国家治理模式的一次创新尝试。通过集成创新和体制机制创新,增强粮食行业的整体效率和应对风险的能力,这对于提升国家治理体系和治理能力现代化具有战略意义。同时,随着逆全球化和保护主义思潮泛滥,打造"天府粮仓"提高自给能力,可以减少对国际市场的依赖,增强应对国际市场波动的能力,进而在国际粮农事务中扮演更加积极的角色,维护国际公平正义,为全球粮食健康发展作出贡献。

(二)新时代更高水平"天府粮仓"的打造之义

在新的历史大背景下,粮食安全正成为国家核心竞争力之一。2020年,国家粮食和物资储备局提出要将我国建设成为粮食产业强国。作为粮食主产区之一,四川应当高水平、高质量地推动农业生产,做到增量又增质,将中国人的饭碗牢牢端在自己手中,为我国粮食安全贡献天府智慧、天府经验与天府力量。这就要求四川各农业区因地制宜,发展多品类农业,做到相互补充,保障农产品的多样化。牢牢守住耕地红线,确保耕地面积不减少,质量稳步提升。扛稳粮食安全责任,为中国人民提供更丰盛的"天府粮"。在"天府粮仓"的生态文明建设过程中,走生态、生产、生活平衡的农业模式,处理好人与自然环境的关系,提升全省农业土地有机质含量,在农业生产中减少化肥、农药的使用量,大力鼓励畜禽粪污等资源化利用,改善农田及其周边区域综合生态系统。

2020 年,四川提出推动良种、良法、良制、良田、良机有机融合的"五良"融合,旨在实现传统农业耕种模式向现代化农业模式的转型。四川省打造"中国西部现代粮食产业高地",承担着探索中国粮食产业发展关键性挑战的新时代使命。科技是第一生产力,科学技术的大力发展,可以极大推进农业现代化,提高生产效率,减轻农民工作压力,提高产品附加值,在新时代农业建设中即表现为"向科技要粮"。

(三)新时代更高水平"天府粮仓"的打造之行

2023 年 1 月,四川省委、省政府出台《建设新时代更高水平"天府粮仓"行动方案》(以下简称《行动方案》),将天府粮仓按照"一带、五区、三十集群、千个园区"稳步推进,因地制宜,实现生态农业差异化发展,推动四川由农业大省向农业强省转型升级,这也标志着打造新时代更高水平"天府粮仓"的正式起步。在《行动方案》中,提出了"天府粮仓"的建设目标。第一阶段到 2025 年,使"天府粮仓"建设取得显著成效;第二阶段到 2030 年,"天府粮仓"建设目标基本实现,粮食产量提高到 3750 万吨以上、"菜篮子"产品生产基本实现现代化、耕地保有量和永久基本农田保护面积超额完成国家下达目标任务、永久基本农田基本建成高标准农田等;第三阶段到 2035 年,基本实现粮食安全和食物供给保障能力强、农业基础强、科技装备强、经营服务强、抗风险能力强、质量效益和竞争力强的农业现代化强省目标。省内各地也积极出台相应方案,例如资阳市出台

《资阳市建设新时代更高水平"天府粮仓"资阳片区实施方案》，人民银行资阳市分行联合市农业农村局制定《资阳市金融支持"天府粮仓"建设实施方案》。

2023年，"天府粮仓"建设取得良好进展，全年粮食总产量718.8亿斤、比上年增长2.4%，创历史新高，稳居全国第9位；粮食亩产持续增长，亩产增幅居全国前列。经济作物生产形势良好；生猪出栏6662.7万头、保持全国第1；天府森林粮库建设给林业带来新增长点，林业产值增长9.9%；水产养殖能力提升，水产品产量达178.9万吨、增长了3.9%。全省农林牧渔业总产值达到9977.8亿元，比上年增长4%。截至2023年9月，四川省农信系统投向"天府粮仓"建设的贷款余额达到539亿元。① 人民银行四川省分行支持金融机构推出"天府粮仓贷""支农再贷款+""种植e贷""粮易贷""新型职业农民贷""家庭农场创业联盟+信贷"等创新信贷产品。② 总的来说，"天府粮仓"建设正在稳步推进。

二 新时代打造更高水平"天府粮仓"与绿色金融的耦合关系

新时代打造更高水平的"天府粮仓"，是通向"促进人与自然和谐共生"的农业现代化与农业强省目标的必由之路。要在追求农业现代化与农业强省的轨道上行稳致远，亟须绿色金融深度参与护航，为更高水平的农业绿色转型发展提供充足资金支持。作为金融与生态理论结合下的产物，绿色金融在推动生态资源利用合理化的同时，能够满足新时代"天府粮仓"高水平发展的需要。"天府粮仓"与绿色金融的结合水到而渠成，绿色金融为

① 段胜：《全面践行金融工作的政治性人民性 助力打造新时代更高水平的"天府粮仓"》，新农村，https://www.xncapp.cn/article/zixundongtai/xinwenzixun/20231031/100196.html。
② 人民银行四川省分行：《人民银行四川省分行全力推动金融高质量支持"天府粮仓"建设》，四川省地方金融管理局，https://dfrjgj.sc.gov.cn/scdfjrjgj/jgdt/2023/11/20/2dda6525a89d4816ac6763d55d5ab4da.shtml。

农业从传统耕种方式向现代化发展提供资金,在对农业的投资中,绿色金融增强与农业领域的合作,促进绿色金融布局的合理配置,缓解市场过分集中于新能源等领域造成资源浪费等问题。随着二者共存、交融、互促的关系不断发展,在推动农业发展以促进乡村振兴和农民富裕,兼顾生态环境保护等多重价值目标方面实现了耦合。

(一)农业视野:打造更高水平"天府粮仓"的绿色金融需求

农业现代化不断推进,科学技术迅速发展,但由于缺乏相关资金支持,而难以真正将其应用于农业之中,可以说农业如今比历史上任何时期都更需要金融。

随着乡村振兴与和美乡村建设的推进,农业本身具有向绿色发展转型的需求,但在这一过程中,面临着动力不足的问题。目前,部分农村地区由于受所处地区自然条件、生产成本等条件限制,种植粮食收入偏低,化肥、农药用量在近些年虽有所减少,但依然用量较多,对生态环境造成了较大的负担。通过金融手段,向农业生产者进行符合绿色发展要求的投资,刺激农民、企业等自我革新的动力,使之在生产生活中重视对生态环境因素的影响,逐步停止不利于生态保护的相关活动,增强自我监督能力。通过激发农业自身向绿色发展的内部力量,可以有效应对农业生产活动中出现的污染问题,同时有助于加强农业体系内部监管,在一定程度上解决相关部门监管困难的问题。

新时代农业要求集约化、技术性发展。新时代农业生产活动中,集约化和技术性发展通常指利用现代农业技术和先进设备等较少的生产要素,实现生产力的提升。生态文明建设则要求农业发展坚持走可持续性的集约化、技术性发展道路。改革开放以来,我国乡村地区广泛施行家庭联产承包责任制,并在接下来的一段时期内也将继续以家庭经营为主,但集约、规模的经营发展亦占有相当重要的地位。目前,四川省粮食适度经营面积占粮食播种面积的比重有待提高,一般的农民或者小型企业缺乏相应的启动资金推动集约化发展,这就需要绿色金融的介入,根据适度原则,规模经营,合理运用

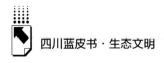

现代节能设施或设备等，同时密切关注生产活动所带来的周边环境变化，并及时做出调整措施，在生态化、可持续性的基础上推动更高水平"天府粮仓"的建设。

（二）金融维度：绿色金融服务"天府粮仓"建设的应然发展

党的二十大报告提出，构建优质高效的服务业新体系，推动现代服务业同先进制造业、现代农业深度融合。习近平总书记指出，金融是实体经济的血脉，为实体经济服务是金融的天职，是金融的宗旨，也是防范金融风险的根本举措。根据《关于构建绿色金融体系的指导意见》，绿色金融作为新兴事物，是研究"为支持环境改善，应对气候变化和资源节约高效利用的经济活动，即对环保、节能、清洁能源、绿色交通、绿色建筑等领域的项目投融资、项目运营、风险管理等所提供的金融服务"。绿色金融将生态理论引入金融系统，推动金融业本身的可持续发展。相较于传统金融，绿色金融强调其社会责任与人类社会的生态利益，通过金融活动如绿色信贷、绿色发展基金、绿色保险等，使政府、相关金融机构、企业等参与主体将社会资源引向绿色生态、可持续发展领域，以支持生态产业化和产业生态化。

（三）双重视角："天府粮仓"与绿色金融之间的良性关系

2023年底，四川省人民政府办公厅印发《四川省农村一二三产业融合发展行动方案》，明确提出推动农村地区一二三产业深度融合，完善金融服务体系，引导社会资本更快更多投入。2018年农业农村部发布《关于实施农村一二三产业融合发展推进行动的通知》指出加强服务、推动融合是主要行动任务之一，通过加强与金融机构、产业投资基金的合作，增加信贷支持是内容之一。2016年，国务院办公厅发布的《关于推进农村一二三产业融合发展的指导意见》指出要通过创新金融服务等方式完善农村产业融合服务。

在探索乡村振兴的道路中，四川有必要也必须探索具有四川特色的绿色农业金融。随着经济转型升级的深入推进，高污染、高能耗的粗放式发展模式逐渐被绿色化、低碳化的集约型发展模式所取代，绿色生产、低碳经济、循环经济成为经济发展的新方向。在新时代"天府粮仓"的建设过程中，必须正确处理生态环境与农业发展之间的关系。绿色是新发展理念的本质要求，金融领域在对农业进行投资时，必须坚持"绿水青山就是金山银山"的理念，认识到"天府粮仓"是可持续的"粮仓"，而不是一个破坏环境，污染土地、水源，降低农地生产力的不可持续的"粮仓"。

从总体上看，绿色金融与"天府粮仓"的高水平发展之间具有高度关联性和天然耦合性，绿色金融能为农业的基础设施建设、技术升级、污染防治等提供充分的资金支持，促进农业可持续发展。绿色金融在对农业投资的过程中，开辟了广大的农村市场，增强了自身资金流通性，为社会资本的投资行为作出引导，同时实现了自身的社会价值。金融业在对绿色农业的投资活动中，改变了自身的发展模式，走向符合社会发展、实现社会价值的道路。它有助于农民实现共同富裕，使绿色农业在发展中得到应有的宣传，使人民群众深刻认识绿色发展的意义，开辟消费者市场，推动社会良性发展。

三　新时代打造更高水平"天府粮仓"的绿色金融回应逻辑

绿色金融从经济外部性、风险治理、资源配置等方面对新时代更高水平"天府粮仓"的打造作出积极回应。绿色金融在参与"天府粮仓"的打造过程中，采取一系列积极措施回应面临的外部性问题，在取得经济效益的同时，激励相关各方变革、优化生产方式，创造绿色财富，实现经济活动的正外部性。在经济活动中实现绿色价值。绿色金融可以有效化解"天府粮仓"建设过程中所面临的气候、政策、市场等风险，通过建立完善的信息披露与风险防范机制，提升农业领域的抗风险能力。不断优化资源配置，提高资源利用效率，引导社会资源从高污染、高能耗等领域转向低碳、生态农业发展。

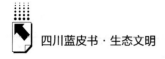

（一）绿色金融回应"天府粮仓"的外部性问题

在经济学领域，外部性通常指在市场的经济行为中，参与主体对他人或者社会所产生的影响，其中包括了正外部性和负外部性。负外部性主要指在经济活动造成的环境污染与自然资源损耗未能计入其成本时，对其他主体产生了危害或负面影响，但造成损害的一方却无须承担相应代价。在传统农业活动中，农业生产不可避免地会发生污染物排放、温室气体排放等问题。严峻的生态和环境危机，迫使人类思考如何在经济活动中采取有效措施减少负外部性对我们赖以生存的周边环境的破坏。

正外部性则是在经济活动中所产生的正面效益。新兴的绿色农业在坚持传统的经济效益的同时，也会具有准公共效益。相关经营主体在打造环境友好型的"天府粮仓"过程中，无法获得全部利益，并且会在对传统生产方式的变革、污染治理的过程中付出额外成本。绿色金融在打造"天府粮仓"的过程中通过建立完善的碳汇交易、优化交易机制等形式，使绿色农业发展过程中的外部性效益显性化与内部化，起到激励参与方的作用，同时将负外部性转变为金融活动中机会的丧失，使不符合生态发展规律的、非低碳化的相关主体为其经济活动承担相应成本。

（二）绿色金融化解"天府粮仓"的风险治理困境

"天府粮仓"的建设过程中，面临着与传统农业相类似的气候风险、政策风险、市场风险等多种风险治理困境。农业受气候影响很大，四川地区时常受到暴雨、洪水、干旱等自然灾害影响，往往对相关地区农产品生产活动造成干扰。在市场条件下，农产品价格会根据市场行情、国际贸易政策变化等产生波动，增加了农民收入的不确定性。政府对农业有关方面所做出的调整，如生产经营方式的变革、补贴政策的调整等都会对生产活动造成影响。目前，我国已建立一套相对健全的保障体系，但农业产业转型速度的加快，使农业保险的风险保障能力在一定程度上滞后农业发展。绿色金融在风险治理方面具有优势，绿色信贷分级分类风险管理机制，能够为绿色生产企业提供风险治理的更优方案。例如,人民银行资阳市分行积极推动"天府粮仓"建设纳入乡村振兴风险补偿金范围,并支持当地乡村振兴风险分担基金规模扩大,截至 2023 年,该规模已超过 4285 万元。[1] 再如,人民银行四川省分行鼓励完善涉农风险补偿金制度,推动乡村振兴农业产业发展贷款风险补偿金在全省 21 个市州实现全覆盖,还通过推出《金融支持"天府粮仓"建设情况监测制度》,为"天府粮仓"金融支持设定 1 个月的常规监测周期,形成按期评估效果并加以优化的长效工作机制。[2]

总的来说,在新时代打造更高水平"天府粮仓"的过程中,有着成熟的信息披露与反馈机制的绿色金融的参与,有助于科学应对"天府粮仓"建设过程中的气候风险、政策风险和市场风险等。其一,绿色金融可以提前聚集保险准备金,预先打下防灾救灾基础。其二,通过保险、再保险,可以汇聚"天府粮仓"风险分摊力量。其三,从省级层面构建多层级的农业风险管理工具、融资与核算体系,能够探索在更大范围内建立农业灾害基金。其四,有效发挥财政支持作用,在更大范围内建立灾害兜底机制。

(三)绿色金融优化"天府粮仓"的资源配置结构

在传统金融领域,相关金融在配置资源的过程中,会更看重企业可抵押资产的价值,因此重污染产业如煤炭、冶金、采矿等往往会受到更多青睐,增加了中国污染程度。"天府粮仓"的打造与重污染行业截然相反,因而需要采取积极措施引导金融资源转移至绿色、低碳、环保、可持续的轨道上。

四川省内"天府粮仓"正快速发展,对融资需求较高,并呈现出长期性、大额性、多元性等趋势。绿色金融与"天府粮仓"建设结合,有助于促进社会资源配置到"天府粮仓"建设的重点领域与薄弱环节,通过实行

---

[1] 中国人民银行资阳市分行课题组:《着力推进"天府粮仓"资阳片区建设》,《中国金融》2024 年第 3 期。

[2] 人民银行四川省分行:《人民银行四川省分行全力推动金融高质量支持"天府粮仓"建设》,四川省地方金融管理局,https://dfjrjgj.sc.gov.cn/scdfjrjgj/jgdt/2023/11/20/2dda6525a89d4816ac6763d55d5ab4da.shtml。

"环保一票否决制"等减少对高污染型企业的融资，并将其引入环保型企业，缓解企业自身产业转型所面临的难题，实现绿色产业与绿色金融对接。随着绿色农业逐步在农业体系中占据越来越重要的地位，绿色溢价等行为也将逐步降低，进一步增强了其对市场资金的吸引力，因此绿色金融通过资源账户记账、环境影响评价、绿色融资减排效益评估等多种方式，充分发挥资源合理配置的作用，有助于推动社会资本流向绿色低溢价农业。

四 新时代打造更高水平"天府粮仓"的绿色金融应对路径

绿色金融为新时代打造更高水平"天府粮仓"提供金融层面的应对路径。不断优化和推出因地制宜、解决实际问题的金融产品，积极与乡村振兴等国家战略相结合，引导金融投入更需要资金发展的相关地区及领域。不断完善金融体系，扩大规模，增强社会资本参与四川农业现代化建设的信心和底气。创新支持方式，破除制度壁垒，通过法律形式确认各方的责任与义务，相关部门务必做到标准统一，积极协调各方利益诉求，提升宏观调控能力。重视人才培养与引进，为二者结合提供智力支持，加强与各高校、研究所等科技机构合作，促进先进技术转化为生产力，推进相关理念在农村地区的普及，为绿色金融在乡村地区的普及扫清障碍。

（一）"天府粮仓"融资需求导向，优化绿色金融产品

绿色金融往往更多参与资金、技术密集型产业，农业通常被视作劳动密集型产业，绿色金融参与农业建设，面临着见效慢、风险高、利润少的问题，相关部门应当大力鼓励金融产品创新，为解决农业现代化过程中的资金问题等创造条件，开发"天府粮食贷""再贷款+"等新型产品。

四川更高水平"天府粮仓"建设应与巩固脱贫攻坚成果等相结合。"天府粮仓"中各地区发展差异较为明显，相较于成都平原等开发时间早、人口稠密、经济繁荣的地区，川西高原等地区面临生态环境脆弱、

防止返贫任务繁重、人口稀疏、治理难度较大等挑战，不利于绿色金融在此进行相应投资，面对该情况，则有必要在政策等方面给予更多倾斜，促进绿色金融向相对薄弱地区进行投资活动，同时避免金融资本无序涌入相对发达的城市建设，造成城市金融数额大于发展所需资本。

（二）完善绿色金融体系，扩大绿色金融规模

在绿色农业金融的打造中，积极推动绿色金融下乡，做到农村金融体系的全覆盖，提升数字支付在农村的普及程度，为农业活动主体提供边界渠道，提升农村办理相关金融产品的便利性。在农村地区建立以市场调节为主、政府调控为辅的绿色农业金融体制，充分激发市场活力，同时政府在确保市场正常运行的过程中也要加强对市场的监管，引导市场向合理发展方向进行调节，降低业务成本，提高风险管控能力。

绿色保险在绿色金融领域起着相当重要的作用，面对长期投资产品所产生的不安感，绿色保险通过风险管理的视角，有助于将外部性成本等具体化、数字化，发挥其在社会保障体系中的稳定作用、激励作用、增新作用等，在很大程度上可以提升投资方的参与热情，降低风险，鼓励更多资本尤其是民营资本参与绿色农业。

（三）创新绿色金融支持方式，破除绿色金融发展制度障碍

当前，绿色金融支持更高水平"天府粮仓"需要在完善顶层设计的同时，使金融政策落实到农村地区。在推进农业现代化的过程中，需要提升绿色金融的投入水平和效率，因而需要在法律层面上确认绿色金融在促进乡村振兴、实现农业现代化方面的重要地位。在相关法律的制定中，需要明确如证监会等在绿色金融融资、资金流入行为等方面的监管作用，确立银行等机构在发行贷款业务时有义务进行核查，同时使参与农业活动的主体如劳动者、生产单位、企业等明晰绿色农业的内涵以及其在实践过程中应必须承担的社会责任。

各地相关政府部门依据绿色农业标准，在总体政策框架指引下，明确绿色金融所支持的重点领域。截至 2023 年，绿色金融事业部作为专门负责绿

色金融事项的部门，仅在成都市新都区设立，而宣布入驻的相关金融机构不足十家，处于不完善状态，相应组织体系有着很大的建设空间，各地级市政府需要设立专业部门或相关指导机构，科学指导绿色金融计划的制定、传播绿色金融理念、落实相关政策、探索适合本地的金融机制。

绿色金融自身具备交叉属性，其与绿色农业的发展往往涉及农业、金融监管局、人民银行等多个行业或部门，各参与方在信息搜集等方面务必做到标准一致，互相匹配，避免互相矛盾局面的出现。

（四）建设人才中心，增强民众意识

绿色金融具有强专业性特征，对从业人员的风险评估与风险控制能力有独特要求。因此，在绿色金融推动"天府粮仓"的建设过程中，必须高度重视对人才队伍的培养，促使劳动力这个生产关系中最活跃的因素发挥其应有的作用。面对蓬勃发展的农业农村绿色产业，应及时出台加强绿色金融与农业现代化方向人才队伍建设政策，使当代从业人员能够正确了解新事物、新理念、新要求。四川省高校数量位居全国第五，此外还有多所研究院等科研院所，具有较强的绿色金融科研、教学能力，有必要推动政府相关部门、金融机构、企业与高校、科研院所建立绿色金融促进"天府粮仓"建设的合作机制，完善相关理论，开展项目研究，共同培育符合社会需求的人才。

在对内大力培养人才的同时，制订相应的人才引进计划，从国内外邀请优秀的专业人员尤其是对农学、金融学等学科均有较强研究能力的复合型人才，对四川绿色金融促进"天府粮仓"更高水平建设提供智力支持。还应当推动绿色金融评估体系建设，支持绿色金融中介机构的发展。

绿色金融参与方还应加大对绿色金融尤其是在农村地区的宣传力度，采取线上线下相结合的方式，一方面，可通过互联网等方式快捷地大范围传播，另一方面，由于城乡生活方式有一定差异，可以结合农村传统生活方式进行普及，增强农村地区尤其是直接参与农业生产活动的农民群体对绿色金融的了解，引导农民群体转变生产方式，减少农药、化肥等在耕作中的使用，同时增强农民的绿色金融意识，增强相关信息透明度。

参考文献

郭晓鸣：《打造新时代更高水平"天府粮仓"的思考与建议》，《四川日报》2022 年 8 月 8 日，第 10 版。

吕火明、许钰莎、刘宗敏：《建设新时代更高水平"天府粮仓"：历史逻辑·理论依据·现实需要·实现路径》，《农村经济》2023 年第 6 期。

蓝红星、贺唯玮、胡原：《新时代打造更高水平"天府粮仓"的理论内涵与实践路径》，《世界农业》2023 年第 10 期。

马骏、孟海波、邵丹青：《绿色金融、普惠金融与绿色农业发展》，《金融论坛》2021 年第 3 期。

刘华军、张一辰：《新时代 10 年中国绿色金融发展之路：历程回顾、成效评估与路径展望》，《中国软科学》2023 年第 12 期。

王彬彬、李晓燕：《基于绿色农业的市场化直接补偿方式研究》，《农村经济》2019 年第 6 期。

曾文革、江莉：《我国生态保护红线生态补偿制度的构建》，《中华环境》2017 年第 10 期。

李晓燕：《农业生态环境双重功能的冲突与协调》，《农村经济》2017 年第 7 期。

张近乐、姚冰洋：《绿色信贷促进农业农村绿色产业发展路径探析》，《财经理论与实践》2024 年第 1 期。

潘方卉、张弛、崔宁波：《绿色金融对农业绿色发展的影响效应及其作用机制研究》，《农业经济与管理》2024 年第 1 期。

李建强、王长松、袁梓皓：《绿色金融何以提升粮食安全？——基于农村人力资本和农业产业集聚视角》，《济南大学学报》（社会科学版）2024 年第 1 期。

罗光强、陈香香：《粮食主产区"三生"功能与粮食生产可持续发展》，《农林经济管理学报》2023 年第 6 期。

尚颖：《农业保险、涉农信贷支持农业绿色发展研究——基于河北省的案例分析》，《上海保险》2024 年第 1 期。

李浩、武晓岛：《绿色金融服务"三农"新路径探析》，《农村金融研究》2016 年第 4 期。

青海省农村信用社联合社课题组：《绿色金融助力农牧产业兴旺研究》，《青海金融》2022 年第 4 期。

B.5
绿色金融推动经济高质量发展的
理论逻辑与四川路径研究[*]

兰佳玮　王若男[**]

摘　要： 金融是现代经济的重要驱动力量，绿色是经济高质量发展的"底色"，绿色金融是促进经济实现高质量发展的重要工具。本报告从理论层面阐释了绿色金融推动经济高质量发展的理论逻辑，并以四川省级绿色金融创新试验区成都市新都区为例，深入探究其通过绿色金融促进经济高质量发展的路径、难点与对策。研究发现，绿色金融通过促进经济创新、协调、绿色、开放和共享发展五个维度的具体作用机制，共同推动经济高质量发展。新都区通过政府部门、金融机构和实体企业三方参与主体的通力合作，为全省绿色金融促进经济高质量发展提供了有力借鉴。政策效应向市场效应传导力度不足、多部门多领域协调联动能力不足、地方政策试点区域适用性不足是当前绿色金融发展面临的关键难点。据此，提出政府部门做好制度建设、金融机构提高绿色发展服务能力、实体企业积极利用绿色金融市场的相关对策建议。

关键词： 绿色金融　经济高质量发展　四川

　　党的二十大报告明确指出："高质量发展是全面建设社会主义现代化国

---

　　* 基金课题：四川省社科基金青年项目（项目编号：SCJJ23ND486）；中国社会科学院"青启计划"（项目编号：2024QQJH110）；本报告为绿色创新发展四川软科学研究基地系列成果之一。

　** 兰佳玮，中国人寿保险股份有限公司成都保险研修院讲师，主要研究方向为金融保险；王若男，四川省社会科学院生态文明研究所助理研究员，主要研究方向为城乡融合、生态经济。

家的首要任务。"2023 年 10 月 30 日召开的中央金融工作会议明确将"绿色金融"作为建设金融强国的五篇大文章之一,并提出优化资金供给结构,增加向促进科技创新、绿色发展和中小微企业发展方向的金融资源投入。金融是现代经济的重要驱动力量,绿色是经济高质量发展的"底色",绿色金融在推进经济实现高质量发展方面发挥着关键性的作用。因此,如何发挥绿色金融对经济高质量发展的促进作用,成为研究者和政策制定者的重要关注点。绿色金融,作为可持续性金融的一种形式,旨在通过调整金融机构的经营理念和业务流程,改变资源配置的激励机制,促进经济社会的可持续发展。这一概念的核心在于将环境保护与金融业务相结合,推动资源的有效配置和环境友好型产业的发展。绿色金融政策则是政府部门为促进绿色金融发展所制定的一系列规章制度,旨在规范和引导金融机构、企业在绿色融资方面的行为。这些政策安排通常由国家发改委、财政部、中国银行业监督管理委员会等部门颁布,目的是规范、促进绿色金融的健康发展。[①]

绿色金融作为推动经济高质量发展的重要手段,其理论逻辑在于通过调整金融机构的业务流程和资源配置机制,引导资金流向环保和可持续发展领域,从而促进经济创新、协调、绿色、开放和共享发展。四川省作为一个资源丰富、产业多元的地区,正积极响应国家政策号召,积极探索绿色金融在促进经济高质量发展中的路径与实践。因此,本报告旨在探讨绿色金融推动经济高质量发展的理论逻辑,并以四川省级绿色金融创新试验区成都市新都区为例,深入研究其通过绿色金融促进经济高质量发展的路径、难点与对策,以期为全省绿色金融促进经济高质量发展提供借鉴与启示。

一 中国绿色金融政策的演进逻辑

发达国家和发展中国家在绿色金融方面采取了不同的战略选择,其中最显著的区别在于是市场主导还是政策引导。发达国家更注重发挥市场力量,

---

① 陈凯:《绿色金融政策的变迁分析与对策建议》,《中国特色社会主义研究》2017 年第 5 期。

绿色金融的发展更多地是由市场需求推动的结果。与发达国家采用的市场主导模式不同，中国绿色金融的迅速发展主要源于政府强制性的经济增长方式转变。[①] 作为一种制度安排，中国的绿色金融政策旨在弥补市场机制的不足，对具有环境效益、产生正外部性的绿色产业进行鼓励和扶持，从而实现金融对绿色发展的引导和促进作用。根据我国绿色金融政策颁布和实践的特点，可以将其发展大致分为三个阶段。

（一）绿色金融政策初建阶段（1995～2011年）

第一阶段是绿色金融政策初建阶段，重点在于推出各种绿色信贷政策。在初建阶段，主要通过颁布"差异化"的信贷政策来调整产业结构、加强环境保护。1995年，中国人民银行发布《关于贯彻信贷政策与加强环境保护工作有关问题的通知》，标志着中国绿色金融制度正式确立。[②] 在该通知中，各级金融部门被要求在信贷工作中积极贯彻国家环境保护政策。随着时间的推移，中国政府逐步加大对绿色金融政策的重视和支持。2004年，国务院明确要求停止对不符合国家产业政策和环保标准的企业提供信贷支持。2006年，进一步强调绿色信贷政策的执行力度和环保信息的共享与监管。2007年，强调环保和信贷管理工作的协调配合。同年，环保审核制度基本成型。2009年将企业环保信息纳入征信系统。此后，相继出台的一系列政策都明确要求优化信贷结构、突出金融支持节能减排和淘汰落后产能工作，绿色信贷政策得到较快发展。在实践方面，2006年兴业银行正式推出了绿色信贷业务，成为国内最早开展绿色金融的银行之一。2008年，该银行更成为我国首家加入赤道原则的银行。除绿色信贷政策，绿色证券、绿色保险和碳市场政策也开始启动。2007年，上市公司环保审核制度基本成型，并

---

① 李朋林、叶静童：《绿色金融：发展逻辑、演进路径与中国实践》，《西南金融》2019年第10期。
② 西南财经大学发展研究院、环保部环境与经济政策研究中心课题组：《绿色金融与可持续发展》，《金融论坛》2015年第10期。

启动了环境污染责任保险的政策试点。2011 年，开启七省市碳排放权交易试点。[①] 总体而言，这一阶段的政策措施推动了中国绿色金融政策的初步建设，不断完善的政策框架为绿色金融的进一步发展打下了坚实的基础。

（二）绿色金融政策快速发展阶段（2012~2016年）

第二阶段是绿色金融政策快速发展阶段，政府从战略高度推动绿色金融发展。2012 年，银监会发布《绿色信贷指引》，明确了绿色信贷的支持方向和重点领域，标志着绿色金融政策体系的逐步完善和规范化。2015 年，国务院发布《关于推行环境污染第三方治理的意见》，要求研究支持环境服务业发展的金融政策，为环境治理提供了更加系统和综合的金融支持。同年中共中央、国务院发布《生态文明体制改革总体方案》，首次明确要建立中国绿色金融体系。[②] 2016 年，"十三五"规划明确提出大力发展绿色金融的重大决策部署，标志着绿色金融体系建设上升为国家战略，初步构建起绿色金融政策体系。除绿色信贷外，绿色证券和保险也处在继续探索建设中，丰富了绿色金融体系框架。同时，碳市场规模也在持续扩大。这一阶段，绿色金融政策主要为绿色金融体系建设服务，为绿色信贷结构调整和发展方向提供指引的同时，兼顾了绿色证券、绿色保险和碳市场的改革发展，为构建更加完善的绿色金融体系奠定了基础。

（三）绿色金融政策地方试验阶段（2017年以来）

第三阶段是绿色金融政策差异化发展阶段，重点在于建立绿色金融试验区。2017 年 6 月，国务院决定在浙江、江西、广东、贵州和新疆五省区分别设立绿色金融改革创新试验区，以各自的特色和侧重点推动绿色金融改革。这一决定标志着地方绿色金融体系建设进入实践阶段。试验省区在地理位置、自然资源以及经济基础等方面有明显差异，面临的经济转型挑战各不

---

① 李若愚：《我国绿色金融发展现状及政策建议》，《宏观经济管理》2016 年第 1 期。
② 朱俊明、王佳丽、余中淇等：《绿色金融政策有效性分析：中国绿色债券发行的市场反应》，《公共管理评论》2020 年第 2 期。

相同，这表明每个试验区的绿色转型需求以及绿色金融的服务对象存在差异。例如，浙江省和广东省作为经济发达地区，"先污染后治理"是其经济发展路径的特征，绿色金融试验区更侧重于支持科技创新和高端制造业的绿色发展。江西省和贵州省经济发展相对落后，绿色资源比较丰富，更关注生态保护和资源可持续利用方面的绿色金融政策。新疆维吾尔自治区区位特点突出，是丝绸之路经济带的核心，如何依托"一带一路"，利用绿色金融政策建设好绿色丝绸之路，实现绿色发展，是该试验区发展、创新绿色金融政策的重点内容。在这一阶段，绿色金融试验区的建立标志着中国绿色金融政策进入了更加多元化、差异化的发展阶段。建立绿色金融试验区不仅有利于地方政府因地制宜地开展绿色金融创新，更有助于探索适合不同地区特点和需求的绿色金融发展路径。试验区的建设也为全国其他地区提供了宝贵的经验和参考，促进了中国绿色金融政策的差异化发展。此外，随着绿色金融试验区的建立，地方政府、金融机构和企业之间的合作与协同机制也得到加强，形成了政府引导、市场主体积极参与的良好局面，为中国绿色金融的全面发展奠定了坚实基础。[①]

二　绿色金融推动经济高质量发展的理论逻辑

经济高质量发展可以被理解为符合"创新、协调、绿色、开放、共享"五大发展理念的发展路径。因此，本报告基于五大发展理念，阐释绿色金融通过促进经济创新发展、协调发展、绿色发展、开放发展和共享发展，推动经济高质量发展的理论逻辑。

（一）绿色金融促进经济创新发展

创新解决发展动力问题。首先，绿色金融为经济创新提供了多元化的资

---

① 文同爱、倪宇霞：《绿色金融制度的兴起与我国的因应之策》，《公民与法》（法学版）2010年第1期。

金支持和保障机制。由于绿色技术具有投资规模大、回报周期长等特点，常常面临资金短缺和高风险困境。① 绿色金融不仅为绿色技术创新提供了资金保障，还为推动经济整体创新奠定了基础。其次，绿色金融通过各种方式降低绿色技术创新的投资门槛和风险。绿色金融可以向绿色科技创新企业提供风险投资，支持其研发新型环保技术、清洁能源技术等创新项目，有助于降低创新企业的资金压力，使其进行更大胆的技术创新和实践，推动绿色科技的快速发展和应用。同时，公共部门可以通过提供担保和风险补偿等政策手段，增加绿色技术创新的投资吸引力，吸引更多的投资者参与到绿色技术创新领域。最后，绿色金融引导资金流向绿色技术创新、清洁能源、节能环保等领域，激励企业加大科技投入，推动技术创新，不仅有助于改善产业结构，培育新的增长动能，还能推动经济向高质量增长转变。因此，绿色金融通过为经济创新提供资金支持和保障机制，降低投资门槛和风险，并引导资金流向绿色技术创新领域等方面，这不仅有助于提升经济竞争力和可持续发展能力，还能促进产业结构优化和培育新动能，推动经济向高质量发展的方向迈进。

（二）绿色金融支持经济协调发展

协调解决发展不平衡问题。在现代经济中，发展不平衡是一个普遍存在的问题，不同地区、不同行业之间存在发展水平、资源配置和产业结构的不均衡现象，而绿色金融的介入可以有效促进协调发展。② 首先，绿色金融提供的优惠贷款和风险补偿等政策支持，有助于调动资源向绿色产业和低碳项目倾斜，引导资金流向环保、清洁能源等领域，平衡不同行业之间的发展差距，推动产业结构的升级和优化。其次，绿色金融可以促进产业链协同发展。通过支持环保产业链上下游企业的互动合作，绿色金融有助于构建完整的绿色产业生态系统，促进资源的共享和互补，提高整个产业链的运行效率和竞

① 王彤宇：《推动绿色金融机制创新的思考》，《宏观经济管理》2014 年第 1 期。
② 马骏：《中国绿色金融的发展与前景》，《经济社会体制比较》2016 年第 6 期。

争力。最后，绿色金融的介入还可以促进地区之间的协调发展。通过向落后地区提供更多的绿色金融支持，帮助其改善环境质量、优化产业结构，实现经济的可持续发展，有助于缩小地区间的发展差距。[①] 因此，绿色金融通过优化资源配置、促进产业链协同发展和促进地区间协调发展，实现经济结构的优化和升级，从而提升整体经济效率和稳定性，推动经济高质量发展。

（三）绿色金融助力经济绿色发展

绿色解决人与自然和谐问题。首先，绿色金融市场化的运行体系在监督机制、对传统经济政策的补充以及对绿色消费的引导方面发挥着关键作用。在绿色金融体系中，监督机制可以确保投资项目符合环保标准，从而保证资金的绿色流向。[②] 企业或个人为了维护投资的可持续性和回报，会对投资项目进行严格监督，这将推动经济向绿色方向发展。其次，绿色金融的市场机制可以弥补传统经济政策的不足。相较传统的环保规制政策和财税政策，绿色金融能够更快速地引导资金流向环保和绿色项目，从而加速经济的绿色转型。最后，金融机构可以通过调整绿色金融政策，引导绿色消费发展。这种绿色金融的衍生功能有助于培育绿色产业，推动经济向绿色和可持续方向转变。此外，绿色金融还可以通过提供金融工具和产品，如绿色债券、绿色信贷等，为环保和绿色项目提供资金支持，不仅有助于减少碳排放和资源消耗，还能够创造就业机会，促进经济增长和社会发展的全面提升。因此，绿色金融可以通过市场化的运行体系监督资金流向、补充传统经济政策、引导绿色消费，从而推动经济向绿色和可持续发展方向迈进，从而实现人与自然和谐共生，促进经济长期可持续性发展。

（四）绿色金融推动经济开放发展

开放解决内外联动问题。在国际国内双循环背景下，开放性对于推动经

---

① 王遥、潘冬阳、张笑：《绿色金融对中国经济发展的贡献研究》，《经济社会体制比较》2016年第6期。

② 马骏：《地方发展绿色金融大有可为》，《中国金融》2017年第13期。

济高质量发展至关重要。首先，绿色金融通过支持跨境绿色投资推动经济开放发展。绿色金融可以为跨境绿色投资提供便利和支持，不仅有助于各国共享绿色技术和资源，还能够推动全球绿色产业链的形成和发展，促进中国经济在全球经济中协同增长。其次，绿色金融通过促进绿色贸易发展推动经济开放发展。[①] 通过为绿色产品和服务提供金融支持，绿色金融可以降低绿色贸易的成本和风险，促进绿色商品的跨境流通和交易，有助于扩大中国绿色产业的国际市场份额，提升中国绿色产业的国际竞争力。最后，绿色金融通过促进国际间绿色合作推动经济开放发展。通过开展绿色金融项目、共享绿色技术和经验，各国可以共同应对全球环境挑战，实现经济的可持续发展。这种国际间的绿色合作有助于加强各国之间的互信和合作，推动全球绿色治理体系的建设。因此，绿色金融通过支持跨境绿色投资、促进绿色贸易和推动国际绿色合作等方式，拓展了中国经济发展的空间和渠道，提升了中国经济的国际竞争力和影响力，为实现经济高质量发展注入新的动力和活力。

（五）绿色金融实现经济共享发展

共享解决社会公平正义问题。经济高质量发展不仅是经济的总体增长，更包括增长成果的公平分配。首先，绿色金融通过支持小微企业绿色发展促进经济共享发展。小微企业由于规模较小、资金链较脆弱，常常面临融资难题。绿色金融通过提供便捷的贷款、低息融资和风险补偿等支持，帮助小微企业开展绿色技术创新和生产经营，提升其竞争力和可持续发展能力。其次，绿色金融通过支持农村经济发展促进城乡经济共享。农村地区由于资源禀赋和地理位置的限制，常常面临发展不足和贫困问题。绿色金融通过为农村地区提供农业绿色技术、生态农业项目和可再生能源等方面的金融支持，帮助农村地区实现绿色转型和可持续发展，提高农村居民收入水平，改善农

---

① 葛察忠、翁智雄、段显明：《绿色金融政策与产品：现状与建议》，《环境保护》2015 年第 2 期。

村生活条件，促进城乡经济的共享发展。最后，绿色金融通过为生态脆弱区提供绿色发展项目，帮助贫困地区脱贫致富，促进社会公平正义。① 生态脆弱区往往是贫困地区，面临着资源匮乏、生态环境恶化、经济发展困难等问题。绿色金融支持的绿色产业发展和生态修复项目，可以实现资源的合理利用和生态环境的改善，为当地经济的可持续发展打下基础。因此，绿色金融通过支持小微企业、农村经济和生态脆弱区的绿色发展项目，促进经济增长成果的公平分配，缩小贫富差距，增强社会的稳定性和凝聚力，从而实现经济发展的成果共享。

三 绿色金融推动经济高质量发展的四川路径

除了国家级绿色金融改革创新试验区，一些地方政府也在积极探索适合本地区情况的省级绿色金融改革创新路径。例如，四川省早在 2018 年就启动了省级绿色金融创新试点工作，并将成都市新都区、南充市、雅安市、广元市和阿坝州确定为试点地区。在过去的五年里，这些试点地区通过积极探索，取得了令人瞩目的经济发展成绩。为了从更系统、更全面的角度进行阐释，本报告构建了包含政府部门、金融机构和实体企业的绿色金融三方参与主体结构，基于此以四川省成都市新都区为例解析省级绿色金融创新试验区通过绿色金融发展促进经济高质量发展的实践路径（见图 1）。

（一）政府部门

政府部门在绿色金融发展中扮演着政策制定和监管的角色。尤其在绿色金融发展的初期阶段，政府部门需要制定总体性规划指引，明确各主体在绿色金融领域的角色和职责。首先，在发展规划方面，政府部门需要确立绿色金融发展目标，制定绿色金融合作策略。其次，在政策制定和监管方面，政

---

① 蔡宗朝、夏征：《绿色金融服务经济高质量发展的机理与路径研究》，《环境保护与循环经济》2019 年第 4 期。

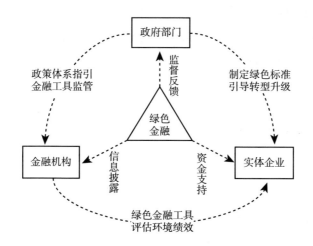

图1　绿色金融三方参与主体联动关系

府部门需要针对金融机构的业务实践制定相关规定，实施统一的绿色金融标准，制定激励措施和监管机制，完善绿色金融工具考核评价办法。最后，在企业生产方面，政府部门通过政策工具引导企业的生产方式转型升级，将企业生产的环境成本内部化。①

　　新都区政府部门在绿色金融推动经济高质量发展过程中的具体实践路径如下。首先，新都区健全了工作领导机制，成立了由区委书记任组长的绿色金融工作领导小组。这一举措的目的是更好地协调各部门的资源和力量，加强对绿色金融工作的统筹和指导，提高工作的组织化、协同性和执行力。同时，由区委书记担任组长，体现了政府对绿色金融发展的高度重视和领导层的直接参与。其次，新都区成立了绿色金融控股有限公司，以市场化运作为核心，有效调动资金资源。同时，政府在其中扮演引导和监管的角色，确保绿色金融发展方向与政府政策保持一致，并提供必要的支持和指导。再次，新都区完善了政策支持体系，制定了建设绿色金融5年行动计划，出台了绿色金融专项支持政策，强化了对金融机构绿色化改造、绿色评估认证、绿色

---

① 魏丽莉、杨颖：《绿色金融：发展逻辑、理论阐释和未来展望》，《兰州大学学报》（社会科学版）2022年第2期。

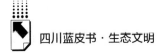

金融产品落地、绿色信贷风险补偿等方面的政策支持。最后，新都区打造了绿色金融机构聚集中心、绿色金融综合服务中心等 5 个中心，实施了绿色金融平台打造、绿色金融能力培育等 7 大工程，为推动绿色金融产业的健康发展创造了良好的环境和条件。①

（二）金融机构

金融机构在绿色金融发展中承担了政策落实和效果评估的角色。作为金融市场的主要参与者，银行、保险公司、投资机构等金融机构不断创新绿色金融产品和服务，确保绿色投资资金的持续供给。首先，金融机构针对绿色项目的特点和资金需求，提供合适的绿色金融工具，解决资金供给和项目建设之间的错配问题。其次，金融机构积极开展金融资产的环境压力测试，以降低金融风险，保障金融市场的稳定运行。最后，金融机构通过披露环境信息和评估企业的环境绩效，推动企业向更环保、更可持续的方向发展。

新都区金融机构在绿色金融推动经济高质量发展过程中的具体实践路径如下。首先，新都区夯实需求端，编制绿色金融标准，开展绿色评估认证。新都区委托专业企业编制四川省首个地方绿色金融标准，通过系统研究和论证，明确了绿色金融业务的定义、分类、认定标准和审核程序等内容，有助于准确识别绿色项目和绿色标的，提高绿色金融业务的透明度和可信度，降低市场交易风险。其次，新都区紧盯供给端，加强绿色金融业务投入，创新绿色金融产品。该区制定了《新都区银行业绿色金融专营机构建设指引（试行）》，并签署绿色金融同业自律机制公约，不仅增加了绿色贷款余额，也为企业提供了更加丰富和灵活的绿色金融产品选择。最后，新都区打造平台端，建设"绿蓉通"平台，促进绿色金融资源的有效配置和项目落地发展。通过"绿蓉通"平台，绿色项目方和绿色企业可以快速获取与绿色金

---

① 《四川：建设绿色金融改革创新的"新都样本"》，2022 年 11 月 25 日，https：//economy. gmw. cn/2022-11/25/content_ 36188805. htm。

融相关的信息、政策、产品和服务，实现与金融机构的直接对接和沟通。同时，金融机构也可以更加精准了解市场需求，提供符合需求的金融产品和服务。该平台还通过绿色智能识别、环境效益测算等服务，帮助银行实现绿色贷款在线识别并精准测算绿色贷款的环境效益，有效解决资金供需双方信息不对称问题。

（三）实体企业

实体企业在绿色金融体系中既是资金需求方，也是资金使用方。首先，实体企业需要资金来支持绿色技术创新和生产效率提升，通过向金融机构申请绿色贷款或其他绿色金融产品，用于投资环保项目、清洁生产技术、节能减排措施等。其次，实体企业是绿色技术研发主体，通过投入资金和人力资源，开展绿色技术研发、试验和推广应用，推动技术进步。最后，企业生产行为直接影响绿色金融工具的最终环境效应。绿色企业积极开拓新的市场机遇，推动生产方式转型升级，为建设美丽中国注入新的动力和活力。

新都区实体企业在绿色金融推动经济高质量发展过程中的具体实践路径如下。首先，新都区大力发展清洁能源、资源回收利用等绿色产业。与科技公司合作成立餐厨垃圾处理公司，提高了新都区垃圾处理能力，推动了资源再利用。与高校合作设立氢能源产业项目，推动了氢能技术研发和产业化，为地区经济提供了新的增长动力。其次，新都区通过绿色金融的支持，吸引和集聚了绿色低碳企业。例如，支持企业推广氢能物流车和叉车，打造无污染、零排放的氢能交通运输示范线，打造氢能装备制造产业集群等。最后，新都区创新绿色金融产品，成功发行全国首单区县级"碳中和"债券和"乡村振兴"中期票据，用于支持环保项目和农村基础设施建设，有效保护了地区生态环境、促进了农村经济发展。[①]

---

① 《公园城市成都示范㉙丨新都区：深化绿色金融创新 助力城市绿色低碳发展》，2022 年 11 月 30 日，https：//cddrc. chengdu. gov. cn/cdfgw/fzggdt/2022 - 11/30/content_ bc2207218c70 454d87cb4d0ea3d52656. shtml。

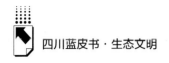

四 持续推动绿色金融发展需要突破的关键难点

（一）政策效应向市场效应的传导力度不足

一是政策丰富度不足。部分地区在制定绿色金融政策时，存在资源不足的情况，导致缺乏全面的绿色金融政策，使金融机构和实体企业对于绿色金融市场的发展方向和重点不够清晰，绿色金融市场的监管体系不健全，影响了投资者的信心，限制了绿色金融市场的发展潜力。二是政策工具缺乏创新。部分地区的绿色金融政策工具相对传统单一，难以应对新兴环境挑战和金融需求，无法满足企业和投资者日益多样化的需求，导致绿色金融市场的创新能力和竞争力不足。三是政策实施效果不佳。尽管部分地区发布了多项绿色金融政策，但政策实施效果并不理想。政府部门发布的绿色金融政策需要通过金融机构传导到实体企业和项目中，但由于金融机构对于绿色金融的理解和认知程度不足，传导机制不畅，导致政策无法有效地落实到实际行动中。同时，部分地区的绿色金融市场还处于初级阶段，市场规模相对较小，投资者和企业对于绿色金融的认知和接受程度有限，导致政策实施效果难以达到预期。四是绿色金融市场效果评价不足。政府部门通常更注重政策的制定和实施过程，以及政策的执行效率和执行情况等方面的评价，对于绿色金融市场的实际运行效果和市场影响的评价相对不足，难以全面客观地评价绿色金融市场的发展状况和效果。

（二）多部门多领域的协调联动能力不足

一是目光局限于绿色金融视野。政府相关部门有时候会忽视金融与其他领域的协调联动。环境问题往往与其他经济社会问题相互交织，因此单纯从绿色金融角度出发，可能无法完全解决这些复杂问题。二是部门间协调不足。不同部门之间的职责分工模糊不清，导致互相推诿责任或者重复工作。不同部门之间由于存在利益冲突，导致难以形成一致的合作意愿。部门之间信息不对称，导致相互之间难以理解对方的工作需要和重点关注的问题。三是专班工作机制不健全。虽然绿色金融改革试验区通常会建立专班工作机制，但专班工作机制的组织架构不清晰、成员职责不明确，导致工作分工混乱、决策不及时。专班成员之间的沟通协调机制不畅，信息传递不及时、不准确。专班工作机制的决策机制不灵活，导致决策效率低下，影响工作进程。

（三）地方政策试点的区域适用性不足

一是地方试点政策与自身金融市场特点和经济发展状况的协调性不足。部分试点地区的绿色金融试点政策未能充分考虑当地金融市场的实际特点和经济发展的需求，导致政策措施缺乏针对性，无法有效解决当地存在的绿色金融发展问题。有时地方试点政策缺乏长期规划，无法为当地绿色金融发展提供长期支持。二是缺乏灵活调整和因地制宜的发展路径。地方试点政策存在刚性执行的情况，缺乏针对当地金融市场特点和经济发展状况的灵活调整，导致政策可操作性较低，无法满足不同地区的实际需求和发展条件。三是社会部门的主观能动性未能充分发挥。社会各界由于信息不对称，缺乏对绿色金融发展相关政策、项目和机会的了解，普遍缺乏对积极参与绿色金融发展的意识，对绿色金融的重要性和价值认识不足，未能充分发挥主观能动性。

五　经济高质量发展目标下四川绿色金融发展的对策建议

绿色金融对于推进经济高质量发展十分关键。在经济高质量发展目标下，四川省应形成政府部门、金融机构、实体企业的三方合力，共同推进绿色金融市场建设，推动经济高质量发展。

第一，政府部门要做好制度建设，充分考虑市场参与各方的利益驱动机制，灵活运用市场机制激发参与者的创新活力和竞争动力。首先，政府部门需要平衡好财政资金与社会资本在绿色金融市场中的关系。通过提供财政补贴、税收优惠等方式，激励社会资本参与绿色投资，吸引更多资金流入绿色领域。同时，有针对性地将财政资金引导到绿色项目和企业中，促进实体经济向绿色、低碳、高效的方向转型。其次，政府部门要建立起有效的激励约束机制。例如，对于符合绿色标准的企业和项目可以给予税收优惠或贷款利率优惠，同时建立相应监管机制，防止部分企业通过不正当手段获取绿色认证，保障市场的公平竞争环境。最后，政府部门要加强对绿色金融标准的监管和执行，防止少数企业通过"漂绿""洗绿"等手段牟取私利。例如，建立更为严格的绿色认证机制，创新监管手段。

第二，金融机构要提高绿色发展服务能力，不断创新绿色金融产品和服务，为企业提供定制化的绿色金融解决方案。首先，金融机构要有效降低绿色投资成本。例如，提供低利率的绿色贷款，延长绿色贷款期限，提供更灵活的融资方案等。其次，金融机构要提高绿色金融市场定价能力。通过绿色信贷市场和绿色债券市场等金融市场的价格发现功能，甄别真正有效率的绿色企业和绿色项目。最后，金融机构要提高研发能力。通过推出更多与环境气候相关的气候保险、碳排放交易、可再生能源投资基金等金融产品，提高企业环境气候风险管理能力。金融机构还可以推动环境气候信息披露标准的制定和推广，增强企业与投资者之间的透明度。

第三，实体企业要积极利用绿色金融市场，充分利用绿色金融相关政策及绿色金融市场的价格发现和资源配置功能，为自身绿色发展和转型升级做好准备。首先，实体企业要制定绿色发展战略。根据行业发展前景和绿色发展趋势，制定调整产业结构、改造生产工艺、推进节能减排等方面的举措，以适应绿色经济发展需要。其次，实体企业要推动产业转型升级。通过借助绿色金融市场的资金和资源，引进先进环保技术设备，实现清洁生产。最后，实体企业应当积极承担社会责任。借助绿色金融市场资源，开展环境治理、生态修复等公益性项目，履行社会责任，提升企业形象，推动绿色发展理念深入人心。

B.6
论我国绿色金融区域合作发展的
法治保障*

曾文革 任婷玉**

摘 要： 绿色金融法治化与区域低碳转型的深度融合是国家治理现代化区域协同经济可持续发展的必经路径，但绿色金融跨区域合作存在公共性与创新性、省际合作障碍及央地监管矛盾的法治保障难题。目前，绿色金融制度是以政府主导的自上而下模式为主要制度框架，兼以自下而上的绿色金融试验区创新政策制度，其区域合作法律制度内容的重叠性较高、差异化不明显，竞争性导致政策效果异化。而我国绿色金融区域合作发展应着重考虑制度主体和权限合法性、政策制度的约束力及政策协同性。未来有必要围绕碳中和目标，在明确法律和区域绿色金融合作关系的条件下联合制定《区域绿色金融合作发展实施方案》，以统筹布局区域绿色金融合作法律制度的协调与衔接，以碳市场链接、自贸区融合为创新基础完善具体制度内容，同时以环境资源法庭和金融法院为核心建立健全司法保障机制，并实施有效的区域绿色金融合作监管长效机制。

关键词： 国家治理现代化 绿色金融 法治保障 区域合作

---

* 基金项目：国家社会科学基金项目"人类命运共同体理念下巴黎协定实施机制构建研究"（项目编号：20BFX210）；中央高校基本科研业务费项目人文社科专项"高质量推进'一带一路'区域绿色发展的法律问题与对策研究"（项目编号：2022CDJSKPY28）。
** 曾文革，重庆大学法学院教授，博士生导师，主要研究方向为国际环境法；任婷玉，重庆大学法学院博士生，主要研究方向为国际环境法。

国家治理现代化是中国式现代化的重要组成部分，是实现国家治理科学性、民主性、法治性和有效性的重要路径。从生态文明建设到"双碳"目标的确立，是对中国式绿色现代化发展道路中国家治理现代化探索的回应。2023年11月，中央金融工作会议明确将"绿色金融"作为建设金融强国的五篇大文章之一。① 在绿色金融"三大功能""五大支柱"框架引领下，绿色金融开始在我国更多区域、地方应用发展。《关于构建绿色金融体系的指导意见》第34条中指出"各地区应从当地实际出发，以解决突出的生态环境问题为重点，积极探索和推动绿色金融发展"。但是当前我国绿色金融区域协同法治建设失衡，东部、中部和西部地区发展不平衡，京津冀、长三角、粤港湾大湾区等地区较西部地区的绿色金融协同发展效果较好。同时，由于区域内经济发达程度和金融基础设施建设完善程度不同，区域内各省份绿色金融发展不平衡，绿色金融对资金的引导作用与低碳经济之间尚未形成良好的互促关系。但是区域内省份之间的差异性较低，绿色金融发展水平的相似性将更有利于省间合作。由此可见，在"双碳"目标和低碳转型资金需求激增的双重压力下，需要将国家治理现代化建设的新内涵融入我国绿色金融区域协同发展的法治保障进程中，以把握绿色金融协同合作面临的关键点，确保构建有效的法治保障。

一　国家治理现代化与绿色金融区域合作发展法治逻辑契合

随着全面社会主义现代化国家新征程的开启，国家治理现代化作为以问题导向为核心进行自我变革的治理体系和治理能力现代化，是社会主义现代化强国建设的内在构成。法治化作为国家治理现代化的基本表征，从良法和善治两方面为治理体系和治理能力提供了支持，良法能够为国家治

---

① 《中央金融工作会议在北京举行习近平李强作重要讲话》，https：//www.gov.cn/yaowen/liebiao/202310/content_ 6912992. htm。

理提供秩序、公正、人权、效率、和谐的基本价值，善治则从以人为本、依法治理和公共治理三方面提供创新机制。[4] 近年来我国的实践发展证明，新时代的绿色金融成为推进金融治理和治理能力现代化的重要内容，将金融体系与社会主义生态文明体系建设、绿色经济社会发展以及人与自然和谐共生相链接。

第一，有助于推进人与自然和谐共生的现代化。党的二十大报告指出，坚定不移走生产发展、生活富裕、生态良好的文明发展道路，实现中华民族永续发展。① 2018 年，习近平总书记在全国生态环境保护大会提出，到 21 世纪中叶，绿色发展方式和生活方式全面形成，人与自然和谐共生，生态环境领域国家治理体系和治理能力现代化全面实现。② 我国曾在经济发展初期面临经济发展和可持续发展的尖锐矛盾，也引起了学者对"污染避难所"的讨论。③ 推动绿色金融法治化，能够更好地推动区域经济社会绿色发展，加大低碳转型力度，助力国家生态安全屏障的建立。

第二，与国家治理现代化以人为本的思想高度一致。良好的生态环境是最普惠的民生福祉，生态环境问题也是民生优先领域。绿色金融以资金引导绿色发展，不仅是要以生态环境治理和能源低碳转型的方式改善人民的居住环境，还要将绿色金融与普惠金融有机结合，以创新型金融治理模式推展"绿色+普惠"，形成现代化农牧产业体系。以人民为中心的国家治理现代化不仅要满足改善民生、增强人民幸福感的要求，更进一步，绿色金融法治化所带来的经济和环境效益更应赋能共同富裕。

第三，有力保障国家治理现代化社会价值的充分释放。绿色金融合作法治化能够促进各区域全产业链优化升级与转型，既能够引导社会公共资金流向绿色项目，促进节能低碳等新技术的开发，也能够有效促进高耗能、重污

---

① 习近平：《高举中国特色社会主义伟大旗帜　为全面建设社会主义现代化国家而团结奋斗——在中国共产党第二十次全国代表大会上的报告》，人民出版社，2022。

② 《习近平出席全国生态环境保护大会并发表重要讲话》，中国政府网，2018 年 5 月 19 日，https://www.gov.cn/xinwen/2018-05/19/content_ 5292116.htm。

③ 张成、周波、吕慕彦等：《西部大开发是否导致了"污染避难所"？——基于直接诱发和间接传导的角度》，《中国人口·资源与环境》2017 年第 4 期。

染行业的产业结构调整，实现低碳转型。同时能够实现资源的合理配置和保值增值，不仅包括传统产业转型形成的资产升值，也包括绿色产业创新等形成的资产增值。更为重要的一点，绿色金融能够引导投资者、生产者、消费者等相关利益者达成绿色共识，以增强社会价值的发挥。社会价值的充分发挥能够引领人民实现一定的财富积累，增强人民的福祉。可见，为推进社会价值的充分释放和推进人口规模巨大的现代化提供保障，是中国式现代化赋予绿色金融区域合作法治化的新目标。

第四，加速推动区域差异化、协调化、现代化发展。在《关于新时代推进西部大开发形成新格局的指导意见》中，不仅提出要加快推进各区域绿色发展，也要求加大西部开放力度。习近平总书记强调，"不平衡是普遍的，要在发展中促进相对平衡。这是区域协调发展的辩证法"。各区域发展不充分、不平衡是发展所面临的巨大挑战，但也可能成为差异化发展战略的实际基础，尤其是在以依葫芦模式借鉴发达区域经验的同时，可以结合当下实际情况，以绿色金融体系推进开发保护双向的前端治理，尤其是重点生态区。同时以"一带一路"为引领，推动支持深化国内外生态合作和绿色丝绸之路的建设。

二　绿色金融区域合作发展面临的法治保障难题

当前我国已出台了一系列关于绿色金融的政策与措施，并没有局限于金融业自身，涵盖了碳交易市场的法律保障、财政和税收政策对绿色发展的支持，以及与各类绿色项目相关的金融激励政策。然而，我国区域社会经济发展程度不一，难以有效支撑低碳转型，要想形成合力以实现绿色金融区域合作始终面临以下难题。

（一）绿色金融区域合作存在公共性与创新性的矛盾

绿色金融的实质是引导和调节资金流向绿色低碳领域。从经济学角度来说，将绿色金融资源上升为公共物品，一方面，政府设立绿色金融相关政策、制度、标准等，构建本区域内基本的法律制度框架和运作机制；另一方面，政府能够综合调动区域内的税收、财政政策及金融多领域发挥作用。如果将绿色金融法律制度定义为公共产品，在金融资源不均衡、经济发展水平不一致的各区域内会严重依赖政府的政策性供给，那么各主体的绿色金融创新意识就会减弱。如若各主体能够积极发展低碳转型的制度创新、技术标准等，能够有效避免"搭便车"现象的出现。然而，政策法律环境难以支撑私有创新的发展，体现为绿色金融创新的灵活性要求和法律的刚性特点之间的矛盾。我国自上而下的绿色金融法律制度供给形似公共产品，但初步具有了混合性产品的性质。传统的金融市场法律制度难以保障公共性和创新性之间的平衡，也无法体现相应的公平和效率。当前区域合作实践中，政府支撑的法律政策体系无法有效反映绿色转型的成本和市场价格机制，与市场联动不足。尽管政府发布了数量较多的综合性、专项性指导政策，但囿于市场效能，无法将政策法律制度与创新制度进行有机结合，使绿色金融的正外部性受到限制。

（二）绿色金融区域合作发展"积极性""主动性"不足

我国《宪法》第3条第4款中明确将"主动性""积极性"作为调整我国处理中央与地方关系的基本原则，"事权—财权"模式合理匹配的"积极性"以及"主动性"直接影响央地关系。绿色金融自下而上的改革试验路径和自上而下的法律监管制度实践能够很好地印证央地之间存在矛盾。各省的产业结构、能源产业及地区经济社会发展情况复杂，我国绿色金融政策和法律法规都是由政府自上而下主导部署和规划的，确立了具有中国特色的绿色项目分类标准以及相关的投融资法律制度框架和操作流程，能够高效调动政府资源以引导金融资源向绿色低碳领域倾斜。尽管政府从顶层推动为绿色金融的发展提供了良好的政策法律环境，也调动了地方各级政府的积极性。但实践中，我国绿色金融地方试点的主动性尚且不足，由于我国设立的六省九地市试点考核体系相同，对区域的差异性关注不够，尽管在一定程度上考虑了地方经济社会发展水平因素，但还是易出现运动式、短期化、指标化的问题，并不能很好地体现出区域性的公平分配，影响到区域合作发展。尤其是需要对不同区域进行差异化的测度，以缓解央地之间的矛盾，以避免地区差异性导致的市场逐利行为出现，也需将环境风险提升至法律风险层面予以管理。

（三）绿色金融区域合作法律规范体系薄弱

首先，制度重叠性较强，西部各省份的区位条件、社会经济发展水平之间的差异相对于中部、东部地区来说较小，从定位上来说，各省份绿色金融政策的实施取得了一定进展，但距离实现"双碳"目标的要求和成为绿色金融改革样本经验尚存在距离。由于各区域的区位和地理条件，各省份在定位上可能趋同，比如甘肃和新疆作为我国首批绿色金融改革创新试验区，两省区都利用地理区位优势，通过"一带一路"建设扩大绿色金融对外交流，两者具有一定的重叠性。从制度内容上来说，各省份的政策法律也有一定的重叠性，在绿色金融的项目分类标准、优惠政策、绿色金融产品工具、环境权益交易市场建设等多方面均存在不同程度的重叠。

其次，制度差异性不足。区域内省份之间的经济社会发展水平不平衡，各省区市的政策法律规定中指出的导向性、差异化不足。区域内部分省份制定的关于绿色金融方面的法律政策引导性和规范性较强，具体操作细则缺失，并且在内容上针对性不强，具体性、适用性条款缺乏，相关法律规定差异化不明显。法律政策的差异化是地方对中央政策所提出的改革创新的具体体现，差异化的政策要求在绿色金融运行机制中体现出各自的特点，将顶层设计与创新探索有机结合，比如甘肃省《关于构建绿色金融体系的意见》中提到要对绿色环保产业和国家重点调控的限制类或有重大环境风险的行业实行有差别的授信政策，但遗憾的是，甘肃省仅提到针对行业领域的差异化，制度差异性覆盖范围较小。

最后，制度竞争性激烈。我国分散的绿色金融政策管理体制导致了我国的绿色金融发展与推进总体上表现为"部门主导"的政策执行模式，许多地区与部门希望能够处在全国内考评前位，导致了盲目攀比、金融资源浪费以及效果异化。因此，各省级、地方部门在实施绿色金融政策时认为权力、资源和可操作性空间有限，在制定计划时片面侧重于本部门的自身制度实施，未能够与其他部门协同发展。省内各部门的竞争，在一定程度上导致了地方当地企业的主动性与自主调控能力不足，绿色金融环境效益发挥不足。在绿色金融发展过程中的配套措施实施隶属不同的部门管理，导致缺乏统一协调、实施政策不能很好衔接、存在交叉重复的现象，造成了技术支撑的缺位、滞后和脱节，使绿色金融项目的实施在推进阶段得不到有效的科技支撑。

（四）绿色金融各区域内信息披露制度有效性不足

信息不对称是阻碍绿色金融市场区域合作发展的重要问题之一，在绿色金融的区域合作推进中需要解决如何快速、便捷获取信息的问题。各区域对于绿色金融发展的合作意识并不相同，尤其是在金融管理部门考核时，涉及本省发展利益时，各个省份之间就会以竞争为中心，相较于国际合作壁垒，省际壁垒对区域一体化协同发展的冲击更为强烈。绿色金融合作可以实现全区域的整体利益提升，这时就应转向竞合关系以整合绿色金融资源，在竞合关系下各区域联合起来通过技术、资金、制度、信息等资源优势的流动，也即需要法律制度的协同保障是区域绿色金融发展的应有之义。协同合作的法律制度发展同样需要信息流动问题的解决，对于区域内相关风险的预警、评估和跟踪，投融资主体的跨界"漂绿"行为能否有效制约等都基于绿色金融的有效信息。尤其是各省绿色项目信息的收集、评价的一致性方面，都需要真实、准确、完整的绿色金融信息，碳市场作为绿色金融的重要手段，其区域碳市场相关信息披露制度同样存在不足，易带来信息公开不当或失实问题。

三 克服绿色金融区域合作法治保障难题的关键问题

加强区域合作是实现区域协调发展的重要途径之一，区域协同治理指在公权力机关的推动下进行的资源互补、统一行动以实现区域性协调发展。协同治理离不开法律、行政法规、地方性法规等法律制度体系的约束，是一个复杂性的问题，难免会出现各省份和各部门之间权限冲突与利益协调的难题。因此，在构建和优化法律保障制度时要着重对跨省协同合作治理的主体和权限范围、法律约束力、保障制度协同性等方面予以关注。

（一）明确绿色金融区域合作立法主体和权限合法性

要确保区域绿色金融合作的合法有效，需要确保每一环节都在法律的轨道上进行。绿色金融作为我国重要的改革领域，在合作发展和协同治理上都要进行先行先试，不应拘泥于现有制度而错失合作发展的机遇。《地方组织法》（2022年修正）第10条、第49条和《立法法》（2023年修正）第83条，肯定了跨行政区域合作和协同立法在国家法治体系中的合法性。在我国关于区域治理规则的协调中，根据不同区域的现实经济社会发展需求，可实施相应的举措，此时应当因地制宜扩展地方立法权限，有针对性地为区域合作与协调设定制度保障。地方立法在不违背宪法和法律、行政法规等上位法的前提下，应当根据本区域社会生活条件，积极制定有针对性的地方性法规、规章及区域治理的协调性文件。我国地方已制定了不少具有地方特色的法规，区域合作中协调性立法也有所增强。从长远来看，各区域绿色金融合作协同法律保障机制的建立能够统筹各区域的立法模式、协调成本、规范程度以及实施环境效益的提升等方面都优于各省独立"松散型"的法律保障。

（二）补强绿色金融区域合作法律制度约束力

各区域绿色金融跨省合作法律保障的实际运行中，需要涉及省区市的各项事务，如若签订联合协议或合作协议，其作为独立的法律规范性文件可能存疑，可能因法律效力或定位问题引发争议，导致缺乏强制约束力。即使省人大协同制定了地方性法规与协议，也无法保证这些合作协议的有效实施。鉴于区域合作制度在适用合作范围、效力获得方面的程序复杂性，针对绿色金融区域合作范式所存在的弱法律约束力困境，应当以区域合作协议或条约等形式进行区域合作机制创新，以补强法律约束力。尤其是在合作协议中要着重注意违约责任内容的明确化，明确各省政府的自身责任。同时要构建对合作协议的执行监督和管理机制，落实绿色金融跨省的实质性合作。补强绿色金融区域合作的法律效力，要实现区域内部机制的创新，粤港澳大湾区的绿色金融制度建设经验可以为其他区域性合作提供经验，尤其是在绿色金融合作方面实现了在香港、澳门等地发行绿色债券。

（三）增强绿色金融区域合作法律保障制度协同性

协同性是解决西部各省区市在绿色金融政策和标准上的不协调、不一致问题，是统一各地绿色金融标准、避免政策制度的高度重叠、防止"漂绿"及遏制地方保护的关键。绿色金融跨区域合作也有了初步的探索，如由成渝两省市人民政府办公厅联合印发的《成渝地区双城经济圈碳达峰碳中和联合行动方案》等。在各区域内部，省份之间的发展存在不平衡，西部区域内的差距与西部和中部、东部之间的差距相比较小，因此在进行绿色金融合作时区域合作有一定的优势。从国家层面来说，中央不仅要把握区域协同发展的宏观调控布局，也需要针对区域发展中存在的具体实际问题，特别要根据区域发展差异，对弱势区域实行必要的政策性倾斜、扶持。

四 绿色金融区域合作法治保障的路径优化

绿色金融法律保障制度在省际协同合作，在实现政策的精细化、差异化和可操作性等方面都发挥了重大作用，协同合作对绿色金融法律政策资源进行整合，能够提升区域绿色金融水平的公正性和效率性。绿色金融合作法治保障制度要明确法律和区域绿色金融合作的关系，解决监管体制与地方立法主要矛盾点，统筹布局各区域具体实施制度内容，积极采取监管防范措施，明确各区域绿色金融合作责任划分并进行监督管理。

（一）明确绿色金融区域合作的法治保障模式

对于区域性绿色金融合作来说，要明确各区域绿色金融合作的目的与目标，法治保障目的与目标考量是必须考虑的首要问题，跨省区域合作要解决的是地方绿色金融法治和区域合作之间的矛盾。一是明确区域合作立法主体。依据上位法或国家政策专门授权开展协同治理，例如中央发布的《粤港澳大湾区发展规划纲要》，对相关地方如何协同有一般性的授权和要求。在上位法授权范围内，地方获得协同合作治理的合法性和一定的自主执行权。各区域省份地方立法主体可联合制定发布《绿色金融区域合作发展实施方案》，以增强区域合作的协同性与协调性，也可形成"地区绿色金融联合行动共同体"。二是要做到法制统一，应当做到与中国特色社会主义法律体系的兼容，在具体程序、内容等方面同我国的宪法、法律和行政法规的相关规定不冲突，在不同效力等级或同一区域内应当保持一致。三是区域内政府间对绿色金融进行网络式行政合作，既有纵向合作也有横向合作，在纵向合作中政府要形成共同治理的关系，横向合作则是各级政府在平等的基础上互利共赢。要以互利为根本，实现各区域绿色环境效益与经济效益的平衡，也可设立区域绿色金融合作小组以统筹协调区域内各项事务的运行。四是可以先行先试构建省际毗邻区"绿色金融法治合作走廊"，率先打破体制束缚，以合作协议的形式解决行政级差不对等的问题，设立试点辐射带动周围气候投融资发展，可以通过法治合作走廊的形式与周边毗邻行政区进行先行先试。

（二）规范绿色金融多层次区域合作的相关制度

各区域绿色金融协同合作发展中，需通过具体的分类项目与平台对其进行精准化辅助立法。不同的项目和分类都有各自的运行规则、制度标准等，不同的平台进行对接与合作，易出现对接的精准度不够的问题。西部地区与中东部地区使用相同的标准，可能会造成适得其反的效果，遏制绿色金融区域合作发展的积极性。我国应制定并优化区域合作绿色项目审批、运行、评价标准和规则，同时以碳市场、自贸区为制度载体进行合作与协同发展。

其一，绿色金融的项目分类与标准的统一是跨省合作的基础，明确绿色项目的认定范围及标准划分，从制度的具体内容来说，各区域的低碳转型有较大的相似性，在横向层面可减小绿色金融标准的差异化程度，而从参与主体来说，纵向范围内以多层次的制度体系为主。结合产业结构变化，动态拟订绿色项目分类及范围，对生态化转型和气候治理目标达成项目提供支持。同时应当建立各区域绿色银行、绿色企业的评价标准和认证体系。此外，要建立一套符合我国各区域经济社会发展水平的考核考评标准，尤其是对项目审批流程、绿色金融产品研发、绿色金融普惠等多方面进行考量。

其二，以碳市场链接为基础进行制度规则的协同合作。各省在发展规划或绿色金融实施方案中均提到要建设用能权市场、碳排放交易市场，但其核心问题为碳交易机构之间独立性较强。在已有的碳市场基础上要积极拓展自愿减排交易和碳普惠交易，加强碳交易市场服务能力，加大碳金融基础设施建设。强化地方碳市场存在的交易规则、监管规则、信息披露等，积极推动探索碳债券、碳基金、碳期货、碳保险等碳金融融资工具的实施，及时推出适配的碳金融产品。

其三，与自贸区联动完善金融基础设施建设的保障制度。通过各省的绿色金融实施方案联动自贸区综合功能，以绿色金融实施方案为中心，联动各省的自贸区进行功能定位，充分发挥各片区的优势，进行区域特色制度的构建，实现联动模式助力绿色金融基础设施的完善。联动保障措施能够有效地将各省的金融机构、金融要素、金融资源以改革创新为方向进行统一调动。各省自身的金融基础设施建设是联动发展的基础，应当建立国有商业银行等金融机构合作专项事业部，明确信托公司、金融租赁公司等金融机构的地区辐射作用，鼓励各省市金融机构采纳《赤道原则》《负责任投资原则》等。同时引入行业自律组织、第三方评估机构等专业服务机构，提升区域绿色金融市场的公信力。

（三）建立健全绿色金融区域合作司法保障

健全绿色金融司法审判体系，一方面，应当加强环境资源法庭—金融法院之间的合作交流，就绿色金融领域相关案件建立跨区域合作交流，环境资源法庭对环境资源案件的高度专业技术性与金融法院金融领域的专业性相结合，能够提升各区域整体绿色金融的司法保障水平。另一方面，法院应为绿色金融改革提供前瞻性的审判规则和高效快捷的机制。应当加强建设与金融机构、金融监管部门的对外联动机制，提升绿色金融的风险监管、识别与防范，对审判实务中发现的政策和金融产品的缺陷、法律风险点以及项目管理漏洞及时交流沟通。在仲裁程序方面则应引入评审、调解程序和专家证人意见等形式以提升程序的灵活性与高效性，建立与绿色金融配套的高效纠纷解决机制。

（四）完善绿色金融区域合作法律监管制度

跨区域、多层级的绿色金融市场监管需求亟须补全协同监管机制，统一、高效的协同监管机制是绿色金融区域合作有序运行的基础。目前各区域绿色金融政策的效能较低，监管机制的完善需要进行全局系统的落实，将绿色金融监管与乡村振兴、共同富裕等国家战略协调。一是加强金融监管部门的协调制度，在西部各省区市绿色金融的发展都是由人行进行牵头，其绿色金融的监管也应由人行进行协调，各区域的人行应在统筹综合性监管政策后，与各监管部门沟通，推动监管政策的落实。二是完善环境信息披露制度，信息披露对绿色金融的风险管理至关重要，各省的环境信息披露意识较弱，要加大强制性信息披露制度的建设力度，缓解跨省合作的信息不流通及政企之间的信息不对称现象。三是加强数字金融与绿色金融的深度融合，构建绿色金融数据共享平台，强化数据质量监管力度，加强区域内数据的流通与安全，运用人工智能、区块链等新兴技术服务于绿色金融监管，提高绿色资产风险识别的准确度，并对企业进行绿色画像，精准防范潜在风险或"漂绿"。四是要以各区域的产业低碳转型项目为基础，改革并推行绿色金融认证制度，现有的认证制度已形成一整套的规范制度，需要结合各区域的产业能源特点，对认证制度进行改革，对已进行细化和可操作性化的认证制度，进行绿色项目特定化的定量和定性标准设计，引入第三方独立认证机构以提升可信性。

五　结语

绿色金融具有显著的环境效益，但在区域合作发展方面面临公私、信息、央地等制度难题。现阶段各省法律制度的重叠性、竞争性等，给区域性绿色金融的发展带来挑战。通过区域合作治理来实现各区域绿色金融的资源互补、统一协调是一个复杂的问题，各省和各部门之间易出现权限冲突与利益协调的难题，跨区域签订的合作协议要具有合法性，也要有约束力，才能够对各区域绿色金融领域的具体制度内容进行协同。我国各区域有必要在明确各区域绿色金融合作的法治保障模式的基础上，完善绿色金融政策制度框架和内容、加强司法保障并完善合作监督管理机制，才能进一步繁荣各区域绿色金融市场，有效地推动各区域绿色低碳经济建设。

参考文献

刘舒杨、王浦劬：《中国式现代化视域中的国家治理现代化》，《光明日报》2021 年 11 月 2 日，第 11 版。

江伟：《"碳达峰、碳中和"目标下绿色金融体系：区域差异与路径选择》，《全国流通经济》2022 年第 3 期。

王升平：《以国家治理体系和治理能力现代化保障和推进全面建设社会主义现代化国家》，《岭南学刊》2022 年第 6 期。

张文显：《法治与国家治理现代化》，《中国法学》2014 年第 4 期。

《良好生态环境是最普惠的民生福祉》，《人民日报》2022 年 9 月 30 日，第 5 版。

应松年：《加快法治建设促进国家治理体系和治理能力现代化》，《中国法学》2014 年第 6 期。

郑毅：《论中央与地方关系中的"积极性"与"主动性"原则——基于我国〈宪法〉第 3 条第 4 款的考察》，《政治与法律》2019 年第 3 期。

曾文革、江莉：《〈巴黎协定〉下我国碳市场面临的外部挑战与构建思路》，《复旦国际关系评论》2021 年第 2 期。

于文豪：《区域协同治理的宪法路径》，《法商研究》2022 年第 2 期。

眭鸿明：《区域治理的"良法"建构》，《法律科学》（西北政法大学学报）2016 年第 5 期。

叶必丰：《区域合作的现有法律依据研究》，《现代法学》2016 年第 2 期。

陈敬根、刘志鸿：《海上安全风险规制的范式安排——从单边管控到区域协同》，《江淮论坛》2018 年第 5 期。

吴俊蓉、刘伟、崔霞等：《关于构建成渝地区协同立法新模式的思考》，《决策咨询》2022 年第 6 期。

曾文革、江莉：《〈巴黎协定〉下我国碳市场机制的发展桎梏与纾困路径》，《东岳论丛》2022 年第 2 期。

B.7
"美丽四川"生态形象传播的
资源整合与路径研究

李京丽　张若滢　龚晓勤*

摘　要： 建设"美丽四川"对于建设美丽中国具有重要示范作用。在"美丽四川"生态形象的塑造与传播中，四川将生态资源、历史文化资源与媒体资源进行整合，通过多元传播路径与创新话语表达展现四川优秀的自然生态和环保经验，形成了融合、创新的生态文明传播之路。"美丽四川"的打造为美丽中国先行区的建设提供了四川方案，助力中国在国际传播中塑造生态文明大国形象。

关键词： 美丽四川　生态形象　资源整合

引　言

（一）生态文明背景下"美丽中国"理念的提出与发展

生态文明建设是关系中华民族永续发展的根本大计，习近平生态文明思想是"美丽中国"建设的根本遵循，建设"美丽中国"是全面建设社会主义现代化国家的重要目标。进入新时代，以习近平同志为核心的党中央将生态文明建设摆在全局工作的突出位置。党的十八大报告将生态文明建设纳入中

---

* 李京丽，四川省社会科学院新闻传播研究所副研究员，主要研究方向为媒介文化、传统文化的现代传播；张若滢、龚晓勤，四川省社会科学院新闻传播研究所，主要研究方向为新闻传播。

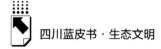
国特色社会主义"五位一体"总体布局，提出美丽中国建设的奋斗目标。2018年中共中央提出"绿水青山就是金山银山"的理念，要求坚持和完善生态文明制度体系，促进人与自然和谐共生。① 党的十九大报告赋予了生态文明建设新的内涵，即努力建成人与自然和谐共生的现代化强国，提出到2035年基本实现"美丽中国"目标。党的二十大报告把"城乡人居环境明显改善，美丽中国建设成效显著"作为未来五年社会主义现代化建设的主要目标任务之一。② 2023年7月，全国生态环境保护大会上，习近平总书记指出未来五年是"美丽中国"建设的关键时期，要求把建设"美丽中国"摆在强国建设、民族复兴的突出位置。在不断推进生态文明建设的过程中，"美丽中国"理念的内涵在不断深化和发展。我国也已形成多层级、多领域、多主体的美丽中国建设体系，③ 不断推进生态文明背景下美丽中国建设步伐。

（二）生态传播是生态文明建设的重要内容

1989年，德国社会学家尼克拉斯·卢曼出版《生态传播》一书，他将生态传播定义为"旨在改变社会传播结构与话语系统的任何一种有关环境议题表达的交流实践与方式"。这一"生态传播"概念更接近于"环境传播"。北京林业大学铁铮教授在我国较早研究生态传播，他认为生态传播指的是"人类与生态直接或间接相关的信息传播活动。生态传播既是生态文明的一个重要组成部分，也是生态文明建设的助推器"④。在人类活动范围不断扩大的当下，人类一切活动都与生态环境更加紧密相连，生态传播的范畴也随之扩大。习近平新时代生态传播观认为，生态传播的根本价值在于通过对既定事实报道和信息传播，帮助人们了解生态环境问题的历史复杂性和

---

① 习近平：《关于〈中共中央关于坚持和完善中国特色社会主义制度 推进国家治理体系和治理能力现代化若干重大问题的决定〉的说明》，《人民日报》2019年11月6日，第4版。

② 习近平：《高举中国特色社会主义伟大旗帜 为全面建设社会主义现代化国家而团结奋斗——在中国共产党第二十次全国代表大会上的报告》，人民出版社，2022，第25~26页。

③ 林震、臧滕：《美丽中国建设的复合治理体系探析》，《行政管理改革》2023年第11期，第15~24页。

④ 铁铮：《建设生态文明首先要重视生态传播》，《中国绿色时报》2007年10月26日，第4版。

现实紧迫性，正确认识与处理人与自然的关系。① 生态传播通过普及生态文明理念、培养生态保护意识、宣传生态保护成果，有利于整个社会形成共建共治共享的生态文明理念，助推城市生态文明建设。但在全球生态环境问题不断加剧的背景下，人类是一荣俱荣、一损俱损的命运共同体。全球环境治理成为国际媒体议程中的显要事件，并日益演变为国家形象建构与话语权博弈的重要场域。② 因此，我国在国际传播中更要讲好中国生态文明故事，破除"中国环境威胁论"，塑造中国生态文明大国形象。

一 美丽四川生态形象传播概述

（一）四川生态形象的独特性与重要性

"峨眉天下秀、青城天下幽、剑门天下险"，四川自古就享有"天下山水之观在蜀"的美誉。四川省位于中国西南内陆地区青藏高原和长江中下游平原的过渡地带，作为长江和黄河上游的重要生态屏障、长江上游重要的水源涵养地、黄河上游重要的水源补给区，肩负着维护国家生态安全和新时代治蜀兴川的生态重任。四川土地面积 48.61 万平方公里，西接青藏高原，北临秦岭，横断山脉绵延其间，造就一个东西地貌反差强烈、气候从寒带到亚热带多元分化的生态奇境。拥有雪山、森林、河流、草原、湿地等多种自然景观的四川，生态资源极为丰富。2023 年底四川林地面积 3.81 亿亩，居全国第一位，森林、草原、湿地等生态资源分布超过全省面积 70%。③ 全省已建成自然保护区 165 处，大熊猫国家公园获得首批设立、若尔盖国家公园

---

① 郑权、郑保卫：《习近平新时代生态传播观的理论来源、核心要义与实践路径》，《新闻大学》2023 年第 9 期，第 1~12+117 页。
② 杜永欣：《我国主流媒体对外传播中的生态文明话语建构研究》，《国际传播》2022 年第 4 期，第 52~61 页。
③ 《"保护生物多样性 建设美丽四川"新闻发布会》，2023 年 7 月 25 日，https://www.sc.gov.cn/10462/10705/10707/2023/7/25/cd1fd8dc2b164f0e9b100e778fd29b3a.shtml。

获批创建、贡嘎山国家公园已纳入国家公园空间的布局方案。①

作为全球 36 个生物多样性保护热点地区之一，四川省在全国拥有最多特有物种，并且仍保存着珙桐等地球亿万年前的古老物种，是无数濒危动物生活的乐土。大熊猫、金丝猴等珍稀物种不仅是四川生态的瑰宝、中国形象的文化符号，也是全球生态保护的重要对象。全省现有野生脊椎动物 1400余种，占全国总数的 45% 以上；高等植物 14470 种，占全国总数的 1/3 以上；大熊猫从濒危降为易危，就地保护全球瞩目；疏花水柏枝等多类被认为灭绝或行将灭绝物种亦在四川重现。

作为中国六大经济省份之一，四川在 2023 年经济体量排全国第五，经济发展势头强劲。完善的产业体系、创新能力和市场潜力，为全国的经济发展做出了重要贡献。奇诡瑰丽的自然山水、多姿多彩的历史文化、各具特色的城乡形态，以及 3000 年"天府之国"的深厚积淀，为四川的绿色发展和可持续发展注入了力量，全省系统部署生态文明建设工作，深入推进区域重大战略生态环境保护工作，努力实现经济、社会和生态的协调发展。

（二）美丽四川生态形象传播特点与亮点

四川以壮美的自然风光和丰富的生态资源吸引着无数人的目光，四川生态形象传播的特质也在发展中逐渐清晰。

1. 生态资源禀赋以高度符号化和品牌化方式彰显和传播

四川凭借天时地利的自然条件，形成了"木里大森林""红原大草原""若尔盖大湿地""蜀南大竹海""神奇大九寨""国宝大熊猫""稻城亚丁""达古冰川""圣地黄龙"等大美四川的生态画卷。川西高原地区，特别是以 318 国道为主轴的旅游线路，以其优美的雪山、湖泊、河流等自然风光和独特的民俗文化吸引了大量游客，在旅行者心里形成了"此生必驾 318"的共识。全省将近 97% 的面积属于长江流域，长江国家公园在此建立，展现

---

① 《"高质量发展调研行"四川主题采访情况介绍会举行 聚焦高质量发展 晒出新成效展现新气象》，四川省人民政府网站，https://www.sc.gov.cn/10462/10464/10797/2023/10/17/8b621e0bc32546538055c2c6e5f97e62.shtml。

了丰富的生态多样性，对传承"母亲河"记忆、深入挖掘长江文化的时代价值具有重要意义。

"三九大"是近几年四川生态形象高度标签化和品牌化的体现。它代表着四川三个代表性名片：三星堆、九寨沟、大熊猫。这三大品牌已经成为四川文旅的典型"标签"，不仅在国内外享有极高的知名度，更成为四川生态形象的独特标签。九寨沟和大熊猫是历来的关注焦点，近几年三星堆遗址的考古发现更是将四川的历史文化推向了一个新的高度。"三九大"不仅在四川文旅产业中发挥着重要的品牌引领作用，"天府三九大，安逸走四川"的口号也通过高度凝练的标签，提炼了四川生态形象传播的重点，走入普通市民日常生活，实现生态形象有效传播。

2. 文化资源与自然资源相得益彰，共同构成完整的四川生态形象

从三星堆文明到金沙遗址，从道教发源地鹤鸣山到千年水利工程都江堰，从古蜀文化到现代科技，四川的文化发展始终闪耀着智慧的光芒。李白、苏轼等四川历史文化名人在历史长河中熠熠生辉，让这片土地更具诗情画意。这些文化资源同样是四川生态形象传播的素材宝库，无论在生态形象的日常宣传，还是成都大运会等世界级重大赛事的国际传播中，四川注重将古蜀文化、三国文化、李杜诗词等文化资源融入生态传播话语体系，挖掘、整合自然与文化资源，积极推动生态文明与文化创意产业的深度融合。

3. 生态与文旅实现高度融合传播

四川将丰富的生态资源与绿色生态优势转化为具有吸引力的旅游产品和服务，不断丰富旅游业态，是全国最早开展生态旅游的省区之一。早在1999年，四川就借世界旅游日主会场之机推出了九寨沟、黄龙、峨眉山、乐山大佛等经典线路，开发生态旅游产品。2023年，四川文旅成绩亮眼，全省 A 级景区共接待游客 6.3 亿人次，实现门票收入 61.5 亿元，分别比2019 年增长了 14.1%、20%，文旅产业全面复苏。如都江堰"大青城"品牌，携自然优势和丰厚的人文历史资源，以山水相融为底色、以生态为特色、以文化为灵魂、以康养为载体、以旅游为纽带，将生态资源向文旅+康养产业转化，2023 年 1～8 月，都江堰景区共接待游客 400.4 万人次，较

2019 年增长 31.21%，较 2022 年增长 367.12%。此外，四川还积极推动生态旅游的可持续发展。如宜宾蜀南竹海景区，不断探索在发展中保护、在保护中发展的绿色发展新模式，构建出生态文旅与三次产业融合发展的生态新格局。

4. 国家级媒体的主题策划为四川生态形象传播提供强大保障

2023 年，新华社、央视、中国环境报等国家级媒体高度关注四川生态环境保护。新华社《坚守天边牧场——海拔 4500 米黄河生态保护志愿队授旗》对甘孜州生态环境保护工作进行报道；中国环境报《四川夯实治蜀兴川绿色本底》《以移动源"小切口"绘就雪山下公园城市壮丽美景》《四川实施"三四七八"，打造美丽中国先行区》等多篇文章从不同切入点报道四川绿色资源与生态保护成果，截至 2023 年，发布四川省生态文明建设最新政策与保护成果近 250 篇。此外，四川省生态环境厅也联合各市州主动打造美丽四川生态形象，与四川电视台联合制作的访谈节目《绿动天府》得到《中国环境报》大力"点赞"——"唱响绿色发展好声音，《绿动天府》节目值得借鉴"，该档节目以市州党政"一把手"为访谈对象，展现了美丽四川建设的绿色发展篇章。

二 "美丽四川"生态形象资源整合

（一）四川生态形象资源盘点

四川以丰富的生态资源和深厚的文化底蕴，绘就绿水青山的画卷，养育万千生灵，见证人间烟火。

1. 地理自然资源

四川省的自然资源可谓得天独厚，从巴山蜀水到生态湿地，从清洁能源到生物多样性，无不彰显着这片土地的生态之美。

巴山蜀水是四川最为人称道的自然景观之一。地壳运动造就四川内诸多巍峨的雪山，"蜀山之王"贡嘎雪山、格聂雪山、四姑娘山等名山，是无数摄影、户外运动爱好者的朝圣之地。而世界遗产峨眉山、青城山以其雄伟壮观的山脉风光、悠久的历史文化吸引着无数游客。坐落于长江黄河上游的四川，水系发达、河湖众多，素有"千河之省"的美誉。蜀水以其清澈见底的河流、湖泊和海子，为四川增添了一抹灵动之美。"九寨归来不看水"闻名天下，赤水河、岷江、大渡河等大江大河，也在四川奔流不息。2024 年 1 月 19 日，四川生态环境厅召开新闻发布会，交出去年全省水质"成绩单"：2023 年，全省 203 个国考断面水质优良率首次达到 100%，较 2022 年上升 0.5 个百分点，标志着四川省水环境质量达到历史最好水平，实现全国领先。

生态湿地是四川地理自然资源的重要组成部分。湿地是地球之肾，对于维护生态平衡和生物多样性具有不可替代的作用。四川的湿地资源包括沼泽、湖泊、河流等多种类型，为众多野生动植物提供了理想的栖息地。在世界上面积最大、保存最完好的高原泥炭沼泽——若尔盖湿地开展国家公园建设，是筑牢长江黄河上游生态屏障的关键。截至 2023 年 7 月，四川全省有湿地公园 55 个，其中国家湿地公园 29 个、省级湿地公园 26 个。[①]

此外，四川还是清洁能源的富集地，尤其是水电资源。2023 年 11 月 6 日，"推动新时代治蜀兴川再上新台阶　奋力谱写中国式现代化四川新篇章"系列主题新闻发布会上，省发展改革委副主任梁武湖介绍了四川清洁能源的储备情况：全省水能资源技术可开发量 1.48 亿千瓦、占全国的 22.4%，居全国第 2；2023 年，四川省水电装机容量超过 9759 万千瓦、居全国第 1，四川的水力发电量居全国前列，为国家的能源安全和绿色发展做出了重要贡献；四川盆地天然气总资源量 40 万亿立方米，居全国之首，天然气（页岩气）探明储量占全国的 27.4%，居全国第 1；2023 年，四川天然气产量 690 亿立方米，接近全国的 1/3，产量增量 47.5 亿立方米，占全国增量的 49.5%；同时，太阳能资源超过 3 亿千瓦，风能资源超过 1 亿千瓦。

---

① 《2023 年四川省国民经济和社会发展统计公报》，四川省人民政府网站，https://www.sc.gov.cn/10462/10464/10797/2024/3/14/aef7f698a38246f8abedaf2cbad7b328.shtml。

四川更是生物多样性的天然宝库。2024年，国家林业和草原局发布中国789处陆生野生动物重要栖息地名录，[①] 四川共74地入选，这其中包括大熊猫、金丝猴、雪豹等珍稀动物的多个自然栖息地。四川也有众多的植物种类，省内记录在册的高等植物有1.4万余种、脊椎动物有1400余种，均居全国前3位。[②] 蜀南竹海作为世界上集中面积最大的天然竹林，囊括了400多种竹子，共15属58种。在诸多生灵之中，大熊猫是四川乃至中国的生态名片。2021年10月，大熊猫国家公园正式设立，成为我国首批设立的国家公园之一。截至2023年，四川有野生大熊猫约1400只、人工圈养大熊猫601只，分别占全国的74.4%和86.1%。

2. 历史文化资源

千年来，长江之水滋养着四川的文脉。在金沙江段流域有藏族文化、彝族文化、游牧文化、高原文化、长征文化；在长江段流域有著名的酒文化、古蜀文化（三星堆遗址、金沙遗址）以及负有盛名的农耕文化；茶马古道、"三线建设文化"遍及全流域。长江国家公园，既是四川乃至全国的重要生态保护区，也承载着丰富的历史文化遗产，是研究长江流域历史文化的宝贵资料。长江国家文化公园也在四川多个城市筹建，通过最美长江旅游环线，持续打造长江文化IP。万里长江第一城宜宾、长江和沱江交汇处的泸州，共同开启了五粮液、泸州老窖的诗酒文化篇章。位于阿坝州的黄河生态屏障，也是深挖黄河文化、生态文化、藏羌民族文化的切入点。作为黄河流经四川重要区域，阿坝州近年来大力推动黄河国家文化公园建设，通过文化铸魂，让更多游客了解黄河、保护黄河。

古蜀文明是四川历史文化的重要组成部分。三星堆、金沙等遗址的发掘，为我们揭开了沉睡已久的古蜀文明的神秘面纱。"沉睡三千年，一醒惊天下"，三星堆是20世纪公认最伟大的考古发现之一。三星堆文化面貌既

---

① 《国家林业和草原局公告（2023年第23号）（陆生野生动物重要栖息地名录（第一批））》，国家林业和草原局政府网，https://www.forestry.gov.cn/c/www/gkzfwj/538675.jhtml。
② 《四川概况》，四川省人民政府网站，https://www.sc.gov.cn/10462/10778/10876/2023/11/2/ba3f48a5eae4494aa22e0210583f9d4d.shtml。

呈现出与中西亚交流的独特性，又与中原地区、长江中游地区夏商时期古文化有着紧密联系，是中华文化宝库中的一颗璀璨明珠。

3. 环境保护

通过实施严格的环保政策、推广清洁能源、加强生态修复等措施，四川环境质量得到显著提升，生态文明示范创建走在全国前列，现累计建成 32 个国家生态文明建设示范区、8 个"绿水青山就是金山银山"实践创新基地，命名总数位居全国第 3、西部地区第 1。① 根据四川省政府最新公开数据，全省 169 个自然保护区，面积 8.345 万平方千米，占全省土地面积的17.2%，其中国家级自然保护区 30 个。全省湿地公园 55 个，其中国家湿地公园 29 个、省级湿地公园 26 个。森林公园数量 127 处，总面积 120.06 万公顷，占全省面积的 2.47%，其中国家级森林公园 38 处，森林公园总数位列全国前 10。四川省陆生野生动物重要栖息地共 74 处，均位于国家公园、自然保护区等自然保护地内。大熊猫国家公园建设开局良好，森林草原火灾常态化防控成效明显。同时，四川还积极开展生态教育和宣传活动，提高公众的环保意识，形成了全社会共同参与环保的良好氛围。

（二）生态形象传播的资源整合与配置

生态形象的传播不仅关乎一个地区的绿色形象，更是该地区可持续发展的重要体现。作为西部大省，四川将丰富的生态资源与本土强大的媒介力量相结合，为生态形象传播提供了天时地利人和的基础。

第一，全省生态资源与成都及全国强大媒介力量的结合。四川拥有丰富的自然资源和生态景观，其生态多样性是生态形象传播取之不竭的素材宝库。近年来，成都媒体不仅集中跟进报道四川在生态保护方面的政策出台、积极举措和显著成效，还通过纪录片、综艺节目、新媒体平台等多种形式，向全国乃至全世界展示了四川的美丽生态。1990 年起，国家广电总局于四川

① 《四川已建成 32 个国家生态文明建设示范区》，四川省人民政府网站，https://www.sc.gov.cn/10462/10464/10465/10574/2023/1/4/e17f88b2f0be42f9bb73864f6174b442.shtml。

举办四川电视节并颁发最高奖项——金熊猫奖，30多年来吸引了众多国内外优秀作品参与评选。2019年，关注中国珍贵野生动物的纪录片《我们诞生在中国》获得首届"金熊猫"国际传播奖最佳长纪录片奖。2023年，中国文联和四川省政府于成都创办首届金熊猫电影节，并设立纪录片奖项单元，将全省的生态资源与媒介力量紧密结合，进一步推动了四川生态形象的传播。在获奖作品中，纪录片《大熊猫小奇迹》《雪豹的冰封王国》以四川的生态符号大熊猫、雪豹为主题，展现了四川的美丽风光和生态保护成果。金熊猫电影节作为世界文明交流互鉴的文化盛宴，也是四川生态形象国际传播的舞台。

第二，传统媒介形态与新媒介形态的传播整合。在媒介形态日益多样化的今天，传统媒介与新媒介的融合显得尤为重要。四川在媒介融合转型方面做出了积极的探索和实践。四川日报集团、成都传媒集团等在媒体融合领域走在前列。成都地方媒体融合转型于2017年逐渐成熟，成都广电新媒体中心成立，看度新闻正式上线，推进媒体深度融合进入加速赛道。2017年1月，四川电视台"四川观察"客户端正式上线，2019年以抖音快手账号为核心进行运营，20人团队在2021年"火出圈"，收获了传统媒体转型以来的"惊天"流量。这些新媒体平台，以短视频、数据新闻、直播、H5新闻、AI新闻等丰富的形式，将四川的优美风光、生态多样性、生境变化以更加生动、形象、可感的方式呈现给公众。

第三，生态形象国际传播的开展。新媒体时代的国际传播也以生态形象为重要内容资源。四川电视台"四川观察"、四川日报集团旗下"四川国际传播中心"等机构，与国际媒体加强合作，让四川的生态形象走向世界。成都电视台"看度"旗下的国际传播账号"Chengdu Plus"邀请国外友人打卡四川生态标志性地区，骑行天府绿道，徜徉青城之幽，领略四川的绿水青山，在感叹大熊猫憨态可掬的同时，感受四川生态保护工作的可观成效。2023年，Chengdu Plus的纪录片作品《寻漆中国的法国漆匠·在乡村》获得中国新闻奖三等奖。作品讲述了一位法国艺术家不远万里来到中国，在四川、重庆山区寻找中国优质天然生漆的制作材料，与中国传统漆艺文化结缘的故事，体现了中国优秀传统文化对世界的深远影响。

通过全省生态资源与四川强大媒介力量的结合、传统媒介与新媒介的整合、国内传播与国际传播的贯通，四川的生态形象得到更加广泛和深入的传播，也为全省生态环境的可持续发展注入了新的活力。

三 "美丽四川"生态形象的多元传播路径与实践

（一）官方传统媒体的集中策划与展示

2022 年 7 月 28 日，四川省委、省政府正式印发《美丽四川建设战略规划纲要（2022—2035 年）》，"美丽四川"建设的实践与传播开始全面推进。2022 年 10 月，由四川省生态环境宣传教育中心出品的《生态秘境》在央视记录频道首播，中华人民共和国生态环境部官网、四川省人民政府网站、央视网、中国日报网、川观新闻、澎湃新闻、四川在线、四川观察、封面新闻等各大官方媒体通过网站、社交媒体等渠道在全网铺开报道，"美丽四川"强势"出圈"。

为宣传美丽四川建设新进展、新成效，推动生态文化宣传产品创作，四川省生态环境宣传教育中心进行 21 地市州 2023 年度优秀生态文化宣传产品展播。四川省政府新闻办也在成都相继举行了"保护生物多样性 建设美丽四川""全面推进美丽四川建设 努力打造美丽中国先行区""走近广安山水工程，聆听美丽四川建设"系列主题新闻发布会，持续讲好四川故事，传播好四川声音。2023 年 12 月 23 日，中国（四川）生态文明 2023 年学术年会在成都召开，会上发布了《四川省生态文明建设发展报告（2022）》。2024 年 2 月 29 日，由四川省生态环境厅、住建厅、峨影集团联合举办的"美丽中国，我是行动者——绿动生活 影像四川"——"环保公益进万家，绿色低碳生活节"第一站在四川省生态环境监测总站开展。① 四川各地

---

① 《"美丽中国，我是行动者——绿色生活 影像四川"系列主题活动正式开启》，四川省生态环境厅，https://sthjt.sc.gov.cn/sthjt/c104429/2024/3/1/fa5327d6f2b14fb3b6672e0ee9bdb7d1.shtml。

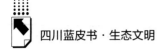

也纷纷开展以"美丽四川"为主题的相关活动，深入推动美丽四川生态形象的塑造与传播。

除了在四川本地官方媒体进行展演，美丽四川生态形象的传播也在中央级官方媒体进行矩阵式展演。2023年8月，《人民日报》在微博发起以"云游活力四川21市州""直播带你沉浸式游四川"等为话题的"新千里江山图 活力四川"的直播活动，并在《人民日报》新媒体各平台及四川观察同步播出，3天时间带全国观众云游四川。2023年9月18日，新华社发表题为《"水源涵养地"四川阿坝州筑牢生态屏障》的报道，全面展示四川省阿坝州的生态修复成果。"直播中国"四川专栏呈现了秀丽多姿的四川自然风光。中央广播电视总台央视新闻与中国互联网新闻中心中国网直播对四川的国家保护动物、历史文化遗产、科技成果、自然生态资源等进行了生动展示。《中国环境报》以四川的生态保护修复为切入点，2023年以来发布多篇四川生态治理成果的报道，不断塑造四川负责任的生态大省形象。

（二）自媒体传播的内容集合与生产

紧随官方媒体高调宣介"美丽四川"后，自媒体也凭借超强创新能力，展开对四川生态资源的探寻。科普自媒体"星球研究所"从地理角度对四川进行全方位展现。2023年发布了《四川甘孜，一去再去》《人生总要去一趟甘孜吧！》《宜宾："燃"起来》《四川绵阳，别低调了》《绵阳：雪山下的侠客之城》《成都彭州，微缩四川》《成都，已经等了你3000年！》《什么是三星堆？》《在四川，有种豪情叫泸州》《青白江，成都通向世界的另一个密码》《蜀道，难？》《四川从哪里来？》等十多篇大篇幅重磅文章，每一篇阅读量都超过10万，一一呈现四川山川地理、自然资源、道路交通、历史文化与科技面貌，一个集自然、文明与科技于一体的"美丽四川"生态形象呈现在全国民众眼前。

在自媒体世界，四川的生态形象还有"顶流"明星——大熊猫为其代言。2023年谭爷爷携花花齐上春晚，又为四川赢得一波流量。自媒体对大熊猫的拍摄宣传更具亲近性，成都大熊猫繁育研究基地的短视频在全国收获巨大流量，东方甄选四川行宣传片用 5 分 32 秒的视频让人们近距离感受四川的丰富多彩，也获得 4.3 万的点赞量。来自全国乃至世界各地的网友在各大社交媒体平台制作传播各类关于大熊猫的视频，用第三人的传播视角生产熊猫故事，无形中助推了四川生态形象的传播。

（三）文旅数字新媒体的创意与出圈

直播、短视频成为四川文旅传播的新常态，这波"文旅热"可以从四川省甘孜理塘县说起。2020 年，理塘县的"牧牛少年"丁真在短视频上意外走红。① 随后，甘孜地方有关部门借势营销，推出旅游宣传片《丁真的世界》《丁真的新年》。继丁真之后，自媒体账号"甘孜文旅局长刘洪"在短视频平台上凭借古装造型强势"出圈"，在"丁真热"尚未消退的间隙又给甘孜旅游"烧了一把火"。目前，甘孜地区已拥有"甘孜文旅""甘孜文旅局长刘洪""行甘孜""理塘丁真"等多个主打文旅宣传的官方短视频账号，② 截至 2024 年 3 月 20 日，以上短视频账号粉丝数量破 1100 万，点赞量总计突破 16000 万次。

甘孜的生态美学是四川一大亮点，但四川不止甘孜。中共四川省委宣传部官方抖音账号"天府新视界"，从自然、科技、艺术、文化等多维视角呈现不一样的四川，获赞 371.1 万次。四川省文化和旅游厅官方抖音号"四川文旅"，拥有粉丝量 162.8 万、发布作品 3168 条、获赞 3858.9 万次。中国国家地理景观官方账号"中国国家地理景观"，2023 年发布了 30 余条以四川为主题的短视频，涉及凉山州、甘孜州、阿坝州、宜宾、自贡、乐山等地，累计点赞量达 16 万次。2023 年 11 月 27 日，四川省文化和旅游厅公布了 2023 年国内文化旅游宣传推广系列优秀案例，其中，"梦想之光·千灯之城"第 29 届自贡国际恐龙灯会宣传推广活动入选国内文化旅游宣传推广优

---

① 陈悦、黄鸣刚：《新媒体时代城市形象传播的新路径——基于丁真走红现象的思考》，《西部广播电视》2022 年第 16 期，第 14~16 页。

② 王振：《短视频语境下甘孜地区旅游文化传播策略研究》，《西部广播电视》2023 年第 2 期，第 148~150 页。

秀案例；《文旅局长说文旅丨自贡自流井》通过抖音、微信视频号和新媒体矩阵等平台发布 5 个系列短片，入选短视频营销活动优秀案例。

如果说自然生态是四川旅游的门面，那么三星堆则是一张古蜀文明的名片。2022 年 6 月，三星堆遗址 6 个"祭祀坑"出土编号文物近 13000 件。在三星堆文物的"上新"过程中，各媒体不断创新报道方式，出现了形式多样的融媒体产品。如央视频的《三星堆大发掘》特别直播、《考古公开课》慢直播；四川广电的《三星堆新发现·揭秘》、四川日报旗下川观新闻的 MV——堆堆 Live《我怎么这么好看》；央视频和川观新闻合作推出的四川方言版 Rap《老子今天要出坑》短视频等，① 各大媒体的创意数字实践为四川打造了具有中国特色和中国气派的现象级 IP。截至 2024 年 3 月 23 日，四川广汉三星堆博物馆官方抖音号"四川广汉三星堆博物馆"共计发布短视频 461 条，获赞 66.7 万次，生态文旅在数字媒体领域的创新让四川收获了持续流量。

（四）"话语转型""借船出海"的国际传播

"话语转型"，打通国际传播壁垒。近年来，四川积极探索国际传播路径。由四川日报报业集团主办的三星堆国际传播平台将"三星堆文化"作为巴蜀文化的重要代表与世界文明相联系，借此全球性重大考古发掘事件进行"三星堆的国际传播"，从而唤起人类的情感共鸣。"三星堆的国际传播"不仅仅是中国故事的四川表达和中国考古故事的世界讲述，更是优秀中华文化成果跨越文化边界，更新话语范式的一大重要举措。② 通过"Z 世代+新玩法"的国际传播范式，四川国际传播中心创新了三星堆文化的传播方式，推出三星堆直播课、举办"三星堆博物馆之夜"线上直播活动，使观众对

---

① 赵贵清：《主流媒体对三星堆最新发掘成果的报道和传播创新》，《传媒》2024 年第 3 期，第 66~68 页。
② 姜飞、袁玥：《传播与中华文明走向世界：三星堆的国际传播——对话四川日报报业集团党委副书记、总编辑，四川国际传播中心主任李鹏》，《新闻界》2022 年第 11 期，第 89~96 页。

三星堆文化有了更深的了解。三星堆国际传播平台在全球性主流社交媒体平台 YouTube、Instagram、Twitter、Facebook 开设账号，传播有料有趣的内容，让 Z 世代成为中华文明的生产者与传播者。

"借船出海"，搭建文化交流桥梁。四川以大熊猫作为扩大"朋友圈"的名片，在国际传播中不断"圈粉"。截至 2023 年 10 月末，在 Facebook、Twitter、YouTube 等海外社交平台，金熊猫奖吉祥物宣传片、《金熊猫来了》等短视频阅读量破千万次。"灵感中国 Inspiration""熊猫观察""了不起的四川"等创意栏目深受海外观众喜爱。《天府四季交响》《熊猫与少年》《民乐也疯狂》《公司派遣成都公干注意手册》等现象级作品，传播量破亿，让四川顺利"出海"，放大国际传播声量。①

生态兴则文明兴。四川省坚定走生态优先、绿色发展之路，充分整合媒体资源、融合文旅产业，大力推进"美丽四川"建设，努力塑造"美丽四川"区域形象，探索多元传播路径、创新话语表达，最终形成了融合、创新的生态文明传播之路。"美丽四川"是"美丽中国"的缩影，"美丽四川"的顺利出海展现了中国生态文明建设的成果，为美丽中国生态形象的传播提供了四川方案，助力中国在国际传播中放大声量、讲好中国故事。

---

① 边钰：《让世界看见鲜活生动的四川》，《四川日报》2023 年 11 月 9 日，第 1 版。

B.8
中华优秀传统文化助力美丽四川建设的路径探析

杜唐丹　武茹玉　翟韫　严如月　熊磊*

摘　要： 中华优秀传统文化中蕴含的生态思想内容丰富，是当代生态文明建设的重要理论渊源。本文系统梳理了中华优秀传统文化助力美丽四川建设的创新实践，也就是其在传承世界自然文化遗产、建设大熊猫国家公园、开发茶马古道、发展绿色农业等活动中的推动作用，探讨了中华优秀传统文化助力美丽四川建设的发展路径，即以优秀传统文化为先导，推进四川生态环境提升、生态项目建设、锦绣家园打造、绿色经济发展等，充分发挥美丽四川建设的内生动力和整体合力。

关键词： 中华优秀传统文化　美丽四川　生态文明

党的十八大以来，以习近平同志为核心的党中央十分重视生态文明建设，提出了建设美丽中国的重要目标。2023年7月，习近平总书记在全国生态环境保护大会上，对美丽中国建设做出全面部署，为建设美丽四川提供了行动纲领和科学指南。"谱写美丽中国四川篇章"成为四川未来生态文明建设的重要方向。中华优秀传统文化源远流长，其中蕴含的生态智慧受到广泛关注。千百年来，中国人民对于人与自然的关系、人与万物的关系、人类活动与自然规律的深刻思考与体悟影响着中国人民的生活方式。

---

* 杜唐丹，四川省社会科学院新闻传播研究所助理研究员，主要研究方向为文化传播、有声语言传播；武茹玉、翟韫、严如月、熊磊，四川省社会科学院新闻传播所，主要研究方向为新闻传播。

一　中华优秀传统文化助力美丽四川建设的实践

（一）顺应自然，开发四川景观资源

四川具有丰富的文旅资源，其中，九寨沟、黄龙、若尔盖草原、四姑娘山等地风景优美，每年吸引无数游客。九寨—黄龙是四川第一批入选的世界自然遗产，也是全国第一批国家重点风景名胜区。近年来，九寨沟景区加强智能智慧开发应用，探索规范管理、提升服务、科技强化等"组合拳"，打造世界一流景区。按照《保护世界文化和自然遗产公约》的操作指南要求，严格推进受损文化遗产修复和文化遗产系统的科学细致监测，建立了"世界自然遗产景观与生态保护国家综合观测站"和九寨沟世界自然遗产"天空—空气—土壤"综合监测系统。后续又与联合国教科文组织国际自然与文化遗产空间技术中心联合建立了九寨沟工作站。自2016年起，四姑娘山加强对景区的整体打造提升，以美学推动城镇空间、乡村空间、生活空间的现代化进程，全力打造成基础设施完善、旅游要素集聚、景观风貌良好、运营服务管理高效的特色文旅小镇，促进了当地文化旅游消费，显著提高了四姑娘山的吸引力。这些举措都体现出了中华优秀传统文化中顺应自然，追求人与自然和谐统一的思想。

（二）依托宗教文化，传承世界自然文化遗产

宗教文化作为优秀传统文化的重要组成部分，在美丽四川建设中扮演着举足轻重的作用。峨眉山不仅是我国著名的旅游风景胜地和四大佛教名山，同时还是四川省唯一的世界文化遗产。2020年，国家生态环境部将峨眉山确定为国家生态文明建设示范市，严格实施退耕还林、古树名木保护、自然生态保护等工作，注重森林防火，并相继建立珍稀植物特别保护区和珍稀植物园等工作。① 近年来，峨眉山加快推进生态环境导向的开发（EOD）模式

---

① 王涯：《促进人与自然和谐发展》，《乐山日报》2007年5月12日，第1页。

试点，以产业开发类项目收益持续反哺生态治理类项目，探索形成"生态环境治理+旅游开发+绿色产业"集约开发模式，努力追求实现产业生态化以及生态产业化的深度融合发展。①

四川是著名的道教发祥地之一，以青城山为代表的道教文化遗产十分丰富。都江堰水利工程被誉为中国古代无坝引水工程的经典模范，是人与自然和谐共存的典范。近年来，都江堰市作为生态文明建设示范区，大力加强生态环境建设，生态保护红线面积达 347.79 平方公里，占市域面积的28.79%，森林覆盖率达 60.34%，全市空气质量达国家二级标准，各大区域饮用水的水源集中地、主要河流出境断面水质达标率保持 100%。②

（三）依托"国宝故乡"，推进大熊猫国家公园建设

大熊猫是中国文化与中国自然生态融合的象征，也是中国表达、中国价值、中国精神和中国形象的文化符号。③ 四川地区素来有"国宝故乡的称誉"，四川大熊猫栖息地由成都、雅安、阿坝和甘孜四个市州的七个自然保护区和九个风景名胜区组成，总面积约有 945 平方公里。作为世界上最大、最完整的大熊猫栖息地，四川地区拥有全球 30% 以上的野生大熊猫种群，因此也是世界温带（热带雨林除外）植物多样性最丰富的地区，有力地促进了大熊猫从濒危物种逐渐降为受威胁物种，被国际自然保护协会（CI）认定为世界 25 个生物多样性热点地区之一，被世界自然基金会（WWF）认定为世界 200 个生态区之一。2018 年 10 月，四川成都首次设立了大熊猫国家公园管理局，这也标志着大熊猫国家公园正式启动。在大熊猫国家公园卧龙分园，现场红外相机还连续拍摄到大量珍贵的雪豹照片和视频资料。展现了一副以绿色天府乐园为背景的生物多样性画卷。

---

① 郑平、刘琼英：《峨眉山生态旅游区开发和建设模式分析》，《经济研究导刊》2010 年第 25 期，第 160~161 页。

② 《生态文明示范建设 | 生态文明建设示范区——四川省成都市都江堰市》，中华人民共和国生态环境部，https://www.mee.gov.cn/ywgz/zrstbh/stwmsfcj/202309/t20230925_1041831.shtml。

③ 刘超、涂卫国、聂富育：《文化生态学视野下的大熊猫文化：概念内涵与时代价值》，《阿坝师范学院学报》2023 年第 2 期，第 53~61 页。

（四）依托蜀道申遗，推进文化遗产景观保护开发

蜀道作为古代由长安通往蜀地的道路交通体系，已有数千年历史。2015年，蜀道正式列入世界文化与自然遗产预备名单。2016年4月，四川省政府成立蜀道世界自然与文化遗产申报工作领导小组。蜀道申遗的目的是唤醒群众的自然保护意识。2023年底，四川省正式挂牌成立蜀道研究院，聘请国内外文史考古研究一流专家组成咨询委员会和学术委员会，为蜀道研究提供智力支持，目前蜀道研究院已完成宜宾古荔枝树与古水运码头调研，系列成果初步显现。2023年9月15日，剑阁县举行了"古蜀道徒步游"开通仪式。蜀道翠云廊美丽的自然风光及深厚的历史文化底蕴正被广大游客知晓。

同样，具有上千年历史的茶马古道，不仅仅是历史上汉藏民族文化和物质交流的纽带和桥梁，更是中国重要的线性文化遗产之一。2011年11月，四川省文物局委托四川省文物考古研究所开展雅安市"茶马古道（雅安段）"保护规划工作。近年来，四川省大力发展文化旅游业，重点打造茶马古道文化旅游经济带。依托川藏茶马古道起点、茶文化、圣山资源"蒙顶山茶"商标，打造茶马古镇，将雅安雨城打造成集综合观光、艺术养生体验、高端居住综合体于一体的雅安藏茶之乡，这也推进了四川绿色发展示范省建设。

（五）依托农耕文化，大力发展绿色农业

四川盆地一向沃野千里，水网纵横，适宜多种物种生长，具有发展农业的先天性优良条件。近年来，在绿色农业、科学种植方面，四川坚持高标准农田建设，提升耕地质量，打造丰收良田。眉山市彭山区依据当地地势地貌修筑梯田，不仅促使当地的农田灌溉设计保证率达到75%，还保证了田间道路的通达率在90%以上。截至2023年，已完成新建高标准农田沟渠、道路2500亩，启动1000亩绿色高效种植示范片与生态沟渠建设任务。

四川十分重视打造乡村振兴示范园区，其中位于成都新津区的天府农业博览园便是典范。天府农博园以土地综合整治为主要载体，以水、田、林、

塘、湖、河的综合治理为抓手，确定生态底线，梳理自然生态和土地特征，打破展示空间、农业空间、城乡空间之间的界限，以主体功能区为基本单元，融入农耕文化，突出乡愁特征，实现农业景观化，再造大地景观，实现了展示空间、农业空间、城乡空间的有机融合。园内道路纵横交错，林盘密布，一条条灌溉渠如丝线般连接着田野和村庄。房屋依水而建，稻田精耕细作，集市依田而建，村落熙熙攘攘，宛如现实版的"桃花源记"。此外，天府农博园高度重视农业、文化、旅游的融合发展。2022年9月，天府农博园国家主会场成功举办了"中国农民丰收节"系列活动，并推出"踏秋季"主题活动，仅国庆节期间，天府农博园天府岛就接待游客40万余人次。

二 中华优秀传统文化助力美丽四川建设的展望

（一）挖掘优秀传统文化生态价值，激发美丽四川内生动力

中华优秀传统文化蕴含着丰富深邃的生态文明思想。应进一步深入挖掘优秀传统文化的"天人合一"和"取之有度"等生态内涵，发挥其在生态实践中的理论与实践价值，推动新时代美丽中国生态文明实践。四川具有丰厚的生态文化资源。应立足本地生产生活实践，挖掘四川优秀传统文化的生态内涵和价值，充分发挥美丽四川建设的内生动力。

一是加强对四川优秀传统文化的研究，夯实文化基础，加强生态文化各要素辨析，厘清文化助力生态保护的价值路径。同时，四川应关注民族文化中的生态文明智慧。四川民族文化多样性是其宝贵财富，民族生态实践是在美丽四川建设中发挥不可替代的作用，是民族团结共同发展的重要一环。

二是发掘四川丰富文化资源与自然资源之间的内在联系，关注物质层面的互补共生和精神层面的启迪融合，促进当代优秀传统文化的创新性发展。各个市（州）应根据自身的资源条件、生态环境以及经济社会发展的具体情况，寻求适合自己的发展途径，加速出台推动本地区实施美丽四川建设的规划方案。

（二）深化"天人合一"自然和谐共生观，推进美丽四川环境提升

"天人合一"的自然观是优秀传统文化中的重要哲学思想，认为人类应当顺应自然规律，保持人与自然界的平衡与和谐，强调了人对自然环境的依赖性，以及维护生态环境的重要性。四川须发挥优良传统文化的引领作用，增强关键地区的环境生态支撑力，绘就"巴山绿""蜀水清""天府蓝"的美丽四川画卷。①

一是打好蓝天碧水保卫战，保障生态资源代际公平。健全的自然生态是最公正的共享资产，也是最广泛惠及百姓的社会福利。四川需秉持精确施治、理性施治、法治施治的原则，实施全流程的防治、全区域的维护以及全方位的管理，助推生态环境持续向好。四川省将大幅降低大气污染作为展开省级环境治理决战的核心任务。强化了与重庆地区在减轻大气污染方面的协作，着重监管成都平原、川南及川东北地带等地区。加大对 PM 2.5、臭氧等的管理与控制，并对空气品质恶化地区进行实时干预。致力于消除严重污染天气、解决臭氧污染及柴油机车排放三个主要问题，着力提升关键项目的减排效率，同时积极钻研适应气候变迁的新方案。碧水保卫战方面，聚焦于微型水系及乡村居民点的污水净化，致力于水环境质量的长期进步。推动微水系内的"三水合治"模范点建设，并实施优美水域打造激励政策。努力使达到或超过二级标准的水体断面比例上升至 75%。净土保卫战方面，以农用地、工矿用地和污染地块等"三块地"管理为重点，持续打好净土保卫战。以重点管控和修复名单为基准，实施定期监管，推动城市废物循环利用系统建设，统筹新旧污染治理。

二是持续提升四川长江黄河上游区域环境生态功能承载能力。作为中华民族母亲河，长江不仅是中华民族传统文化的生命源泉，也是中国水量最丰富的河流。以 2020 年颁布的《中华人民共和国长江保护法》为准绳，以

---

① 《筑牢长江黄河上游生态屏障，四川如何持续发力？》，四川省人民政府，https://www.sc.gov.cn/10462/10464/10797/2023/8/16/17f01266760f4d50aa5520aa4727acb2.shtml。

"取之有度"等思想为指导，以资源环境承载能力为基础，推进十年禁渔政策，停止过度人为开发活动。加强黄河源头地区的水土保持功能，推进环绕湖泊的截污方法、恢复湖泊湿地、生态维护及对水资源的合理分配等一系列生态建设项目。依循生态环境的自然法则，对生态用地、农业用地和居住用地实施精确及时的管理和监督。积极推行生态环境保护红线的监控措施，并加强对自然保护区的"绿盾"监察行动，确保生态安全的最基本标准得到维护。

（三）发挥儒释道文化优势，推动美丽四川生态项目建设

人与动物之间的关系是中华传统优秀文化中自然关系的重要部分，生态栖息地的减少、气候的变化等诸多挑战使物种的存续面临困境，更加需要加强生物多样性保护。四川是长江黄河上游重要水源涵养地、全球生物多样性保护重点地区，在全国生态安全格局中地位重要。[①] 四川应以仁爱之心保护动物，以自然保护地和生态多样性保护为重点任务，结合大熊猫联盟、蜀道联盟等跨省文旅合作，加强生物多样性保护，加快建设长江黄河上游生态安全高地。

四川应强化自然保护地管理，建设"两廊四区、八带多点"生态安全格局。积极推动建立以国家级公园为核心的自然保护区域网络，确保大熊猫国家公园的高标准建设，并助力若尔盖国家公园的建设。将大熊猫的物种保护与繁衍工作形成工作范本，助力大熊猫国家公园的建设。持续推进生态环境示范区的建设，努力打造四川"绿色强省"的品牌形象。

同时，四川应加强生物多样性保护。生物多样性保护是自然共同体建设的重要一环，是生物链延续和生态环境提升的物种基础。在综合规划方面，四川应当致力于实行生态多样性的维护战略，对生态多样性保护的优先区域进行规划。与此同时，应积极开展"五县两山两湖一线"等关键地带的生

---

① 《3478！从四个数字看四川如何"打造美丽中国先行区"｜美丽四川新闻发布会①》，四川在线，https://sichuan.scol.com.cn/ggxw/202308/58961795.html。

物多样性研究工作，确保数据完整且无遗漏。针对特定物种，根据具体情况，开展物种迁地和就地保护工作。同时，定期开展普查工作，防控外来入侵物种并防范其给农业等带来的风险。

（四）坚持特色农耕文化引领，建设美丽四川锦绣家园

乡村与城镇是人们居住空间的外现形态，构成了人类栖息地的多样景观，反映出人类改造自然环境的自然伦理观念和自然价值观念。农耕文化是中华优秀传统文化的底色，城镇的发展是人类改造自然的新时代延续。四川应建设先行试点培育系统，推动美丽宜居城镇与乡村建设，持续改善城镇农村人居环境。

第一，四川应促进美丽乡村示范点的发展，力争打造全国模范地区。以高标准开展试点示范，探索文化引领的实践路径。促进生态文明示范和美丽四川建设有效衔接，打造一批代表中国巴蜀韵味的宜居示范区，形成以点带面、分类分层和梯次推进的系统，展现四川的独特魅力。

第二，四川应以特色小镇、乡村和河湖等"美丽细胞"为发力点，建设美丽宜居乡村和城镇。建设国家层面与省级的城镇革新先行区，依据生态价值定位，打造国家园林城市、国家森林城市以及气候适宜城市（县）。同时，系统推动国家与省级的县镇新型城镇化示例建设试点工作。构筑风景秀丽、适宜居住的农村地带，唤醒四川悠久的文化底蕴，结合现代生态文明的发展理念，融合农耕遗产与新时代生态建设。以打造环境优美、居住舒适、产业发展有利、管理高效为宗旨，创建具有独特魅力的宜居美丽农村，并持续对乡村环境进行改进和提升。推进高标准农田建设，加强农牧业废物管理。依托良好生态环境，大力发展绿色、有机和地理标志的农产品和农副产品，推进农牧养殖。

（五）科技创新文化赋能，大力发展美丽四川绿色经济

一方面，四川应加强新兴科技支撑，促进清洁能源转化。川蜀地区正在积极推动水电、风能和太阳能的互补性能源开采，旨在打造具有全球竞争力

的高品质洁净能源产业基地，这一过程中必不可少的是科学技术领域的革新。必须深化创新策略，提速风能与光能电力转换过程，协调天然气资源利用，推动清洁能源的多样化开发，并加强在关键大型项目中的科技研发及其成果的实际应用转换。以依托多晶硅及光伏产业的特色产业群为基础，形成以先进能源装备为主导的产业集群，实现产业的绿色化和低碳化，促使能源产业节能减排，稳步壮大。在开源同时带动节流，开展节约型四川建设，展开节水型企业建设，推动环境分区管理，减少废物排放，加强废物管理，建设无废四川。

另一方面，四川应创新文化遗产保护与利用，合理开发四川旅游业态。四川历史文化遗产如三星堆、金沙遗址、乐山大佛和峨眉金顶等不仅有深厚历史资源，同时也是古蜀文明、儒释道文化的物质显现。川剧、火把节等各类民间艺术和民俗节庆也独具巴蜀特色，刘氏竹编、蜀绣和剪纸等非物质文化遗产的挖掘和传承也为文化遗产创新与利用提供众多文化资源。在赓续巴蜀文化的基础之上，合理开发旅游资源，以乡村旅游、民俗旅游和文化旅游等新业态为基础，推动知名 IP 打造和周边产品发布，多矩阵、多模态展示美丽四川的新时代文化风貌。

（六）整合多方力量，推进优秀传统文化与美丽四川融合发展

美丽四川建设是社会各界力量都需要参与的生态文明建设。只有加强顶层设计，才能发挥国家政府管理的制度优势，保障各部门协同推进。四川应建立标准体系、加强资金人才保障和深化合作交流多举措并举，整合力量推进美丽四川融合发展。

四川要加强顶层设计，发挥组织领导优势。始终将打造秀美四川形象置于本省生态文明发展之首，充分利用生态保护在环境转型方面的核心地位，携手地方各级生态环境监管、旅游推广、科研创新以及发展与改革机构，确保将建设一个秀丽四川的明确目标和职责纳入相应的评估体系中。与此同时，构建完善科学的秀美四川标杆和评价机制，通过多层次精准化的建设和评估，进行合理的规划与开发，以防不恰当的开发活动导致生态品质下降。

相关部门须加强资金人才保障，深化合作交流。地方各级行政单位须将打造宜人四川的愿景定位为核心领域，优先确保对推动生态环境在高品质发展中起到根本和战略作用的投入，通过多样化的资金合作方式，并以关键项目为落实抓手，确保环境治理工作稳步前行。在合作与交流的领域，四川省积极落实习近平关于生态文明的理念，推动生态文明发展，并得出一系列实践性成果。这些成果体现在美丽四川建设的重大突破和创新之中。通过打造多层面、多角度的国际沟通桥梁，四川省将加强将其技术、成果及发展模式的外界传播，展现并推广中国西部地区生态美景的典范，同时为全国的生态环境管理和保护工作贡献四川经验和方案。

美丽四川建设目前初见成效，而四川独特的地理区位、丰富的自然与文化资源也对美丽四川建设提出了新的要求和目标，四川坚持优秀传统文化引领，深入挖掘其生态内涵与价值，从环境提升、生态项目、锦绣家园、绿色经济和融合发展多点位、多层次发力，探索生态好、生活富、经济优、文化兴的发展道路，谋划"美丽空间、锦绣家园、绿色经济、宜人环境、和谐生态、多元文化"六美实现路径，奋力绘就"各美其美、美美与共"的天府画卷，谱写美丽中国的四川篇章。

生态环境篇

B.9
生态文明建设的微观基础构建研究

黄　涛[*]

摘　要：　生态文明建设这一宏观战略的微观基础包括政府、企业、社会组织及公众等社会主体的具体实践行动。本报告借鉴联合国环境规划署和经济与发展合作组织提出的"压力—状态—响应"模型,分析了生态文明建设中政府、企业和公众多元主体存在的压力和动力,讨论了在压力和动力下各类主体存在的状态,根据状态表现,提出了多元社会主体在政府—社会结构下的响应机制,这为生态文明建设社会共同行动的微观基础构建了研究框架。

关键词：　生态文明建设　社会主体　社会共同行动　微观基础

---

* 黄涛,博士,成都理工大学、四川文理学院教授,博士生导师,主要研究方向为社会主义经济。

生态文明是人类继工业文明之后的发展方向，绿色发展已成为社会共识，但从具体实践看，虽然宏观层面制定了不少法律和政策，仍存在"我国生态环境保护结构性、根源性、趋势性压力尚未根本缓解"的问题，"要激发起全社会共同呵护生态环境的内生动力"。[①] 研究分析生态文明建设的微观基础，对于发挥社会主义制度优势，破解社会共同行动的内生动力不足，推动生态文明建设具有重大的理论意义与现实意义。

一 关于问题与文献回顾

（一）问题的提出

一个国家和社会的生态文明建设是一项战略性课题，要最终实现这一宏伟目标，离不开微观主体的行动，这样的行动是宏观战略实现的基础。因此，本报告认为，以政府、企业、社会组织及公众等多元社会主体[②]为代表的个体实践行动，是生态文明建设的微观基础。然而，在高质量发展阶段，政府、企业、社会组织和公众如何形成一致有效的生态行动，从生态制度和生态法治的外在约束向内生动力转变？要实现这样的转变，使社会主体行为从博弈走向合作，从单纯的生态建设走向生态文明建设，就必须以习近平生态文明思想为指导，分析生态文明建设社会共同行动的主体压力、行为特征、关系状态和响应逻辑，从而在理论和实践上获得新解释与政策路径，使社会主义生态文明建设建筑在坚实的微观基础之上，并提出相应的改革路径和对策建议。

---

① 《习近平在全国生态环境保护大会上强调全面推进美丽中国建设 加快推进人与自然和谐共生的现代化》，《人民日报》2023 年 7 月 19 日，第 1 版。

② 刘凌：《环保大趋势下农村小微企业的绿色转型实践研究》，《中央民族大学学报》（哲学社会科学版）2020 年第 5 期，第 103~110 页。

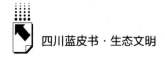

（二）文献回顾

西方发达国家工业化先污染后治理过程出现的环境悲剧，引发了社会各界对谁来担负环境保护责任、怎样担负环境保护责任等问题的讨论，关于生态环境保护的主体意识逐渐形成。在西方，德国学者伊林·费切尔指出："人们向往生态文明是一种迫切的需要，这种文明与舍尔斯基所说的技术国家不同，是以设定有一种自觉地领导这一制度的社会主体为前提，达到这种文明要靠人道的、自由的方式，不是靠一群为在世界范围内实行生态专政服务的专家来搞，而是靠大多数人从根本上改变行为模式。"① 政府、企业和公众是生态文明建设的关键。"从全球角度看，自由放任的资本主义政治产生了诸如全球变暖、生物多样性减少、水资源短缺和大量废弃物等不利后果。"② 在企业生产中，"生态文明的建设路径以优化设计为中心而不是侧重管理"③，并且应该实行"谁破坏，谁修复；谁受益，谁补偿"的原则。至于公众，"所有人，无论其世代、国籍、民族、种族、性别、教育、区域、地位或贫富等背景，都平等享有秩序、整洁及可持续性环境的自由以及免受环境破坏的危害之权利。"④ "拯救地球、拯救人类文明应动员的全体应包括：总统、媒体、学术界、活动家、各公司、娱乐圈、金融界等等不同角色身份的群体。"⑤ "人应当承担更多责任参与实践，人与自然的共同体才能持续下去。"⑥ 这些关于主体责任的相关研究和实践经验，为研究生态文明建设的微观基础提供了一定借鉴。

---

① Iring Fetscher, "Conditions for the Survival of Humanity: on the Dialectics of Progress", *Universitas* 20 (1978): 20.
② 〔英〕戴维·佩珀：《生态社会主义：从深生态学到社会正义》，刘颖译，山东大学出版社，2012。
③ 〔美〕保罗·霍肯：《商业生态学：可持续发展的宣言》，夏善晨，余继英、方堃译，上海译文出版社，2001。
④ 〔美〕彼德·S. 温茨：《环境正义论》，朱丹琼、宋云波译，上海人民出版社，2007，第4页。
⑤ 〔美〕大卫·雷·格里芬：《空前的生态危机》，周邦宪译，华文出版社，2017，第5页。
⑥ John. B. Cobb, Jr, Charles Birch, *The Liberation of Life: From the Cell to the Commanitye* (New York: Cambridge University Press, 1981), p. 239.

在我国，曹洪军等提出"政府、企业、社会组织和公众是生态文明建设的主要责任主体，构建以上责任主体的责任体系，是新时代我国生态文明体系建设的主要任务"①。除了政府、企业、公众外，"社会团体、民办非企业单位和基金会等环保 NGO"② 也是生态文明建设的多元主体之一。在生态文明建设中，政府主要承担倡导正确的生态观、完善生态制度、推进生态和谐的法治建设责任。③ 企业要从生产设计产品、利用自然资源两方面承担起生态文明的责任。④ 公民要从适度消费、关爱环境、表达诉求等方面承担责任。⑤

从文献回顾来看，人类文明植根于对象性存在的现实自然界，生存与环境的统一是人类社会实践的应有之义。⑥ 马克思和恩格斯认为，在人面前总是摆着一个"历史的自然和自然的历史"。随着人类物质生产实践水平的提高，人与自然不断走向统一，这个走向统一的过程，就是建设生态文明的过程。生态文明建设的微观基础是实现满足人类持续生存与全面发展的基本支撑，也是维护自然界生态系统平衡的有效载体。

二 关于生态文明建设社会主体结构的理论框架

根据联合国提出的"压力—状态—响应"（Pressure—Status—Response，

---

① 曹洪军、李昕：《中国生态文明建设的责任体系构建》，《暨南学报》（哲学社会科学版）2020 年第 7 期，第 116~132 页。
② 乔永平：《生态文明建设的多元主体及其协同推进》，《广西社会科学》2014 年第 1 期，第 143~147 页。
③ 谢菊：《论生态责任》，《北京行政学院学报》2007 年第 4 期，第 28~30 页。
④ 程李李、杨绍陇、王郑：《关于建设生态文明之主体责任的思考》，《广东化工》2009 年第 11 期，第 104~105 页。
⑤ 谭文华、李妹珍：《论生态文明建设主体的生态责任》，《生态经济》2017 年第 7 期，第 222~225 页。
⑥ 陈墀成、邓翠华：《论生态文明建设社会目的的统一性——兼谈主体生态责任的建构》，《哈尔滨工业大学学报》（社会科学版）2012 年第 3 期，第 120~125 页。

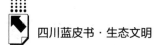

简称PSR）模型①，可以建立生态文明建设社会主体结构的理论框架，以分析社会主体在社会共同行动中的角色和作用（见图1）。

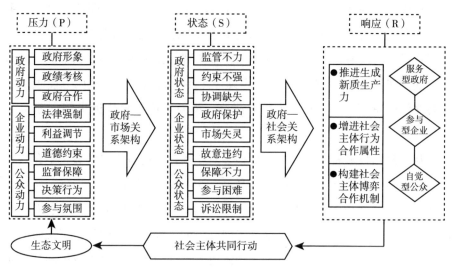

图1 生态文明建设社会主体共同行动逻辑

（一）社会共同行动的主体压力

党的十九大报告提出，构建以政府为主导、企业为主体、社会组织和公众共同参与的环境治理体系。2020年，中央办公厅、国务院办公厅《关于构建现代环境治理体系的指导意见》提出，明晰政府、企业、公众等各类主体权责，畅通参与渠道，形成全社会共同推进环境治理的良好格局，建立健全环境治理的领导责任体系、企业责任体系、全民行动体系、监管体系、市场体系、信用体系、法律法规政策体系，落实各类主体责任，提高市场主体和公众参与的积极性，形成导向清晰、决策科学、执行有力、激励有效、

① "压力—状态—响应"（PSR）模型框架基础是最初由加拿大政府提出，后由经济合作与发展组织（OECD）和联合国环境规划署（UNEP）于20世纪八九十年代共同发展起来的用于研究环境问题的框架体系。其中压力指标用以表征造成发展不可持续的人类的活动和消费模式或经济系统的一些因素；状态指标用以表征可持续发展过程中各系统的状态；响应指标用以表征人类为促进可持续发展进程所采取的对策。

多元参与、良性互动的环境治理体系。

从我国当前推进生态文明建设的方针政策的规定和描述可以看出，其主体主要包括三大类：一是以各级党委政府以及政协、立法、司法机关等为代表的公权力机构；二是以各类企事业单位、个体经营户等排污者为代表的企业组织；三是涵盖非政府组织、社会团体、个人等全体社会成员的公众。这三类主体都需要在共同建设生态文明行动中面对各自的压力。

1. 政府角色演变的压力

随着我国经济的快速发展，生态环境问题日益加剧，由环境恶化引发的一系列生命、财产等安全问题逐渐成为考验政府执政能力和水平的关键性问题。党的十八大以来，我国加快推进生态文明顶层设计和制度体系建设，用最严格制度最严密法治保护生态环境，严格落实企业主体责任和政府监管责任，实行中央生态环境保护督察制度，在这样的形势下，政府面临着很大的问责压力。各级政府要面对以绿色 GDP 为代表的生态文明建设目标的评价考核，在这种考核导向下，各级各地方政府的政策行为就会存在一定偏向，这种偏向以符合政绩考核为主。随着生态文明建设政绩成为地方政府官员晋升的重要影响因素，生态文明也成为地方政府官员政绩的内在诉求和行动力量。

另外，随着区域一体化发展的推进，共建生态文明也成为地方政府之间合作的重要内容。在我国，改革开放以来，各级地方政府逐渐成为一个具有自主利益（包含生态利益）的地方实体，形成了以中间扩散主义为特征的地方经济竞赛的增长模式。进入新发展阶段以来，在协调发展的理念指导下，区域合作和区域一体化进入实质性发展阶段，其本质是打破要素流动壁垒，提升区域发展的整体性效能。随着京津冀协同发展、长江经济带发展、粤港澳大湾区建设、成渝地区双城经济圈建设等区域发展战略的实施，构建生态环境利益共同体成为地方政府合作的重要动力源泉。

2. 企业破坏生态的成本压力

随着政府生态环境监管和"最严格制度最严密法治"的深入实施，企业污染环境的负外部性逐步内化为企业的成本，企业保护环境的压力和动力

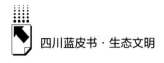

也越来越大。

在法律底线上，政府防止企业转嫁污染治理成本的制度越来越严格，"违法成本低，守法成本高"现象逐渐得到制止。《环境保护法》等法律法规成为企业环境行为的基本准则，环境标准体系不断得到完善，排污许可证制度逐渐严密；企业环境损害赔偿制度逐渐健全，对环境违法企业的处罚力度渐趋增强。有了法律制度兜底，企业破坏生态环境的侥幸心理逐渐淡化，对参与生态文明建设的敬畏心理逐渐增强，这是企业参与社会共同行动的基础动力。

在利益调节上，在市场经济条件下，企业对价格、税收、信贷、补贴等经济杠杆存在较强的敏感性，所以经济利益对企业的行为具有一定约束和引导作用。一是对企业的监督和管理有了大数据、人工智能等技术的加持后，相关的环保税费机制逐渐完善，对环境不友好企业的财税补贴政策逐渐被取消。二是在市场机制下，企业的环境资源配置和价值补偿等机制逐渐得以完善，排污权有偿使用和交易等制度逐渐建立，环境资源补偿制度也逐渐完善。三是绿色金融政策体系渐趋完善，包括绿色信贷、绿色证券、绿色债券和绿色保险制度等方面。

在道德约束上，企业环保信息公开、环保信用建设以及环保责任制度的建立等，从企业内部建立起道德的约束力量，增强了企业参与生态建设的动力。一方面，建立了企业环境信息公开制度和企业环境保护信用体系；另一方面，制定了企业环保社会责任标准，包括设置环保部门和内部环保监督人员，提升了企业自身的道德评价标准。

3.公众享受优质环境的监督压力

随着社会公众收入和受教育水平的提升，其对生态环境的关注度不断提高，生态环境日益成为其重要的生活追求，环境知情权、参与权、监督权、索赔权、申诉和控告权等权益意识增强，公众监督也日益成为社会共同行动的一种保障。

在监督的基础保障方面，从学校教育到社会教育、从线上教育到线下教育、从政府宣教到民间普及，公民的生态环保意识不断提升，生态环境保护教育初步织成一道严密网络体系，为生态文明建设社会共同行动构建了基础。同时，随着民政部门对环保非政府组织（NGO）注册、监管等方面的有效引导，环保非政府组织的数量和治理都得到提升，其专业性和组织性增强，在监督企业、个人、政府等方面起到积极作用。

在公众践行方面，公众参与居住区周边区域重大环境项目决策的原则与范围逐渐得到明确，参与决策的方式和程序逐渐规范，参与决策的效度也得到提升，公众参与环境决策的程度有所提高。另外，水电气阶梯价格制度的实施、绿色能源工具使用的补贴等，也增强了对个人行为的激励和约束。

在环保监督举措方面，各种监督形式（"12369"环保热线、环保听证、环境信访、环境举报、市民检查团、社会公示、环保义务监督员等），以及自媒体、新闻媒体的报道评论等，为公众参与监督提供了动力；当破坏环境的行为发生时，个体与个体之间的默契和相互鼓励，构成了环保的监督力量。

（二）社会共同行动的关系状态

由于生态文明建设的复杂性和艰巨性，从整体上看，社会主体之间共同行动的效应还不够充分，协同机制还不够健全，即使政府有时充当"唯一有意愿主体"的角色，各主体也难免"力不从心"。由于各参与主体的利益诉求、价值判断和思维方式不同，再加上制度环境仍不够完善，制度实施的效果也难达预期，社会主体关系还未进入自觉状态。

1. 部分地方监管不力

从政府主体来看，当前部分地方监管总体上还缺乏应有的力量。一是缺乏有效监督管理。二是自然资源产权界定不明确，用途管制的约束性和刚性不强。三是部门、区域间的协调机制缺失，地方各级政府对环境质量负责的法律责任落实机制缺失，有的地区环境保护为经济发展让路的现象仍然存在，环保部门执法往往消减于无形，甚至出现内部抵消和相互冲突。

2. 企业自觉保护环境的责任缺失

企业作为生产部门，本身在自然生态、国土空间等方面使用了较多的环境资源，从法理和道德上讲，本应该承担起相应的环境保护责任，但就目前企业主体来看，仍然存在参与生态文明建设责任缺失的现象。

一是政府出于保护市场主体的考虑，对企业的责任追究总体偏软，环境损害赔偿与修复等制度还不完善，企业破坏环境处罚成本偏低，存在应付环保检查、不真实环保等现象，企业污染环境的负外部性较大。近年来各地发布多批生态环境领域轻微违法行为从轻处罚典型案例，包括黑龙江、江苏、山东、重庆、福建等地，出于助企纾困、优化营商环境等考虑，对违反环境保护相关法律法规的企业予以免处罚的处理，混淆了不同领域的监管和服务取向。

二是环境税费、环境资源价格、排污权交易、绿色采购等经济利益和市场调节机制还不健全。如排污收费政策，往往排污者认为缴纳超标排污费即可超标准排放，不愿意积极治污，造成"违法成本低、守法成本高"的现象；污水和垃圾处理收费政策，对达标排放污水和分类投放垃圾与否的差别化收费政策尚不健全；生态补偿和区域公平政策存在资金来源渠道单一、生态补偿效率低、不同层面合力发挥不够等问题。

三是企业社会环境信用约束不强。当前环境诚信征信系统不够完善，存在企业失信信息孤岛，地区和税收、工商、公安、信贷等部门间的信息互通也不充分，企业可以通过转移地区免除"不诚信惩戒"，在一个部门的违约不能扩大到其他部门，使企业面临的"不诚信惩戒"力度不够。此外，守法诚信褒奖机制和违法失信惩戒机制不健全，地区失信联合惩戒制度缺失，企业"不敢失信、不能失信"的理念不深入，故意违约现象频发。

3.公众处于环保监督弱势地位

公众作为分布最广、组织最散的一个主体，在环保监督中缺乏组织保障和正向激励，也缺乏负面反馈，导致其在实际行动中处于弱势地位，既看不到收益，也难以有效维护自身环境权益，相互监督还"多一事不如少一事"，显现出参与动力不足的状态。

一是公众监督的保障制度缺乏，而环境信息的公开又不够透明。当前我国公众参与生态文明建设相关司法监督的过程中，存在角色不清晰、程序不明确、渠道不通畅、保障不可靠等短板，没有一套完整的制度体系，仅有的一些规定和要求也只是散见于部分法律法规中，这不利于调动公众监督的主动性和积极性。

二是公众参与生态环境破坏监督的能力和技术有待进一步提升，公众参与的后顾之忧没有得到解决。普通公众在日常生产、生活中所发现的生态环境破坏事件往往具有较强的危害性，要想取得支撑监督的相关证据和材料，其过程往往极度艰难且复杂，例如水污染、土地污染、大气污染等事件的调查和监督，对人员的专业性、意志力等都具有极高的要求，而这就容易引发公众的担忧，影响生态文明建设的公众参与度。

三是非政府组织（NGO）参与的限制较多，环保公益诉讼难度较大。在我国现行法律法规制度要求下，非政府组织（NGO）参与环保公益诉讼存在一系列限制，例如组织所在地域、相关报告年限、诉讼对象等，这些限制在很大程度上降低了非政府组织（NGO）的积极性，降低了生态文明建设的社会监督效应。

（三）社会共同行动的响应逻辑

1. 加快形成新质生产力

新质生产力本身是绿色生产力，这是中国式现代化的生产力特征，也将是碳中和条件下的主要生产力。在这种生产力转变下，社会主体只有通过建设生态文明的共同行动，才能更好地从事生产活动。这种来自社会生产主体的内生动力，是形成生态文明建设社会共同行动的有效支撑。

2. 增进社会主体行为的合作属性

马克思指出，人的本质不是单个人所固有的抽象物，在其现实性上，它是一切社会关系的总和。[①] 在亚当·斯密看来，人在经济活动中所盘算的也只是他自己的利益，每个人都不断地努力为他自己所能支配的资本找到最有

---

① 《马克思恩格斯文集》（第1卷），人民出版社，2009，第505页。

利的用途，使其生产物尽可能有最大的价值。① 在社会主义条件下，不同于亚当·斯密的经济人假定，人总是介于自利的经济人和利他的道德人之间，既具有自利属性又具有利他属性，因而在行为上表现出一种合作人的倾向。② 这种合作人不是孤立的、抽象的存在，而是在一定社会关系中发生和表现出来，并以一定的制度和环境条件为前提的一个新假定。这个合作人假定的社会基础，就在于以公有制为主体、多种所有制经济共同发展的社会主义基本经济制度。马克思指出："在一切社会形式中都有一种一定的生产决定其他一切生产的地位和影响，因而它的关系也决定其他一切关系的地位和影响。这是一种普照的光，它掩盖了一切其他色彩，改变着它们的特点。这是一种特殊的以太，它决定着它里面显露出来的一切存在的比重。"③ 由于作为主体的公有制"普照的光"的作用，个体利益存在与社会利益的统一性，使个体的利他属性和合作属性，可以成为社会共同行动得以形成的关键因素和有效机制。

3. 构建社会主体博弈的合作机制

生态环境作为最基本的公共产品，也具有效用的不可分割性、收益的非排他性和消费的非竞争性等一般特征，各微观主体倾向于选择可实现最大支付回报的博弈策略，往往过度利用生态环境而忽略或避免承担保护生态环境的责任。这种博弈过程使各主体利益更难以调和，但社会利益的共同性和生态环境的整体性也蕴含着合作的可能性。从长期和整体的角度看，合作是实现生态文明建设目标的最优解。具体而言，要有一个能协调多主体共同参与的机制，允许所有主体有序参与和表达利益诉求，形成对集体利益或公共利益的共同认知，消除因博弈不充分导致实际执行成本增加的情况。这个机制还应当具有相对稳定的运作规则，使多元主体能够在治理过程中充分互动，确保规则能够转化为具体可行、多方遵守的契约，并能较长期稳定地传导和形成社会共同行动。

---

① 〔英〕亚当·斯密：《国民财富的性质和原因的研究》（下卷），郭大力、王亚南译，商务印书馆，1974，第28、30页。
② 黄韬：《从经济人假定到合作人假定》，《经济体制改革》2009年第2期，第46~49页。
③ 《马克思恩格斯全集》（第30卷），人民出版社，1995，第48页。

三 生态文明建设主体责任体系的构建

根据前述分析，在社会主义生态文明建设中，权利和义务不是分割的，也不是相互对立的，而是统一于一种责任，这种责任意味着既享受权利又履行相应义务。虽然政府、企业、公民和社会组织均是生态文明建设的主体，但各自的任务角色区别较为明显，都要各就其位地承担起各自的生态责任。因此，构建社会主体多元共建的责任体系，增进社会主体合作意愿，促进社会主体行为的根本转型，是推进生态文明建设的重要基础和有效路径。

（一）政府责任体系——监管服务制度的设计

在生态文明建设中，政府扮演着监管和服务的责任主体角色，具有提供制度供给、公共政策、公共产品、公共服务，并依法进行环境监管和执法的基本职能。要形成社会共同行动，必须明确政府的积极责任，包括保证环境质量、执行法律、遵守法律和促进公众参与等，并促进政府环境保护职能的法定化。政府要充分运用法治方式，在立法实践中跳出权利之法、义务之法的思维定式，进行建立在权利和义务统一之上的责任之法的创新。注重私权和公权相统一，推进公法和私法协同规制，促进私益保护向公益保护转变、私益诉讼向公益诉讼转变，从注重惩罚性赔偿向兼顾预防和生态环境修复转变。注重法治国家、法治政府和法治社会一体建设，促进从行政性监管转向社会性监管，构建社会协同共治的生态文明建设新格局。要加强政府监管的整体配置和权力行使，落实各部门各层级的环境保护责任，促进政府体系内部的合作共治。建立跨部门的综合监管机制，健全条块结合、区域联动的协同监管机制，形成行政执法与刑事司法的联动机制，提升整体监管效能，避免相互掣肘、相互抵消的"合成谬误"。整合各方面监管力量，对所有污染物和纳污介质进行统一监管，协调推进空间格局、产业结构和生产生活方式转型，增进环境监管和行政执法的社会效应。

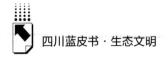

（二）企业责任体系——生态生产的范式变革

企业作为生态文明建设的中坚力量，在共同行动中具有重要的责任。企业在经济活动中应当考虑自身行为对自然环境的影响。具体来说，企业的生态责任包括以下几方面：一是对自然的生态责任，企业需要采取措施降低自身活动对自然环境的负面影响，如减少污染物排放、保护生态环境等；二是对市场的生态责任，企业在市场竞争中需要遵循生态原则，推广绿色产品和服务，提高资源利用效率，减少对环境的破坏；三是对公众的生态责任，企业应当关注公众的健康和福祉，积极参与环保公益事业，为公众提供安全、健康、环保的产品和服务。

（三）公众责任体系——宣传和监督的自觉践行

生态文明建设的最终受益者是社会公众。公众在生态文明建设中，在享受环境权益的同时，应当履行保护环境的义务。一是增强主人翁意识，提高社会参与，维护全社会乃至全球共同的生态环境。二是提高资源节约意识，反对滥用和浪费自然资源能源的行为，将节约资源能源视为生态伦理美德，形成全民节约的良好社会风尚。三是提升生态环境行为水平，践行绿色低碳生活方式。通过自身行为习惯和消费方式的改变，进一步倒逼生产方式的绿色化，使生态文明理念贯穿产品生产、消费、使用和处置的全过程，从而形成人与自然和谐共生的社会风尚。四是认识并维护环境知情权、参与权和监督权，对重点区域、流域环境污染进行社会监督，举报环境违法行为，鼓励环境公益诉讼的开展。

四　结论与建议

本报告立足生态文明建设国家宏观战略要求，提出了从微观上构建社会多元主体行动体系的基础保障，这样的基础涵盖政府、企业、社会组织及公众等社会主体的具体生态文明建设实践行动。据此论点，借鉴了联合国环境规划署和经济与发展合作组织提出的"压力—状态—响应"模型，分析了生态文明建设要求下，社会主体所面临的压力以及行为特征，其中政府所面临的压力和动力包括政府形象保护、政绩考核压力以及政府合作要求；企业所面临的压力和动力包括法律强制要求、相关经济利益诉求和社会道德的约束等；而公众所面临的压力和动力包括监督相关保障的激励、决策行为的刺激以及参与氛围影响等。在压力和动力驱动下，社会多元主体存在的行为状态呈现多样性，一是政府存在监管不力、约束不强以及协调缺失等不足；二是企业存在政府保护而疏于环保规定执行、市场调节失灵、部分企业故意违约等不足；三是公众存在已有的保障不力、参与环保监督困难、部分环保诉讼存在限制等不足。这样的状态表现是在政府—市场的关系架构下存在的，要改变这样的状态，本报告提出了政府—社会的关系架构，也就是说，生态文明的建设，从微观主体责任承担上讲，政府应该转变角色，由生态文明建设的主导型政府转为服务型政府，引导生成生态文明建设的新质生产力；企业要由原来的被动型企业转为参与型企业，增进社会主体行为的合作属性；公众要由原来的监督型公众转变为自觉型公众，着力构建一个社会主体的博弈合作机制。以此构建一个生态文明建设社会多元主体共同行动的微观基础研究框架，这对探讨如何使生态文明建设成为社会共同行动，进而形成社会主义生态文明实践的强大动力具有一定的借鉴作用。

习近平总书记指出，每个人都是生态环境的保护者、建设者、受益者，没有哪个人是旁观者、局外人、批评家，谁也不能只说不做、置身事外。生态环境是一个整体，生态环境治理也是一个整体，社会主体行为通过物质循环相互关联，因此从整体上和较长时期看，谁都不在生态环境之外也无法置身事外。建设生态文明，有赖于形成有利于社会主体责任落实的制度环境和体制机制。本报告主要是从理论上为生态文明建设的社会多元主体共同行动搭建了一个微观研究基础，未来还需要进一步做深度的调研和思考，从引领社会共同行动的政府主导体制、推动社会共同行动的市场协调机制、汇聚社会共同行动的公众参与机制等方面提出详细的生态文明建设社会共同行动的实现路径，以期为生态文明建设的微观基础构建提供更加牢靠的保障。

参考文献

范镇杰、叶茗嫒、韦日平:《论习近平生态文明思想中的"人民至上"价值理念》,《广西社会科学》2023 年第 9 期。

雷望红:《生态文明建设背景下县域治理的结构转型》,《北京工业大学学报》(社会科学版)2021 年第 4 期。

唐瑭:《生态文明视阈下政府环境责任主体的细分与重构》,《江西社会科学》2018年第 7 期。

B.10
新质生产力促进生态产品价值实现的
理论逻辑与创新路径*

王 晋**

摘　要：　绿色创新理论和循环经济理论从创新和资源循环利用两个不同的角度来分析促进生态产品价值实现，共同构建了一个全面的理论框架，为新质生产力促进生态产品价值实现提供了坚实的理论基础。当前，四川生态产品价值实现面临着较大的困难和挑战，包括科技创新能力亟须增强、体制机制改革亟须完善、发展模式亟待转型升级等。为此，需要强化科技支撑，推动机制体制创新、模式创新，为生态产品的价值实现提供坚实的科技支撑、产业支撑和制度保障。

关键词：　新质生产力　生态产品价值实现　绿色创新　循环经济

随着全球环境问题的日益严峻以及公众对于可持续生活方式的追求，生态产品的开发与推广成为全球关注的焦点。如何解决生态产品的价值实现、实现经济发展和环境保护双赢成为迫切需要解决的问题。新质生产力的提出和发展，为解决上述挑战提供了新的思路和机遇。新质生产力通过技术创新、管理创新和模式创新，不仅可以提高生态产品的生产效率并降低成本，还能增强生态产品的市场竞争力，促进其价值的有效实现。特别是在促进资源高效利用、减少环境污染、提升生产过程的绿色程度等方面，新质生产力

---

* 基金项目：四川省绿色创新发展软科学研究基地系列成果"经济提质增效目标下四川工业智能化绿色化融合化发展的路径创新研究"（项目编号：2023JDR0322）。

** 王晋，四川省社会科学院经济研究所副研究员，主要研究方向为生态文明与绿色发展。

都具有巨大的潜力和价值。本报告通过综合运用绿色创新理论和循环经济理论，构建一个新质生产力促进生态产品价值实现的理论分析框架，旨在揭示新质生产力如何通过促进技术进步、优化资源配置、改进管理和消费模式，以及创新商业模式，促进生态产品的价值最大化，并在分析当前生态产品价值实现面临的主要问题和挑战的基础上，提出了新质生产力促进生态产品价值实现的路径。

一 新质生产力促进生态产品价值实现的理论逻辑

新质生产力是创新起主导作用，摆脱传统经济增长方式、生产力发展路径的先进生产力质态。它具有高科技、高效能、高质量的特征，符合新发展理念。新质生产力由技术革命性突破、生产要素创新性配置、产业深度转型升级催生，以劳动者、劳动资料、劳动对象及其优化组合的跃升为基本内涵，以全要素生产率大幅提升为核心标志，特点是创新，关键在质优，本质是先进生产力。新质生产力可以从科技创新引领、生产要素的优化配置、产业转型升级、全要素生产率提升、绿色低碳转型以及生态文明建设等多个方面促进生态产品价值的实现。不仅体现了新质生产力的时代特征，也指明了实现生态产品价值的科学路径。

（一）理论基础

绿色创新理论和循环经济理论从创新和资源循环利用两个不同的角度来分析促进生态产品价值实现，共同构建了一个全面的理论框架，为新质生产力促进生态产品价值实现提供了坚实的理论基础。

1.绿色创新理论

绿色创新理论强调在产品、过程、营销和组织管理等方面进行创新，以减少对环境的负面影响和提高资源使用效率。绿色创新不仅包括技术层面的革新，如清洁生产技术、节能减排技术，还涵盖了管理和商业模式的创新，如绿色供应链管理和绿色市场营销。从技术维度，可以分析新质生产力中的技术创新如何提高生态产品的生产效率、减少环境污染、增加产品的绿色属性；从市场维度，研究绿色创新如何影响生态产品的市场接受度，包括消费者对绿色产品的偏好变化和支付意愿；从政策维度，探讨政策如何激励绿色创新，包括税收优惠、补贴、标准制定等。

2. 循环经济理论

循环经济理论提倡在生产、流通和消费等所有环节实现资源的有效循环和高效利用，最小化资源输入、废物产出和能源消耗。它鼓励采取减量化、再使用、回收利用等措施，构建一个低碳、高效、可持续的经济体系。有助于理解和探究新质生产力如何促进资源在生态产品生产过程中的循环利用，包括原材料回收、废弃物再利用等；分析循环经济下生态产品的生产和消费模式转变，如何通过服务化、产品寿命周期延长等方式实现循环经济原则；研究如何使生态产品的设计符合循环经济的要求，包括易于回收、降解或重复使用的设计。

（二）核心要素

新质生产力促进生态产品价值实现的理论逻辑深植于科技创新、体制机制创新、模式创新在生态产品开发、推广和应用中的关键作用。这些创新活动不仅提高了生态产品的技术性能和市场竞争力，还为生态产品价值的全面实现提供了支撑。

1. 科技创新

科技创新在新质生产力中占据核心地位，是推动生态产品开发和价值实现的主要驱动力。通过研发新材料、新工艺、新技术等，提升生态产品的环保性能和使用效率，满足消费者对高性能生态产品的需求。利用清洁生产技术、节能减排技术等，减少生产过程中的资源消耗和环境污染，提高资源的循环利用率。改善了生态产品的质量和性能，增强了其市场竞争力，提高了生态产品的附加值和市场接受度。

2. 体制机制创新

体制机制创新为生态产品的价值实现创造了有利的政策环境和市场条

件。通过政策引导和财政激励，如税收优惠、补贴、绿色信贷等，鼓励企业进行生态产品开发和绿色创新。通过环境税收、排污权交易等手段，使企业在生产过程中产生的环境成本内部化，促进企业采用环保技术，减少污染排放。建立和完善生态产品标准体系和认证机制，加强市场监管，保障生态产品的质量和安全，提升消费者信心。

3. 模式创新

模式创新为生态产品的价值实现开辟了新的途径和方法。通过循环经济、共享经济等新型商业模式，如生态产品的租赁和再利用服务，提高资源利用效率，扩大生态产品的市场应用范围。通过线上平台、绿色消费引导等方式，激发和扩大消费者对生态产品的需求，促进生态产品的普及和应用。运用互联网、社交媒体等现代营销手段，增加生态产品的市场曝光率和消费者认知度，推动生态消费文化的形成。

（三）运行机制

结合科技创新、体制机制创新和模式创新三者相互作用，构建了一个多维度、互动的系统，共同推动生态产品价值的实现。

1. 初始激发机制

从科技创新的角度入手，触发整个生态产品价值实现的过程。科技创新在此机制中起着启动和催化的作用。技术突破降低了生态产品的生产成本，提高了其功能性和效率，使生态产品在市场上更具竞争力。环保材料和清洁生产技术的应用减少了生态产品对自然资源的依赖，降低了生产过程中的环境影响。智能技术的集成优化了生态产品的使用效率和用户体验，增强了其市场吸引力。绿色供应链管理可以实现生产全过程的绿色化，从原材料采购、生产、运输到产品销售和回收处置各环节均采取环保措施，确保生态产品的整个供应链低碳、环保。

2. 制度促进机制

通过体制机制创新为科技创新提供支持。政策法规为生态产品的开发和推广提供了标准和指导。经济激励措施，例如税收优惠、财政补贴和绿色信贷，降低了企业的投资风险，激励了生态产品的研发和生产。市场准入机制确保了生态产品能够公平竞争，通过排污权交易和环境税制内部化了环境成本，提高了生态产品的市场竞争力。

3. 市场拓展机制

通过模式创新扩大生态产品的市场需求，形成对生态价值的广泛认可。循环经济和共享经济模式提供了新的商业和消费模式，促进了资源的高效循环利用，增加了生态产品的市场需求。数字化营销利用互联网平台和社交媒体，提高了生态产品的知名度和消费者的环保意识，促进了绿色消费。提高了公众对生态价值的认识，使其形成对生态产品的持续需求。

4. 循环反馈机制

三者的相互作用推进整个系统的持续优化和自我完善。市场反馈驱动科技创新持续进步，不断推出符合市场需求和环保要求的新产品和新技术。政策和市场需求的变化促使体制机制创新持续调整，以更好地支持生态产品的开发和应用。模式创新根据消费者的反馈和社会需求的变化不断演进，形成更有效的市场拓展策略。通过这一复杂的动态运行机制，科技创新、体制机制创新和模式创新之间相互作用，共同构建一个促进生态产品价值实现和可持续社会经济发展的生态系统。

二 四川生态产品价值实现的困难和挑战

近年来，四川省以习近平生态文明思想为指导，深入贯彻新发展理念，全面推进生态文明建设，通过高位推进生态环境保护、建立健全政策法规体系等措施，优化了国土空间格局，增强了绿色发展的经济实力。同时，四川积极开展生态产品价值实现机制的试点和创新，通过建立核算评估体系、构建生态产品交易市场等方式，不仅提升了生态产品的供给能力，还促进了生态产品价值的增值。但四川在推动生态产品价值实现的道路上也还面临诸多困难与挑战。

（一）科技创新能力亟须增强

首先，关键技术缺失。一是水土气污染防控和多污染物综合治理技术现有水准，尚难支撑更精准高效的污染治理攻坚。二是常规污染物和新型污染物的复合污染问题犹待解决，特别是在环境健康层面的研究和对重大公共卫生突发事件的应对措施方面有待深入强化。三是固废减量与资源化利用技术供给不足，资源综合利用水平较低。四是天地一体化监测技术与环境污染防治、碳排放管控等需求匹配度不高。五是在山水林田湖草沙一体化保护和修复的过程中，传统的生态修复技术难以充分契合全面综合治理的高标准要求。六是应对气候变迁的基础研究薄弱，支撑碳达峰碳中和的关键技术亟待加强。

其次，科技成果转化率低。自"十三五"规划实施以来，四川虽已累计推行了 513 项重大科技成果转移转化示范项目，成功培育了 627 个重大创新产品，技术合同成交总额高达 1248.8 亿元，但技术输出成交与吸纳成交的金额分别为 1244.6 亿元和 875.6 亿元，净输出额为 369 亿元。[1] 这一数据清晰地显示出，四川在科技成果的转化与应用方面仍需加强，效率有待显著提升。

最后，创新能力不足。四川当前尚未充分将减污降碳纳入重要的人才战略部署范畴，相关领域的研发经费投入显得相对有限，各级生态环境管理部门在人才队伍的专业知识架构和整体协调运作能力方面，还未能完全契合当今时代对环境保护和可持续发展的高标准要求。虽有高等院校、科研院所、重点企业和社会组织设立减污降碳相关机构，但总体上仍处于成长初期，其研究、转化和支撑能力亟待加强。从人才构成的角度来看，四川人才占全省人口比重约为 13%，相较于全国平均水平低 2~3 个百分点，[2] 凸显出四川生

---

① 《科技创新投入突破千亿元 连续 10 年实现两位数增长》，《四川日报》2022 年 5 月 17 日，第 1 版。

② 《四川人才工作存在"四多四少"短板，省政协委员们建言支招》，四川在线，2023 年 9 月 26 日。

态环境保护领域人才储备不足。缺乏高层次、专业化的人才队伍，意味着在科研项目的深度挖掘、技术难题的攻克以及创新成果的转化等方面都会受到限制。

（二）体制机制改革亟须完善

第一，法律法规滞后。目前，在四川推进生态产品价值实现的实践中，在生态产品价值评估环节，法律层面上对于评估程序、标准以及责任归属的具体规定相对缺失，这导致评估过程可能缺乏足够的科学性和公正性。此外，在生态产品交易和补偿制度的设计与实施上，也同样存在法规政策方面的空白，缺乏对交易公平性和补偿合理性的有力保障，这种状况很可能制约生态产品市场的健康发展，降低交易活力和生态产品流通效率。

第二，政策协同与落实难。以长江流域的治理为例，即使四川省已颁布了一系列颇具前瞻性的政策文件，但在政策的具体执行阶段，依然遭遇了一系列严峻考验。其中包括但不限于生态环境保护责任追溯及监督机制的实效性不足，以及相对于快速发展的现实需求，生态空间保护的相关政策法规体系建构仍相对滞后等问题。不同层级和部门间的政策衔接和执行力度不一，如何构建跨区域、跨部门的协同治理体系，确保生态产品价值实现机制的落地实施是一项艰巨任务。

第三，财政补贴模式依赖。四川以及其他地区的生态产品价值实现很大程度上依赖于政府的财政补贴。[①] 以林业资源的交易途径为例，四川的林业补贴主要由两部分组成：一是针对公益林的管护补贴，二是退耕还林的补助，这两者均属于财政资助。森林碳汇交易作为一种业内外普遍认可的高效市场化减排手段，在森林资源位居全国第 2 的四川，至今为止所实现的成功交易案例仍然较为有限。这意味着市场化、多元化价值实现渠道并不畅通，

---

① 《四川阿坝州的"绿水青山"到底值多少钱？1 平方米的生态环境值约 12 元》，《中国环境报》，2020 年 6 月 1 日，http：//epaper.cenews.cn/html/2020-06/01/content_ 94463.htm。

生态产品的真实价值未能通过市场机制得到有效实现和反馈。过度依赖财政补贴一方面不利于调动市场和社会资本的积极性，另一方面也不利于形成持续、健康发展的生态产品价值实现模式。

（三）发展模式亟待转型升级

第一，商业模式模糊。许多生态产品的品质优异，但往往缺乏有针对性的品牌定位和推广策略，尚未将得天独厚的自然条件和独特的生产工艺这些优势充分转化为产品的市场竞争力。如都江堰的猕猴桃、峨眉山的茶叶等，这些产品都具备独特的地域特色和优异的品质。然而，由于缺乏精准的市场定位和有效的品牌推广，这些特色农产品在市场上的知名度并不高，销量也因此受到限制。消费者往往因为缺乏持续的品牌印象和深入的产品认知，而难以形成稳定的购习惯。

第二，融资渠道匮乏。生态产品生产企业普遍面临融资约束的困境，这主要归因于其生产周期较长和对自然环境的高度依赖性。这种高风险与长周期并存的特征，使金融市场参与者，尤其是金融机构，在配置信贷资源时持极为审慎的态度。他们往往施加更为严格的融资条件并要求更高的风险补偿，这无疑增加了生态产品生产企业获取资金以推动业务增长的难度。此外，生态金融市场的细分产品和服务供应不足，也是制约四川生态产品价值有效实现的重要因素。传统金融产品设计大多未能充分考虑生态产业的独特性和可持续性需求，如生态产品生产周期内现金流预测的复杂性、生态修复效果的价值量化以及未来环境效益的货币化等问题，导致企业在寻求资金保障和风险管理方案时面临极大困难，难以有效调动社会资本投入和支持生态产业的转型升级。

第三，消费者认知不强。生态产品作为一个复杂的概念集合体，其蕴含的环境友好型生产方式、独特品质及其相较于传统产品的差异化优势，并未得到广大消费者的普遍理解和深度认同。这种认知结构的薄弱，导致消费者在做购买决策时，基于信息不对称，难以就生态产品的价值与其价格形成精准匹配和坚定信心。同时，定价策略与消费者支付意愿之间的冲突构成了生态产品市场渗透的关键挑战。鉴于生态产品的生产成本因其高标准的环保要求和质量控制而相对较高，反映在市场上即表现为相对于传统产品的价格溢价。

三　新质生产力视角下生态产品价值实现机制创新路径

为了充分挖掘和提升生态产品的价值，必须依靠科技创新和体制机制的深度融合，构建一个全面、高效、可持续的生态产品价值实现体系。需要从强化科技支撑，推动机制体制创新、模式创新等方面入手，为生态产品的价值实现提供坚实的科技支撑、产业支撑和制度保障。

（一）强化生态产品价值实现的科技支撑体系

1. 加大生态环境领域科技投入力度

充分发挥财政科技资金的引导作用，拓宽科技融资渠道，鼓励高校、科研院所、企业加大基础研究和应用研发投入，并完善研发费用加计扣除等优惠政策，为企业创新创造良好环境。突破生态产品价值核算评估核心技术，加强生态产品价值核算方法学研究，构建统一的价值核算指标体系和技术标准，提高价值核算的科学性、规范性，同时研发智能化、自动化的生态产品价值监测评估新技术，提高评估效率。

2. 要创新生态产品价值实现路径和模式

围绕生态产品交易、生态资产证券化、生态产品精深加工等，开展生态产品价值实现路径模式创新，研发生态产品交易技术平台，探索生态产品期货、债券等金融产品，培育生态产品加工新兴产业。同时，要推进生态环境治理关键技术攻关，加强水土气污染防治、生态修复、固废资源化利用等领域的关键核心技术攻关，提升生态环境治理的科技支撑能力，为生态产品提供良好环境。

3. 要加强生态环境大数据和人工智能应用

发展生态环境大数据和人工智能技术，提高生态环境监测、预警、决策的智能化水平，利用大数据分析生态产品供需关系，优化生态产品生产布

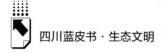

局。并深化产学研用协同创新，充分发挥四川高校、科研机构的创新优势，加强与企业的协同创新，建立健全技术转移转化服务体系，促进科技成果在生态产品领域的转化应用。

（二）推动生态产品价值实现的机制体制创新

1.创新要素市场化配置机制

破除制约要素合理流动的体制机制障碍，健全土地、资本、技术、数据等生产要素的市场化配置机制，为生态产业发展营造良好环境。深化投融资体制改革，创新投融资体制机制，拓宽生态产业融资渠道，鼓励发展绿色金融，支持银行业金融机构加大对生态产业的信贷投放，发展绿色债券、绿色股权投资基金等新型融资工具，探索建立生态产品价值评估和抵押贷款机制。

2.创新生态产品价值实现机制

建立健全生态产品价值实现的市场化机制，畅通政府层面和市场层面价值实现路径，完善生态产品价值核算评估体系，建立生态产品交易市场和交易规则，探索生态产品期货、债券等金融产品创新，推进生态资产证券化，拓展生态产品价值实现渠道。同时，要深化科技体制改革，赋予科研人员更大的技术路线决策权和经费使用权，健全科技成果转化激励机制，促进科技成果在生态产品领域的转移转化，完善知识产权保护制度，鼓励科技创新。

3.创新人才发展体制机制

深化人才发展体制机制改革，健全人才培养、引进、使用、评价、激励机制，加大生态环境领域高层次人才培养力度，优化人才培养结构，创新人才引进机制，打造生态环境人才高地，建立健全人才流动机制，促进人才合理有序流动。并加强政府治理能力现代化，提升政府生态环境治理能力现代化水平，加强部门协同和上下联动，建立健全生态环境决策咨询机制，提高决策科学化水平，完善生态环境监管体系，强化监管执法，优化政府职能，为生态产品价值实现营造良好环境。

（三）推动生态产品价值实现的模式创新

1.优化绿色产业布局

培育绿色产业集群，围绕发展新质生产力，重点发展特色优势绿色产业和战略性新兴绿色产业，如生态农业、生物医药、新能源新材料等，打造一批绿色产业集群，同时加快传统产业的绿色改造升级，推动产业链现代化、绿色化。加快绿色技术创新和推广应用，加大绿色低碳技术研发力度，突破节能减排、资源循环利用等关键核心技术，鼓励企业加大绿色技术改造，推广应用先进适用的绿色生产工艺和装备，支持传统产业向绿色化、智能化、服务化转型，培育发展生产性服务业。

2.完善绿色产业政策体系

出台绿色产业发展扶持政策，加大财税、金融等支持力度，建立健全绿色产品标准、认证、标识等制度，加强绿色技术评估和准入管理，完善排污权、用能权、碳排放权交易机制，构建绿色供应链体系。同时，要推进园区循环化改造，加快传统工业园区的循环化改造，建设一批绿色生态工业园区，推广清洁生产模式，构建废弃物循环利用体系，实现园区内资源循环利用，鼓励企业开展园区内外循环经济合作。

3.培育壮大绿色服务业

发展生态环境监测、生态修复、环境咨询等生态环境服务业，培育绿色金融、碳交易等新兴服务业，鼓励制造业与服务业深度融合，推动生产性服务业向专业化和价值链高端延伸。并加强绿色发展理念宣传教育，深入开展绿色发展理念宣传教育，增强全社会绿色发展意识，加强生态文明教育，培养绿色生产生活方式，引导公众形成绿色消费理念，扩大绿色产品市场需求。

参考文献

李宏伟、薄凡、崔莉：《生态产品价值实现机制的理论创新与实践探索》，《治理研究》2020 年第 4 期。

戴尔阜、王晓莉、朱建佳等：《生态系统服务权衡/协同研究进展与趋势展望》，《地球科学进展》2015 年第 11 期。

李南枢、宋宗宇：《产业绿色转型中营商环境法治化的争议与路径》，《中国人口·资源与环境》2022 年第 3 期。

徐政、郑霖豪、程梦瑶：《新质生产力赋能高质量发展的内在逻辑与实践构想》，《当代经济研究》2023 年第 11 期。

王海南、孙鹤：《如何在我国农村有效界定、保护和实施产权——关于建立乡镇"巡回法庭"的初步设想》，《辽宁师范大学学报》2005 年第 6 期。

B.11
四川民族地区生态产品价值实现调查研究

周丰 唐玥 刘新民 夏溶矫*

摘 要： 建立健全生态产品价值实现机制是贯彻落实习近平生态文明思想的重要举措，是践行"两山转化"理论的重要抓手，是推动人与自然和谐共生、全体人民共同富裕的关键路径。四川民族地区拥有独特的自然资源、丰富的生态景观、优良的空气水源、多元的民族文化等优质生态产品。本报告通过调查发现，四川民族地区经过长期的实践探索，基本形成了以生态补偿为主导推动生态调节服务产品的价值实现、以生态农业发展为主导推动物质供给服务产品的价值实现、以生态文旅开发为主导推动生态文化服务产品的价值实现3种模式，同时也存在资源家底和产权不清、生态补偿机制不完善、多元化补偿未建立，产品品控能力弱、供需对接不畅、生态文化溢价不够，基础设施落后、普惠程度不足、运营能力不强等现实问题，并从持续开展体制机制研究探索、不断加强品质提升与品牌打造、稳步提升创新能力与运营能力等4个方面给出了具体的路径建议。

关键词： 四川 民族地区 生态产品 生态产品价值实现

生态产品价值实现是习近平总书记亲自谋划、亲自部署、亲自推动的

---

* 周丰，四川省生态环境科学研究院工程师，主要研究方向为环境政策与环境经济；唐玥，西南财经大学天府学院智慧金融学院助教，主要研究方向为环境金融、绿色投融资；刘新民，四川省生态环境科学研究院副所长，正高级工程师，主要研究方向为环境经济、生态补偿；夏溶矫，四川省生态环境科学研究院高级工程师，主要研究方向为环境经济、生态补偿。

一项重大改革任务，建立健全生态产品价值实现机制是贯彻落实习近平生态文明思想的重要举措，是践行"两山转化"理论的重要抓手，同时也是推动人与自然和谐共生、全体人民共同富裕的中国式现代化建设的重要路径，是推进美丽中国建设、推进"双碳"战略目标实现的有力支撑。四川民族地区是重点生态功能区、少数民族聚集区和深度贫困脱贫区高度重叠的区域，经济社会发展不平衡不充分的矛盾突出。四川民族地区自然生态本底良好，清洁能源资源富集，具备绿色低碳发展的现实基础和广阔空间，但同时也面临生态系统敏感脆弱，生态修复和恢复难度较大，生态补偿与生态价值转化机制不健全，经济社会发展滞后，特色优势生态资源价值转化不足等问题。

四川民族地区具有重要的生态地位和功能，同时经济社会发展又相对受限和滞后，既要担负国家生态安全职责，又要回应地方经济社会可持续发展诉求，因此亟待找到一条"生态优美、产业兴旺、百姓富饶"的绿色可持续发展的新路子。生态产品价值实现作为"两山转化"的实践抓手，需要以良好的生态环境本底为基础，本质上就是要将生态环境优势转化为生态农业、生态文旅等生态经济优势，将生态产品培育为绿色发展新动能。同时，生态产品价值实现不同于传统意义上的以物质资料消耗为前提的价值实现模式，其转化的前提是保障区域生态系统完整和原生性，并持续提升其重要生态功能，必须通过对生态产品的不断保护修复以维持其生态本底的保值增值能力。因此，生态产品价值实现并不会带来生态环境资源的消耗，是一种可持续的经济发展模式。

对于四川民族地区这种生态环境本底良好且传统发展方式受限的地区，生态产品价值实现是其实现保护与发展双赢的重要路径，需要积极探索、深入挖掘、加快推进。而如何实现生态产品价值，引领绿色高质量发展，持续通过制度、技术和管理创新保障优质生态产品供给，实现优势生态资源、清洁能源资源的经济价值转化，强有力支撑四川经济社会高质量发展，加速推进全省生态文明建设，持续筑牢长江黄河上游生态屏障和脱贫攻坚伟大成果，探索一条适合民族地区的"共同富裕"道路，已成为四川民族地区发挥自身比较优势、激发区域发展新活力的现实需要。

一 四川民族地区概况

四川民族地区包括甘孜藏族自治州（辖 18 个县市）、阿坝藏族羌族自治州（辖 13 个县市）、凉山彝族自治州（辖 17 个县市，包括木里藏族自治县）和乐山市的峨边彝族自治县、马边彝族自治县，以及绵阳市的北川羌族自治县，除此之外，还包括米易、盐边、仁和、平武、石棉、宝兴、汉源、荥经、金口河、兴文、珙县、筠连、屏山、叙永、古蔺、宣汉等 16 个民族待遇县（区）以及 83 个民族乡，面积有 30.5 万平方公里，占全省总面积的 62.8%，是四川省生态资源最为丰富的地区。

（一）四川民族地区的生态地位

四川民族地区与国家重点生态功能区高度重合，其生态红线面积占全省生态红线面积的 96.22%。据统计，四川省国家重点生态功能区 56 个县市中，四川民族地区就有 49 个，主要涉及若尔盖草原湿地生态功能区、川滇森林及生物多样性生态功能区和大小凉山水土保持及生物多样性生态功能区，占省的 87.5%，其中包括甘孜州的全域（18 个县市）、阿坝州全域（13 个县市），以及凉山州 70%（12 个县）（见表1）。①

表 1 四川民族地区重点生态功能区分布情况

单位：个

重点生态功能区名称	地区	县市	数量
若尔盖草原湿地生态功能区	阿坝州	阿坝县、若尔盖县、红原县	3

---

① 资料来源：《四川省人民政府关于印发四川省生态保护红线方案的通知》（川府发〔2018〕24 号）。

续表

重点生态功能区名称	地区	县市	数量
川滇森林及生物多样性生态功能区	甘孜州	康定市、泸定县、丹巴县、九龙县、雅江县、道孚县、炉霍县、甘孜县、新龙县、德格县、白玉县、石渠县、色达县、理塘县、巴塘县、乡城县、稻城县、得荣县	18
	凉山州	木里县、盐源县	2
	阿坝州	马尔康市、汶川县、理县、茂县、松潘县、九寨沟县、金川县、小金县、黑水县、壤塘县	10
	绵阳市	北川县、平武县	2
	雅安市	宝兴县	1
大小凉山水土保持及生物多样性生态功能区	凉山州	宁南县、普格县、布拖县、金阳县、昭觉县、喜德县、越西县、甘洛县、美姑县、雷波县	10
	乐山市	峨边县、马边县	2
	雅安市	石棉县	1

据统计，四川省生态保护红线总面积 14.80 万平方公里，占全省幅员面积的 30.45%，主要分布于川西高原、川西南山地和盆周山地，涵盖了自然保护区、风景名胜区、森林公园等各类自然保护地。① 四川民族地区生态保护红线总面积为 14.24 万平方公里，在四川省的 14.80 万平方公里生态保护红线中占比为 96.22%（见表 2）。并且，四川民族地区生态红线面积在四川省民族地区 30.5 万平方公里区域面积中占比为 46.69%，四川省民族地区几乎一半处于生态红线范围内。

表 2　四川民族地区生态保护红线面积情况

单位：万平方公里，%

地区	县市	生态保护红线面积	全省占比
阿坝州	阿坝县、若尔盖县、红原县、马尔康市、汶川县、理县、茂县、松潘县、九寨沟县、金川县、小金县、黑水县、壤塘县	3.96	26.76

---

① 资料来源：《四川省人民政府关于印发四川省生态保护红线方案的通知》（川府发〔2018〕24 号）。

续表

地区	县市	生态保护红线面积	全省占比
甘孜州	康定市、泸定县、丹巴县、九龙县、雅江县、道孚县、炉霍县、甘孜县、新龙县、德格县、白玉县、石渠县、色达县、理塘县、巴塘县、乡城县、稻城县、得荣县	6.97	47.09
凉山州	木里县、盐源县、宁南县、普格县、布拖县、金阳县、昭觉县、喜德县、越西县、甘洛县、美姑县、雷波县	2.40	16.22
绵阳市	北川县、平武县	0.39	2.64
雅安市	宝兴县、石棉县	0.35	2.36
乐山市	峨边县、马边县	0.17	1.15
合　计	—	14.24	96.22

（二）四川民族地区的经济社会发展现状

近年来，虽然民族地区经济社会发展取得了重大成效和进展，但与四川省其他地区相比，仍然存在很大的差距，发展受限和滞后现象明显。从四川民族地区整体经济体量来看，2022年整个四川民族地区①生产总值为3015.85亿元，刚好与成都市高新区持平，仅占全省的5.31%；从人均收入与可支配收入的角度来看，四川民族地区人均GDP明显低于全省平均水平，城镇居民人均可支配收入和农村居民人均可支配收入也略低于全省平均水平；从产业结构来看，四川民族地区第一产业的比重明显高于全省，因此四川民族地区还有很大的产业优化和绿色转型空间（见表3）。

表3　四川民族地区经济发展情况

地区	GDP（亿元）	人均GDP（元）	产业结构	城镇居民人均可支配收入（元）	农村居民人均可支配收入（元）
阿坝州	462.51	56473	19.9∶24.7∶55.4	41779	18261
甘孜州	471.94	42710	17.85∶27.84∶54.31	41277	16363

---

① 如无特殊说明，本报告数据均来自《2022年四川省国民经济和社会发展统计公报》《阿坝藏族羌族自治州2022年国民经济和社会发展统计公报》《甘孜藏族自治州2022年国民经济和社会发展统计公报》《凉山州2022年国民经济和社会发展统计公报》。

续表

地区	GDP （亿元）	人均GDP （元）	产业结构	城镇居民人均可 支配收入（元）	农村居民人均可 支配收入（元）
凉山州	2081.40	38330	22.8：35.1：42.1	39357	17950
合计	3015.85	45837 （均值）	—	40804 （均值）	17524 （均值）
四川省	56749.8	67777	10.5：37.3：52.2	43233	18672
全省占比 （%）	5.31	67.63	—	94.38	93.86

二 四川民族地区生态产品的特点

生态产品从不同属性的角度可以分为不同的类型，比如按照消费属性可以分为公共物品、准公共物品、私人物品，按照供给属性可以分为自然属性生态产品、自然要素生态产品、生态衍生品和生态标识产品，而聚焦产品的具体表现形式和服务功能可以分为生态物资供给服务产品、生态文化服务产品和生态调节服务产品，这也是目前最主流的生态产品分类。

（一）四川民族地区是草原生态系统密集地区和大江大河水源涵养地区

四川民族地区在空间上与国家重点生态功能区高度重叠，区域内拥有丰富的生物多样性、完整的生态系统功能，能够为全国乃至全球提供重要的生态调节服务。以调研区域为例，宝兴县已知区内仅维管植物就有164科566属1054种，野生脊椎动物29目81科394个种和亚种；甘洛县有维管束植物2200余种，其中国家重点保护野生植物25种，有各类脊椎动物320种，其中国家重点保护野生动物46种；白玉县有森林面积53.76万公顷，森林覆盖率达47.72%，活立木蓄积量达6920万立方米，居全省前列，有白唇鹿、金钱豹、黑颈鹤等国家一、二级保护动物55种。四川民族地区除了具有重点生态功能区的基本特点以外，与重点生态功能区内的非民族地区相比，还具有一定的独特性。比如，四川民族地区拥有草原生态系统这一独特的调节服务类生态产品，因为若尔盖草原湿地生态功能区中的阿坝县、若尔盖县、红原县均为民族地区。除此之外，四川民族地区正好地处长江、黄河源头，还是大江大河的水源涵养地区，有金沙江、雅砻江、岷江、大渡河等大江大河，四川黄河流域五县阿坝县、红原县、若尔盖县、松潘县、石渠县均为民族地区。

（二）四川民族地区拥有大规模的牧产品和富集的清洁能源

四川民族地区依托其独特的自然环境和气候条件，有丰富的生态农产品、畜牧产品、林下经济产品等，能够提供大量的物质供给服务，并且相比于一般农业主产区而言，四川民族地区拥有特色的牧产品。以调研区域为例，宝兴县硗碛藏族乡除了玉米、土豆、蔬菜等常规的生态农产品外，还有具有当地特色的藏香猪（放养）、牦牛、绵羊等；甘洛县内新建高标准农田 3.6 万亩，种植粮食 38.3 万亩以上，实现产量 11.6 万吨，还有中药材、黑苦荞、甘洛黑猪等多个特色农产品；白玉县有白玉黑山羊、白玉菊花、昌台牦牛、白玉藜麦等产品品牌 34 个，取得四川扶贫商标认证 3 个、农产品有机认证 4 个，还有虫草、贝母、野生菌等林下资源和中藏药 640 余种。除此之外，四川民族地区还有富集的清洁能源。据统计，阿坝州先后在红原、若尔盖、小金、阿坝等县建成光伏发电项目 18 个，总装机为 32.5 万千瓦，其中建成集中式光伏项目 13 个，装机 32 万千瓦，建成分布式光伏电站 5 个，装机 0.5 万千瓦；甘孜州是四川太阳能最丰富的地区，理论蕴藏量超过 1 亿千瓦，规划技术可开发量约 5395 万千瓦，约占全省的 67%，同时还是全省地热资源最丰富的地区；凉山州全州 17 县市均具备可开发风电资源，全州风电技术可开发量约 1500 万千瓦，同时凉山州还是全国日照资源最丰富的地区之一，常年平均日照数 2431.4 小时，月平均日照数均在 200 小时以上，占可照时数的 60%~70%，光电经济技术可开发量约 847 万千瓦。

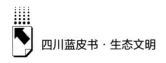

（三）四川民族地区拥有独特的自然人文风光、民族文化和宗教文化

四川民族地区地形地貌多样，自然风光独特秀丽，区域内有大量优质的森林公园、经营性生态公园、风景名胜区和人造生态景观。比如，宝兴县内有东拉山大峡谷、熊猫古城、神木垒、蜂桶寨、灵关石城、空石林等6个国家4A级旅游景区，拥有县级及以上文物保护单位42处；甘洛县内有吉日坡神山、清溪峡古道、海棠古镇、大渡河峡谷国家地质公园、纳龙河省级森林公园等多处生态旅游景观；白玉县内拥有四川沙鲁里山国家森林公园、察青松多自然保护区、拉龙措国家湿地公园、火龙沟省级自然保护区、博美山省级森林公园等多个优质生态文旅资源。除此之外，四川民族地区有全国第二大藏区、最大的彝族聚居区和唯一的羌族聚居区，还具有独特民族和宗教文化，民族文化与自然景观融合的空间较大。例如，宝兴县拥有硗碛锅庄、硗碛上九节、天鹅抱蛋等嘉绒藏族文化；甘洛县拥有煖带密土司衙门、彝族碉楼等彝族文化；白玉县内拥有白玉寺、亚青寺、噶陀寺等藏族宗教文化和白玉河坡藏民族金属手工技艺文化等。

三 四川民族地区生态产品价值实现的典型模式

根据调研的情况来看，四川民族地区根据不同类型的生态产品，基本上探索出了以生态补偿为主导推进生态调节服务产品的价值实现、以生态农业发展为主导推进物质供给服务产品的价值实现、以生态文旅开发为主导推进生态文化服务产品的价值实现3种模式。

（一）生态调节服务类生态产品价值实现模式：生态补偿为主导

生态调节服务类生态产品一般不具有实物形态，不具备在市场中直接进行交换的条件，并且还体现出较强的公共性或者准公共性，因而，政府转移支付等生态补偿方式是其价值实现的主要方式。以宝兴县硗碛藏族乡为例，作为青衣江源头、大熊猫国家公园核心区以及世界遗产地核心区，其因生态环境保护而造成的经济发展损失很大一部分是通过生态补偿弥补的。根据调查，2022年硗碛农户承包耕地的地力补贴为114.3元/亩、集体和个人天然商品林停伐管护补贴是15元/亩、集体和个人生态公益林管护补贴是15元/亩、神木垒景区针对咎落村朝霞组的禁马禁牧补贴为3500元/户，除此之外还有国家公园保护补助、退耕还林还草延期补助。再例如，甘孜州白玉县在2020~2022年生态综合补偿试点期间，共获得生态保护补偿资金39897.85万元，其中包括重点生态功能区转移支付25755万元，国家级公益林补偿资金1070.24万元，草畜平衡补助、禁牧补助共计11799万元，耕地地力保护补贴1273.61万元。

（二）物质供给服务类生态产品价值实现模式：生态农业发展为主导

物质供给服务类生态产品通常以实物的形态存在，可在市场中直接进行交换，这是最为常见的生态产品价值实现方式。宝兴硗碛藏族乡的四川夹金山印象农牧发展公司（基地在夹金山村），将硗碛香猪腿、硗碛藏香猪、宝兴本地毛猪等特色产品进行开发，并创立了"夹金印象"全国高端畜产品品牌，成为带动硗碛乃至宝兴乡村畜产品发展的龙头企业。甘洛县也是通过与乡村振兴商贸公司合作，由公司进行统一的品控、包装策划和市场对接，推动当地各种特色农产品从"田间地头"到"消费者手中"。白玉县则通过"村党支部+农户+合作社"的模式，整合限制撂荒土地，发展千亩青稞，最终通过政府储备粮收购的方式进行了经济价值实现，促进农户稳定增收。当然，除了以上通过规模化进行价值实现的例子外，也有通过农户自己的渠道分散实现的，比如宝兴硗碛的牧民直接以3元/斤至5元/斤的价格将羊毛牛毛售卖，甘洛本地的茶叶根本不用进行市场化的产品包装直接散卖给熟悉的茶客，白玉牧民挖的虫草也是分散直接卖到市场等。

（三）生态文化服务类生态产品价值实现模式：生态文旅开发为主导

生态文化服务类生态产品是非物质生态惠益，其价值的实现主要依赖市场建设。独特的自然、人文环境为四川民族地区文旅融合发展提供了得天独厚的优势条件。并且生态文化服务类生态产品还具有非常强大的带动辐射能力,尤其是对供给服务价值的辐射影响,一般来说文化服务价值实现状况好的区域生态产品价值实现的总体状况就会更好,因此当前生态产品价值实现的主流模式也是通过文旅结合、农旅结合的方式促进生态文化服务类生态产品和物质供给服务类生态产品共同实现。以宝兴县硗碛藏族乡为例,硗碛大力发展生态文化旅游业,先后打造了"神木垒景区"和"达瓦更扎景区",通过景区门票分成、景区内保洁岗位就业、景区内旅游服务经营等多种途径带动农户增收,2022 年硗碛藏族乡集体经济总量 351.22 万元,其中嘎日村221.5 万元、咎落村 72.3 万元、夹金山村 33.07 万元、夹拉村 24.35 万元。① 除此之外,依托辖内的两大景区,宝兴硗碛藏族乡大力发展各类生态民宿(小木屋)、藏家乐等,据统计硗碛藏族乡有 180 余家从事乡村旅游的酒店(民宿、藏家乐),可提供 5700 余张床位,年均接待游客 100 余万人次,2022 年仅嘎日村文旅公司就收到全村 200 多间小木屋的管理费用 55 万元作为集体经济收入。

四 四川民族地区生态产品价值实现的困难与挑战

(一)生态调节服务类生态产品价值实现面临的问题

1. 生态调节服务外溢价值核算难,补偿标准不精准

生态调节服务外溢价值的核算和流向是生态调节服务类生态产品价值实现的关键,但目前仍面临系列亟待解决的问题。首先,生态资源家底摸清和生态调节服务价值的核算本身面临基础不牢的问题。一方面,缺乏专门的生态资源清查和自然资源产权界定工作,对辖内有哪些生态资源、哪些生态资源能进行生态产品价值转化、价值转化成果归谁所有等问题缺乏基本的数据

---

① 资料来源于多次对宝兴县硗碛藏族乡的调查统计。

和制度支撑。另一方面，基于生态资源家底，对生态系统发挥的调节服务的价值核算方法尚不够成熟，虽在学术界有很多方法，但实践上仍缺乏统一可推广应用和动态核算的指标体系、测算方法，不同区域结合一些公认的方法进行本地化核算的技术手段尚需不断完善。其次，对生态调节服务的外溢特征和外溢价值核算、流向等尚缺乏专业精准的研究方法，导致依托生态补偿机制实现生态调节服务类生态产品价值缺乏精准的补偿标准，现行的补偿标准未能充分体现生态调节服务外溢价值，标准偏低，远远达不到当地的生计标准，比如15元/亩的集体和个人天然商品林停伐管护补贴、7.5元/亩的退牧还草补贴，3500元/户的禁马禁牧补贴等，其标准远远达不到其为生态保护而失去的发展机会成本，导致生态补偿机制在调动当地人民积极参与生态环境保护方面的效益仍然偏低。

2. 生态补偿方式单一、管理分散，系统性、综合性亟待提升

现行针对四川省民族地区的生态补偿以纵向补偿为主，主要包括重点生态功能区转移支付、部分要素的生态效益保护补偿等；横向生态保护补偿机制偏少，其中实践最多的流域横向生态保护补偿机制，也面临大江大河全流域横向生态补偿机制未建立、中小型流域覆盖面不全等问题。此外，补偿较为分散、综合性补偿探索不足，目前各种转移支付补偿分散在各个职能部门，比如林草部门有停伐补贴、禁牧补贴，生态环境部门有流域生态补偿，自然资源部门有禁止开发区生态补偿等，各个要素或领域补偿之间相互割裂，部分领域仍有空白，对生态系统的系统性、整体性保护不足，而发改部门的生态综合补偿试点支持力度偏弱且覆盖范围小，第一批和第二批试点仅覆盖了5个和3个少数民族县，激励效果有限。

3. 有效链接生态产品价值实现的市场化、多元化生态补偿机制创新不足

四川重点生态功能区有87.5%的范围在民族地区，四川的生态保护红线有96.22%的面积在民族地区，现行的生态补偿局限在生态环境保护系统，未能有效链接生态环境保护与经济社会发展，制约了四川民族地区经济社会可持续发展。亟须突破单一系统，建立生态系统与经济系统、社会系统等多系统交互的市场化、多元化生态补偿机制。首先，亟须突破以政府间补

偿为主体的"输血型"生态补偿，打通社会资本、相关利益群体参与的市场化、多元化补偿途径。其次，亟须改变以资金补偿为主的补偿方式，创新对口协作、产业转移、人才培训、共建园区、购买生态产品和服务、特许经营等多样化补偿方式。最后，成熟可推广的生态资源权益的交易体系尚未建立，民族地区参与生态资源权益交易的能力欠缺，技术力量薄弱。四川民族地区虽有大量的优质生态产品资源，但对其认识不足，积极推动参与生态资源权益交易的技术能力、人才资源欠缺，缺乏准确识别生态资源、科学评估生态价值、规范包装生态产品、合规参与交易市场的全链条的技术能力。

（二）物质供给服务类生态产品价值实现存在的问题

1. 生产环节的"环境友好性"缺乏监管，品质和附加值提升缺乏指导

一是作为生态物质供给产品在生产环节缺乏相应的监管，对生产环节是否严格按照"生态环境友好"、严格按照"保护优先"原则生产缺乏把控，比如四川民族地区的牧产品生产过程中是否会产生对草原生态的破坏等。二是生态物质供给产品的品质把控问题，民族地区生态农牧产品生产存在靠天吃饭的现象，投入与管理严重不足，既不是规模化、标准化的生产，也不是传统的精耕细作，按照当地人的原话来说就是"我们这儿种地就是把种子撒下去，能收好多是好多"，虽然生产环节对生态环境没有造成破坏和影响，但其品质很难得到把控，风险防控能力也相对较弱。三是民族地区的生态物质供给服务产品销售中，初级农牧产品销售占比大，产业链条不长，产品的生态附加值、民族文化附加值利用不充分，凝聚其中的生态溢价和文化溢价没有发挥出来，导致严格按照"生态环境友好"生产出来的生态物质供给产品和一般的农产品的价格并无差别。

2. 生态产品认证体系不完善，品牌意识不强，品牌效益不够

一是现有的有机产品、绿色产品认证和生态产品具有很大的差异性，不能完全反映生态产品的特征和价值，而当前生态物质供给产品缺乏相关的认证体系，导致虽然生态产品概念"喊得火"，但在市场上并无明确的相关产品。二是四川民族地区的还存品牌意识不强的问题，调研发现四川民族地区并没有很好地把"生态优势"运用好，在公共品牌的塑造方面没有主动地往生态、重点生态功能区这些概念上靠，缺乏品牌塑造的思维和能力。三是四川民族地区还存在品牌效益不够的问题，一方面表现为民族地区农牧产品的高度同质化，比如西门塔尔肉牛经济价值高，调研地区几乎都养这种肉牛，久而久之就会导致市场认可下降；另一方面是品牌多而小，牦牛可能就有多个品牌，在市场上体现为品牌效益分散、实际转化不足。

3. 销售流通环节供需对接不畅，缺乏专门的销售渠道和平台

一方面，四川民族地区大多处于高原高海拔地区，交通条件虽然日新月异，但暂时距离发达的物流体系还存在较大差距，调研了解到很多地方还不能进行线上物流发货，因此对外销售的路径往往不够畅通，很多只能依靠旅游发展一下"后备箱"经济，但销量有限。另一方面，四川民族地区生态物质供给产品还缺乏市场广泛认可的专门的销售渠道和平台，通过调研发现，当前四川民族地区的重要销售渠道还是依托文旅吸引游客，然后通过零售的方式进行销售，虽然也有一些商贸公司在专门对接进行包装销售，但是占比不大，农户的受益有限。

4. 可再生能源竞争力尚不突出，对当地经济增长和民生改善作用不强

四川民族地区虽然具有实现双碳目标所需的资源禀赋，但是资金、技术及人才方面较为短缺。同时，四川民族地区储能产业还处于起步发展阶段，政策设计缺乏针对性与指导性，包括储能电价支持政策、完善绿证交易和可再生能源配额机制等，并且目前新型储能市场尚未形成稳定的收益模式，商业模式不清晰，盈利比较困难。另外，四川民族地区多数清洁能源产业项目还处于推进前期，带动地方经济增长的作用和效果还有待提升，当地居民并没有从当地的清洁发展中受益，并且四川民族地区作为四川省乃至全国清洁能源高地，长期以来在"西电东送"战略下向东部发达地区输送了大量的低碳能源，对东部发达地区碳减排做出了巨大贡献，但除了正常的电力购买以外，基于碳减排的补贴或者电价溢价政策和机制还比较缺乏。

（三）生态文化服务类生态产品价值实现存在的问题

1. 生态文旅产业开发不科学、运营不规范

生态文化服务类生态产品价值实现主要是以生态旅游的形式体现。在生态文旅产业的开发建设方面，一方面，四川民族地区的相关基础设施目前还比较落后，比如道路交通、酒店住宿、景区厕所等，尤其是道路交通体系的完善直接关系民族地区的生态文旅发展；另一方面，四川民族地区在近些年文旅产业高速发展过程中，尤其是在景区的建设和打造中缺乏科学的规划，并没有严格意义上坚持生态保护优先，缺乏对生态环境影响的评估，比如有的甚至想在风景名胜区建设各种游乐设施等，既破坏了生态环境本底，又不能彰显生态文化服务的本质内涵。在生态文旅产业的日常运营方面，运营能力不强不专业是四川民族地区生态旅游业发展面临的最重要的问题，一方面是当地人才缺乏，对市场认识不清晰，对游客的喜好捕捉不到，比如和当地文广局同志交流时了解到，目前白玉县拉龙措国家湿地公园建设完成后，他们最担心的就是后期移交村上经营是否能经营下去，另一方面，调研过程中也发现四川民族地区生态文旅产业运营方式比较粗犷，并没有完全按照生态保护优先、绿色低碳循环等原则运营，导致运营环节可能还存在生态环境破坏等问题。

2. 对民族文化认识不深刻，文旅融合不深入

一方面，四川民族地区在生态文化服务产品提供中对其民族文化认识不深刻，简单理解为吃民族饭、穿民族衣等，对其独特的节日活动、民风民俗的运用不够，对其独特的民族文化深入挖掘不够。另一方面，四川民族地区在生态文化供给服务提供方面，对特色文创文化产品创新不足，将其优美的生态环境与独特的民族文化进行深入融合还不够，围绕当地独特民族文化"做品牌、讲故事"的能力不强。

3. 利益联结机制不完善，当地受益不充分

一方面，生态文化供给服务产品主要由社会企业提供，企业往往只为当地提供一定的土地租金，开发建设与日常运营中和当地的利益联结机制缺乏，

在内部一些可经营的业态招商中对当地缺乏好的支持扶持政策，虽然有的景区有一定比例的景区门票收益分红，但是缺存在收益不透明、分红的基数不清等问题，虽然有些景区会给当地居民提供公益性岗位，但是数量不多、支付标准不高。另一方面，生态文化服务类生态产品价值实现与其他类型的生态产品价值实现相比，吸收就业的能力本身有限，比如在宝兴硗碛，只有集中在咎落村的碛丰一二组（硗碛藏寨集中居住区）、嘎日村嘎日组（达瓦更扎入口处）、滨湖藏寨、泽根藏寨、夹金山村中国熊猫大道两侧的居民有条件参与，直接带动居民就业不足30%。

五 关于推动四川民族地区生态产品价值实现的建议

（一）开展生态产品价值实现体制机制研究探索

1.开展生态资源核查、确权和价值评估

建议由发展改革、自然资源等部门牵头开展生态"家底"专项清查工作，开展全面调查、分类、评估，摸清核定生态产品数量和质量等底数，并实现动态更新，明确重要生态产品的产权归属，形成生态资产台账，编制并动态更新生态产品清单。持续推进生态产品价值精准核算体系构建，准确核算生态产品价值及时空动态变化趋势，为生态产品开发夯实基础。

2.完善生态补偿制度

一方面是进一步提高转移支付标准、给予民族地区生态产品价值实现资金支持，支撑其不断坚持保护修复生态系统的积极性不衰减、不退步，实现民族地区生态本底的保值增值和生态功能的不断提升。另一方面是进一步推动探索基于生态产品价值实现的综合性生态补偿机制，继续深入开展生态综合补偿试点，并扩大试点覆盖范围，形成政策机制协同合力，提升生态补偿资金的使用绩效。

3.创新探索市场化、多元化生态补偿机制

持续开展对口协作、产业转移、园区共建、技术支持等多元化补偿方

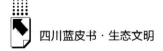

式，持续探索特许经营、森林碳汇、水权交易、排污权交易等生态交易权益类价值实现机制，健全"造血式"横向生态补偿机制。

（二）加强生态产品品质提升与品牌打造

1. 不断提升产品品控能力

加大农业机械化、农业信息化等农业科技技术手段的投入，加大农业保险补贴等生态农业风险分担力度，组织实施优质农产品的培育，做好当地特色品种的保护与繁育，结合熊猫友好产品认证、绿色产品认证等经验，探索生态产品认证和质量追溯体系，提升产品的认可度。

2. 不断打造交易平台

打造跨区域联合的"民族地区特色生态产品交易平台"，创新生态产品营销推广方式，灵活运用"电商+"、新媒体、短视频、直播等新型销售手段，畅通产品销售渠道。充分利用大数据、物联网及人工智能等现代化信息技术，打造融合多样化服务的生态产品交易平台，融合生态产品动态监测、生态产品信息系统、生态产品市场交易系统于一体，以实现生态产品"集中收储、高效整合、公平交易、综合开发、精准服务"。

3. 不断强化品牌打造

充分挖掘产品的生态价值和民族文化价值，充分利用大熊猫国家公园、若尔盖草原湿地生态功能区、川滇森林及生物多样性生态功能区等生态"符号"，打造具有民族地区区域性特征的公共品牌，形成特色生态产品品牌矩阵，提升产品溢价能力和品牌知名度。

（三）大力推动四川民族地区可再生能源发展

1. 转变可再生能源"廉价东送"的思维定式

四川民族地区经济体量小，当地企业较少，本地消纳不足，因而采取"西电东送"的战略，将清洁电力输往东中部地区。外输廉价零碳电力只是为实现四川民族地区可再生能源价值、贡献国家"双碳"目标作出贡献的一种形式。另外一种，或者更为有意义的形式，是利用廉价电力的市场竞争优势，将东部地区高耗能、高占地、高安全风险的产业转移至西部，就近消纳，减少东部用能负荷，实现区域协同平衡发展。

2. 突破影响电力供给稳定性的关键问题

风光等可再生能源的间歇性、波动性与不稳定性是制约零碳能源充分利用和相关产业集聚发展的关键问题，因此必须摒弃以化石能源作为稳定支撑电源的思路，而应以清洁能源之间的多能互补和多元化的储能技术组合作为解决问题的关键，重点发力。支持四川民族地区建设储能技术研发应用先行示范区，积极探索规模化、灵活性储能技术，形成保障零碳电力供应稳定性的最优方案。针对技术发展瓶颈和现实问题，建议采取"揭榜挂帅"形式，调动各界科研团队共同攻关，重点关注储能技术、多能互补技术、可再生能源发电集成微电网独立运行系统等领域。

3. 促进本地经济切实从零碳转型中获益

推动四川民族地区可再生能源进行生态产品价值转化，关键要保障民族地区本地获益。可再生能源发电项目上网电价需要体现外输零碳电力的实际价值，提高本地企业在可再生能源产业发展中的参与度，简化一些烦琐的审批程序，探索一些新的风光利用项目，如农光互补、农牧互补等。将零碳转型与巩固脱贫成果、实现乡村振兴和共同富裕等融合，探索分利于民的零碳发展新路径。让普通民众可以通过开发利用过去闲置的空间资源赚取发电收益，拿租金、分股金；通过延长零碳能源利用的产业链，创造新的就业计划，实现富民增收，并最终迈向共同富裕。

（四）提升生态文旅创新能力与运营能力

1. 改善基础设施水平

民族地区的生态旅游景区大多都在重点生态功能区或保护区内，想要新建基础设施面临诸多困难，因此要充分利用好已有的资源，根据游客多样化、多层次、多方面的需求，在已有的基础设施上进行改造升级。

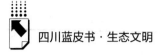

2.提升产品创新能力

加强地区生态文旅资源整合，结合不同游客旅游的需求进行精准化路线方案设计，充分挖掘地区民族民俗文化，讲好民族故事、做好文旅融合，做好文创产品创新。同时，加强政策引导与专业人才培养，提升生态产品研发及转化的创新发展能力。

3.加强产品运营能力

加强对外交流合作，加强对民族地区文旅项目经营培训，加强对当地村民的技能培训和引导，激励民族地区结合自身特色的民族文化开展自然教育。

六　结论与展望

（一）研究结论

不同功能区划视角下，生态产品价值实现具有明显的差异性。从整体来看，不同功能区由于具有不同的资源禀赋特征、不同的区位条件以及不同的市场供需主体特征，在生态产品价值实现上具有很明显的差异，比如重点生态功能区有条件和能力提供全方位的生态产品但供需空间异质性较强，生态产品供需弹性较大，而重点开发区生态产品供给能力相对较弱，但市场转化效率高。从具体类型的生态产品来看，不同区域也具有明显的差异性。比如对于重点开发区而言，生态文化服务产品的供需对接更为通畅，收益更有保障，市场主体具有主动的意愿进行开发投入；而对于重点生态功能区的生态文化服务产品而言，由于其供需的空间异质性较大、投资风险较大，社会主体很难有主动意愿进行开发经营，因此供给主体多为"政府+社会主体"，政府负责基础设施建设，社会主体负责专业化经营运营。

不同类型生态产品在价值实现过程中具有很强的协同性和系统性。生态产品从具体表现形式和服务功能出发可以分为物质供给服务产品、生态文化服务产品和生态调节服务产品，但在生态产品价值实现的具体实践推动过程中，不同类型的生态产品却是相辅相成的，是有机统一的整体，不能完全隔离区分，具有很强的协同性和系统性，在推进生态产品价值实现的过程中要坚持不同生态产品协同推进、融合推进。

四川民族地区生态产品价值实现具有很大的空间和潜力，需要得到全方位的政策支持。从四川民族地区生态产品价值实现调查研究的结果来看，四川民族地区与重点生态功能区高度重合，具有良好的生态环境本底和自然资源禀赋优势，提供生态产品是该区域的主要功能定位，发展生态产品相关产业是该区域主要的经济社会发展方向，但在生态产品价值实现过程中面临一系列问题，在生态产品价值实现的经济成效上来看，也远远不及生态环境本底相对较差的重点开发区域。因此，围绕生态产品价值实现，还需要更多的、全方位的"立足重点生态功能区、聚焦四川民族地区"相关政策的支持和指导。

（二）研究展望

在持续推进四川民族地区生态产品价值实现能力和程度全面提升的过程中，应着重聚焦生态共富，研究生态产品价值实现与当地人民利益共享机制，推动实现生态共富。而当前的研究还主要在生态产品价值实现前端的生态产品识别开发和中端的生态产品价值转化方面，对于价值转化后利益的合理分配机制研究关注偏少。下一步，应着重研究生态产品价值实现与当地人民利益挂钩的共享机制探索方面，进一步创新生态产业开发利益联结机制，使民族地区生态产品价值实现机制的效益让当地人民群众获益，提升民众获得感和幸福感，增强民众持续参与生态环境保护的积极性和践行"绿水青山就是金山银山"的坚定信念。

B.12
四川省水—能源—粮食—生态耦合协调评价研究

巨栋 侯静*

摘　要： 水、能源、粮食和生态是人类生存发展不可或缺的重要因素。本报告根据相关概念，先探讨四个因素协同发展的意义，之后选取2012~2021年四川省相关数据，根据耦合模型公式，计算出四个系统之间的耦合协调度，分析出他们之间的耦合关系，得出四川省四个系统之间的耦合协调度为波动中缓慢上升，并结合四个系统现存的问题，建议政府应加强水资源管理、加强清洁能源产业发展、确保粮食安全并改善生态环境，以推动四川省的可持续发展。

关键词： 水—能源—粮食—生态　耦合协调　协同发展

水—能源—粮食—生态协同是指以水、能源、粮食、生态四种资源的合理开发及可持续利用为目标，按照系统性、协调性、可持续性等原则，通过保障有效供给、合理抑制需求、可持续开发、维护和改善生态环境等手段措施，使各资源相互促进发展，从而实现多种资源互利共赢，这种资源间相互促进、最终达到共同发展的过程，即可称为资源的协同发展。

2011年在德国波恩召开的水—能源—粮食安全纽带会议，首次将三者关系确定为纽带关系，随后，国内外各个机构和学者也开始了关于水—能

---

* 巨栋，四川省社会科学院副研究员，主要研究方向为流域经济、水资源管理；侯静，四川省社会科学院农业管理专业，主要研究方向为流域经济。

源—粮食关系的研究。国内学者相关研究主要偏重于协同发展的衡量，也就是耦合模型研究，研究范围从内部耦合关系向外部影响因素拓展，林志慧等认为在水—能源—粮食耦合研究中的定性研究相对较多，定量方面的研究比较匮乏。[1] 外部影响因素影响也很大，如王勇和孙瑞欣将土地因素引入水—能源—粮食系统，认为土地利用结构和利用动态会对纽带关系产生影响。[2] 而王红瑞等认为气候变化、经济增长、社会变化、饮食结构变化等会对纽带关系产生影响。[3] 刘黎明等认为产业结构、科技创新是降低水—能源—粮食—生态系统脆弱性的重要因素。[4] 总体上看，对于水—能源—粮食—生态协调发展的理论研究从内部纽带关系向外部因素分析拓展，研究范围主要集中在黄河、长江等流域，或是流域中下游的部分地区，受限于研究区的要素禀赋，研究主要关注水、能源、粮食、生态要素中的部分要素，对不同要素权重下的协同关系关注不足。四川省是中国的"千河之省"、水电大省、"天府粮仓"，又是长江上游的生态屏障，水—能源—粮食—生态纽带关系呈现差异化特征，研究四川省的水—能源—粮食—生态之间的协同关系，对于进一步充实水—能源—粮食—生态系统关系研究具有一定理论价值，对于保障国家水安全、能源安全、粮食安全、生态安全具有重要意义。

一　水—能源—粮食—生态协调发展机理

（一）发展机理

水资源的管理方式和可持续利用对能源生产、粮食生产、生态系统有

---

[1] 林志慧、刘宪锋、陈瑛等：《水—粮食—能源纽带关系研究进展与展望》，《地理学报》2021 年第 7 期，第 1591～1604 页。

[2] 王勇、孙瑞欣：《土地利用变化对区域水—能源—粮食系统耦合协调度的影响——以京津冀城市群为研究对象》，《自然资源学报》2022 年第 3 期，第 582～599 页。

[3] 王红瑞、赵伟静、邓彩云等：《水—能源—粮食纽带关系若干问题解析》，《自然资源学报》2022 年第 2 期，第 307～319 页。

[4] 刘黎明、陈军飞、王春宝：《长江经济带水—能源—粮食—生态脆弱性时空特征及影响机制》，《长江流域资源与环境》2023 年第 8 期，第 1628～1640 页。

着重要影响。能源生产过程需要大量的水，如用于火力发电厂的冷却水，用于油气开采和加工的注水等；粮食生产需要大量的水，农业灌溉是全球最大的水资源利用部门，占据全球用水量的70%以上；水资源直接影响生态系统的健康和功能，过度抽取地下水和排放污水等都会影响水生环境状况。

能源系统与水系统、粮食系统和生态系统之间存在密切的联系和影响。能源系统对水资源的需求很大，能源生产和利用过程中需要大量的水资源；能源在粮食生产、加工、运输和储存等环节中都发挥着重要作用；能源开发和利用对生态系统有着直接和间接的影响。

对于粮食子系统而言，水是农业生产的重要基础，农作物生长需要水，因此，粮食系统对水资源的需求量很大；能源在粮食生产、加工、运输和储存等环节中都发挥着重要作用，所以能源的供应和价格波动会影响到粮食生产的成本和效率；粮食生产等农业活动可能导致土地退化、水土流失、生物多样性减少等问题，影响生态系统的健康和功能。

生态系统为水系统、能源系统、粮食系统提供场所与环境，他与其他系统的关联关系表现为，生态系统包含了其他三个系统，而且其他系统的不恰当使用会造成生态系统的破坏。

水—能源—生态—粮食耦合协同发展的核心要义是在综合考虑水资源、能源、生态环境和粮食生产之间相互依存、相互影响的基础上，强调协同发展、高效利用、生态优先和可持续发展。

（二）关联关系

水—能源—生态—粮食四个系统关系如图1所示。将水—能源—生态—粮食作为一个整体来研究，有助于科学有效地制定可持续发展战略和政策。

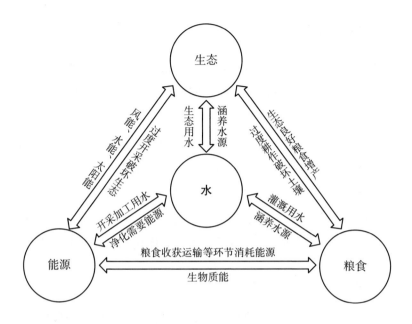

图1　水—能源—粮食—生态系统关系

二　四川省水—能源—粮食—生态协调发展的重要意义

（一）保障流域供水安全

四川省位于长江黄河上游，降水量大，地表径流极为丰富，号称"千河之省"，是长江流域重要的水源涵养地和黄河流域重要的水源补给区。作为上游地区，四川水资源利用具有极强的外部性，引调水、农田灌溉、水力发电、生态补水等各类用水行为都可能影响下游水资源供给，过度使用则可能影响下游农田灌溉、城市供水等需求，导致水资源在地区之间分配不均，引发水资源争夺和纠纷。推动四川水—能源—粮食—生态协调发展能够促进长江、黄河流域水资源合理配置，实现一江清水源远流长。

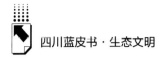
（二）保障国家能源安全

四川是全国最大的水电基地，构建了以水电为主、水风光多能互补的清洁能源体系，承担"西电东送"的重要使命。四川拥有如此丰富的水电资源，近几年却出现了缺电的问题，主要原因有两点，一是四川的电源结构水电占比大，对降水量依赖程度大，丰枯发电能力差异悬殊；二是四川在全国能源供应中承担重要作用，是"川西向川东""西部向东部"两个"西电东送"的重要送出端，呈现电力"送多留少"的局面，也就导致缺电的问题出现。推动四川水—能源—粮食—生态协调发展，能够有效保障我国东部地区电力供应，促进全国绿色能源供需格局不断优化，加快实现双碳目标。

（三）保障国家粮食安全

四川是中国的农业大省，是保障国家重要初级产品供给的战略基地。四川农业在全国占据重要地位，但近些年"耕地非农化非粮化"的问题一直存在。2021年公布的第三次国土调查数据显示，与"二调"数据相比，成都平原的耕地面积在过去的10年中减少了40%。其余耕种的土地也存在改种花卉、苗木、柑橘等经济作物的现象。推动四川水—能源—粮食—生态协调发展，能够保障区域农业灌溉用水和耕地质量，有利于夯实国家粮食安全。

（四）保障国家生态安全

四川省是长江上游重要的生态屏障，拥有以大熊猫、若尔盖草原湿地、贡嘎山等国家公园为主体的自然保护地体系，森林、草地、湿地、冰川等各类自然资源富集，生物多样性突出。但随着经济社会发展，四川的生态环境受到一定程度的破坏，水资源过度利用和污染等问题日益突出，不仅可能对下游生态环境造成影响，更会造成流域生态环境承载力下降、湿地减少、水质下降、生物多样性减少等问题频发。推动四川水—能源—粮食—生态协调发展，能够促进长江黄河上游水土保持和水环境治理，筑牢流域生态屏障。

三　四川省水—能源—粮食—生态耦合
协调发展评价方法

（一）研究区概况

本报告选择四川省作为案例对象。2023 年各大省份 GDP 数据显示，四川作为我国第五综合经济大省，是能源大省和粮食主产区，同时也在长江上游具有重要的生态屏障作用。区域水资源十分丰富，2022 年年平均降雨量为 842.7 毫米，且地表水水质优良，在 343 个地表水监测断面中，Ⅰ～Ⅱ类水质优断面 248 个，占比为 72.3%；Ⅲ类水质良好断面 93 个，占比为 27.1%。四川也是能源大省，水电装机容量和发电量均居全国第一。但四川弃水、缺电现象并存。弃水的原因是水力发电设备没能及时更新换代，缺电的原因是随着近年来四川高温干旱天气频发，四川用电需求快速增长，同时四川还承担着向外省输电的任务，于是导致"丰余枯缺"加快向"丰枯均缺"转变。2023 年，四川省以建设新时代更高水平"天府粮仓"为引领推进粮食生产，取得明显成效。《2022 年四川省生态环境状况公报》显示，四川省坚决践行习近平生态文明思想，全面落实党中央、国务院关于生态文明建设的决策部署，不断加强生态系统保护修复，不断提升生态系统稳定性。

如何协调水—能源—生态—粮食的关系，是一个重要课题。因此，开展四川省水—能源—生态—粮食系统的耦合协调分析，具有重要的理论与现实意义。

（二）评价指标体系的构建

根据水—能源—生态—粮食协调发展的概念与驱动因素，从水、能源、粮食、生态四方面各选一些指标来测算。

水：为衡量地区水资源的丰富程度，选取人均水资源量指标；为了解地区水资源管理情况、设备水平和行业类型等，选取总耗水率；为反应四川地区水质情况，选取地表水优质水断面率；为表征地区水资源利用压力，反映地区发展水平，选取水资源开发利用率。

能源：为代表能源生产水平、能源利用效率、能源结构等情况选取人均一次能源生产量；为反映地区亿元经济总量生产需要消耗多少能源，选取亿元GDP能耗；代表能源安全性、经济发展水平、国家战略等，选取能源自给率；为直观反应农业生产效率以及能源消耗，选取单位耕地面积农机动力。

粮食：为直观了解地区粮食生产情况，选取人均耕地面积、粮食产量指标；为衡量四川省农业总体发展情况，选取农业总产值；化肥是农业生产中的重要生产要素之一，对提高农作物产量和改善农作物品质起着重要作用，为表达粮食产量与化肥施用的关系，选取地区单位耕地面积化肥使用量。

生态：水资源是生态系统的重要因素，生命的各个活动都离不开水资源，所以选取年降水量指标；生态环境状况指数是个复杂指标，与地区生物数量、植被覆盖率、水资源丰富程度、土地数量质量等密切相关；为衡量地区可持续发展能力，选取一般工业固体废弃物综合利用率。

本报告从水系统、能源系统、粮食系统和生态系统4个维度构建四川省的水—能源—粮食—生态耦合协调发展评价指标体系（见表1）。

表1 水—能源—粮食—生态耦合协调发展评价指标体系

系统	指标	计算方法	单位	属性
水	人均水资源量	水资源总量/人口数	m^3	+
	总耗水率	用水消耗量/用水量	%	-
	地表水优质水断面率	优质水断面/总断面量	%	+
	水资源开发利用率	用水量/水资源总量	%	-
能源	人均一次能源生产量	能源生产量/人口数	tce	+
	亿元GDP能耗	能源消费量/GDP	tce/亿元	-
	能源自给率	能源生产量/能源消费量	%	+
	单位耕地面积农机动力	农机总动力/耕地面积	kw/hm²	+

续表

系统	指标	计算方法	单位	属性
粮食	人均耕地面积	耕地总面积/人口数	m²	+
	粮食产量	—	万吨	+
	地区单位耕地面积化肥使用量	农田化肥用量/耕地面积	t/hm²	-
	农业总产值	—	亿元	+
生态	年降水量	—	亿 m³	+
	生态环境状况指数	—	—	+
	一般工业固体废弃物综合利用率	—	%	+

（三）评价模型

本文采用熵值法确定评价指标体系的权重。设 Q_{ij} 表示第 j 个指标的第 i 年数据（$i \in [1, 10]$，$j \in [1, 15]$）。采用熵值法计算指标的权重（见表 2）。

表 2　子系统权重

系统	指标	权重
水	人均水资源量	0.140
	总耗水率	0.302
	地表水优质水断面率	0.248
	水资源开发利用率	0.311
能源	人均一次能源生产量	0.112
	亿元 GDP 能耗	0.373
	能源自给率	0.128
	单位耕地面积农机动力	0.388
粮食	人均耕地面积	0.165
	粮食产量	0.133
	单位单位耕地面积化肥使用量	0.511
	农业总产值	0.191

续表

系统	指标	权重
生态	年降水量	0.303
	生态环境状况指数	0.422
	一般工业固体废弃物综合利用率	0.275

（四）耦合度模型

耦合是指两个或两个以上的系统通过各种相互作用而彼此影响的现象，是各系统之间的协同作用，系统由无序走向有序机理的关键在于系统内部序参量之间的协同作用，它左右着系统相变的特征与规律，耦合度正是对这种协同作用的度量。

在参考相关研究成果并结合本研究实际的基础上，构建水—能源—生态—粮食系统耦合度测量模型：

$$C = 4 \times \left\{ \frac{W_i \times E_i \times G_i \times P_i}{(W_i + E_i + G_i + P_i)^4} \right\}^{\frac{1}{4}} \qquad (1)$$

式中，C 为水—能源—生态—粮食系统之间的耦合度，取值范围［1，10］，C 值的大小是水—能源—生态—粮食系统的评价值决定的，其值越大说明水—能源—生态—粮食系统之间相互作用、相互影响越强烈；W_i、E_i、G_i、P_i 分别为水系统、能源系统、生态系统和粮食系统的综合评价值。

（五）耦合协调度模型

$$T = \alpha W_i + \beta E_i + \varphi G_i + \gamma P_i \qquad (2)$$

$$D = \sqrt{C \times T} \qquad (3)$$

式中：D 为耦合协调度；C 表示耦合度；T 表示水—能源—生态—粮食系统的综合评价值；W_i、E_i、G_i 和 P_i 为各系统的综合评价值；α、β、φ 和 γ 为表示各系统重要程度的权重。本报告认为四个系统同等重要，因此，本

报告设定 $\alpha=\beta=\varphi=\gamma=0.25$。

根据相关文献，本报告将耦合度划分为 4 个等级，$C\in[0,0.3)$ 为低水平耦合阶段；$C\in[0.3,0.5)$ 为颉颃耦合阶段；$C\in[0.5,0.8)$ 为磨合耦合阶段，系统开始接近耦合优化阶段；$C\in[0.8,1.0]$ 为高水平耦合阶段。

借鉴廖重斌[①]的成果，本报告将水—能源—生态—粮食系统耦合协调度等级标准进行划分（见表3）。

表3 耦合协调度等级标准

失调衰退类		协调发展类	
耦合协调度	评价等级	耦合协调度	评价等级
0.00~0.09	极度失调衰退类	0.50~0.59	勉强协调发展类
0.10~0.19	严重失调衰退类	0.60~0.69	初级协调发展类
0.20~0.29	中度失调衰退类	0.70~0.79	中级协调发展类
0.30~0.39	轻度失调衰退类	0.80~0.89	良好协调发展类
0.40~0.49	濒临失调衰退类	0.90~1.00	优质协调发展类

四 四川省水—能源—生态—粮食耦合协调发展评价分析

（一）子系统发展评价结果

可以看出，第一，水—能源—生态—粮食系统综合评价指数变化趋势大体分为三个阶段，第一阶段为 2012~2014 年，呈现整体下降趋势，从约 0.5 降至 0.3 左右；第二阶段 2015~2017 年，在 2015 年有显著上升，随后平稳；

① 廖重斌：《环境与经济协调发展的定量评判及其分类体系——以珠江三角洲城市群为例》，《热带地理》1999 年第 2 期，第 76~82 页。

第三阶段2018~2021年，总体上升趋势，并在2021年达到峰值。第二，水系统和生态系统综合评价指数变化趋势基本相同，可见水资源在生态系统中影响很大。它是维持生态系统功能和生物多样性的关键要素之一，对生态系统的稳定性和健康起着至关重要的作用。能源系统综合评价指数变化幅度较大，在2013年达到谷底，2017年达到峰值后基本稳定发展，四川水电资源丰富，说明四川省电力行业得到平稳发展。粮食系统一直处于良好发展稳步上升的态势，说明四川省在奋力打造新时代更高水平"天府粮仓"行动中取得了优异成绩。

（二）系统耦合度耦合协调度评价结果

根据上述公式，得出耦合度和耦合协调度，结果如表4。

表4 2012~2021年各系统耦合度和耦合协调度

年份	C	T	D	耦合类型	耦合协调类型
2012	0.256	0.451	0.340	低水平耦合	轻度失调衰退类
2013	0.540	0.338	0.427	磨合耦合	濒临失调衰退类
2014	0.976	0.504	0.701	高水平耦合	中级协调发展类
2015	0.863	0.349	0.549	高水平耦合	勉强协调发展类
2016	0.755	0.373	0.531	磨合耦合	勉强协调发展类
2017	0.811	0.509	0.643	高水平耦合	初级协调发展类
2018	0.987	0.661	0.808	高水平耦合	良好协调发展类
2019	0.985	0.582	0.757	高水平耦合	中级协调发展类
2020	0.984	0.643	0.795	高水平耦合	中级协调发展类
2021	0.980	0.751	0.858	高水平耦合	良好协调发展类

把耦合度和耦合协调度绘制成图，如图2。

四川省近十年水—能源—粮食—生态系统的耦合度和耦合协调度大体分为三个阶段：第一阶段为2012~2014年，耦合度上升且上升幅度比较大，耦合协调类型由轻度失调衰退类上升到中级协调发展类；第二阶段是2015~2016年，耦合度呈现下降趋势，耦合协调度保持在勉强协调发展类；第三阶段是2017~2021年，先表现出缓慢上升，之后逐渐稳定，耦合协调度由

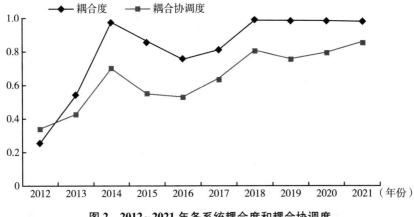

图2　2012～2021 年各系统耦合度和耦合协调度

初级协调发展类上升到良好协调发展类，且耦合度保持在高水平耦合状态。耦合协调度的阶段性和波动性特点是国家政策、地区经济发展、灾害事件和生态环境反馈综合作用的结果。这些因素之间并不是孤立的，它们之间相互影响、相互制约。因此在保持经济发展的同时，也要保证水—能源—粮食—生态系统的耦合协调发展。

五　研究结论和政策启示

根据以上研究，得出结论，2012～2021 年四川省水—能源—粮食—生态协调发展总体呈现良好态势。根据水系统评价指标，可以看出四川具有丰富的水资源，但近些年面临着气候变暖、温度上升、干旱频发等一系列问题。根据能源系统评价指标，可以看出四川拥有丰富的水电资源，但过度依赖水电，面临缺电问题。根据粮食系统指标，四川是产粮大省，但存在耕地数量减少和耕地非农化，以及农业污染严重等问题。根据生态系统，水资源、能源和粮食都是影响生态系统的重要因素，要进行生态修复，需要考虑各方面进行综合治理。针对上述问题，提出以下具体措施。

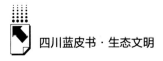

（一）加强水资源系统治理，提高用水效率

水资源是能源、生态、粮食三个系统的基础。根据四川气象局记载，1961 年以来，四川省气候呈现变暖趋势，年平均气温升高速率达 0.18℃/10 年，高温日数不断增多，受气候变化影响，高温热浪、极端降水等极端气候事件及其诱发的自然灾害频繁发生，2022 年，全省平均降水量 842.7 毫米，比多年平均偏少 12.4%，比 2021 年减少 16.1%。频发的干旱给全省各方面发展带来一定程度的影响。在此背景下，政府应采取措施加强水资源管理，提高水资源利用效率。建立健全水资源管理制度，制定相关法律法规和政策，明确水资源管理的职责和权限，继续严格执行河湖长制；加强水资源监测和调查，及时了解水资源的数量和质量情况，为科学管理提供数据支持；持续推进金沙江、雅砻江、大渡河"三江"水电站建设，发挥水电站在防洪、蓄水、节能减排等方面的综合作用。

（二）加强清洁能源产业发展，构建多元能源系统

当下四川省清洁能源产业加速发展，风光水电储一体化加速布局，世界最大的绿色清洁可再生能源基地——雅砻江流域水风光一体化基地，累计发电量已突破 1 万亿千瓦时；绿色清洁能源发电量减排二氧化碳约 8 亿吨，为经济社会绿色发展增添强劲动能。为进一步提高水—能源协调发展效率，促进清洁能源产业扩规扩能，四川应给予充分的政策支持，包括价格政策、税收优惠政策、补贴政策等，鼓励企业和社会各界参与清洁能源产业发展；推动技术创新，加强科研机构、高校、企业等单位的合作，提升清洁能源技术水平，推动技术创新和成果转化；完善基础设施，提高清洁能源供应的可靠性和稳定性；建立相应人才培养体系，高校可开设相关专业，培养高素质专业人才，提高待遇，确保人才留存。

（三）确保粮食安全，减少农业污染

综合分析粮食系统、水—粮食系统、粮食—生态系统之后，针对目前存

在的问题，政府为确保粮食安全，应严格把控耕地红线，减少"耕地非农化非粮化"，制定严格的耕地保护政策；政府为保障农业灌溉用水、提高灌溉水利用效率，应推广高效节水灌溉技术，如滴灌、微喷灌等，减少水分蒸发和土壤流失，发展节水农业，推广节水农业技术；政府为减少农业面源污染，应组织农民科学施肥，合理施用有机肥和化肥，改善耕作方式，采用保护性耕作和植被覆盖，合理使用农药，选择低毒、低残留的农药，避免过量使用；加强对农业面源污染的监测和监管，严厉打击违法行为，保障农业生产和环境质量。

（四）从三方面入手，改善生态环境

水、能源和粮食是生态系统中密切相关的要素，它们之间的使用和影响相互交织，对生态系统产生重要影响。结合四川省的生态情况来看，政府应该改善城市污水处理设施，确保城市污水得到有效处理，提高污水利用率；减少沿江沿河沿湖重污染工业的布置，并对工业污水进行严格治理。四川不只水电资源丰富，风光资源也非常丰富，这也和我国"双碳"发展理念相符。大力发展水电、风电、光电，有利于降低四川企业的生产成本，提高竞争能力。粮食系统对生态的影响主要体现在农业生产过程，对此政府应制定和执行严格的农业生产政策，包括合理利用土地资源、限制过度耕种和化肥农药使用等；建立健全土地利用规划和管理制度，严格控制土地的扩张和过度开发，保护农田生态环境；加强森林和湿地保护，划定专门的保护区等。

参考文献

何一帆：《区域水—生态—能源—粮食协同发展的水权配置研究》，郑州大学硕士学位论文，2022。

冯亚中：《水—能源—粮食系统耦合协调发展研究——以淮河流域四省为例》，南京林业大学硕士学位论文，2020。

韩昕雪琦：《水-能源-粮食关联视角下区域水资源优化配置——以榆林市为例》，西北农林科技大学硕士学位论文，2021。

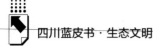

寇晨欢、冷志杰：《水—能源—粮食耦合协调性测度及影响机理研究——基于对黑龙江省数据的分析》，《价格理论与实践》2023 年第 6 期。

施波、向世杰、唐蕊涵：《"天府粮仓"建设中的农产品质量安全治理路径研究》，《农产品质量与安全》2023 年第 5 期。

刘惠萍、何永胜：《"西电东送"接续能源基地——苏洼龙水电站的开发模式》，《四川水力发电》2018 年第 6 期。

邓鹏、陈菁、陈丹等：《区域水-能源-粮食耦合协调演化特征研究——以江苏省为例》，《水资源与水工程学报》2017 年第 6 期。

焦媛婕：《安徽省水能粮耦合协调时空演化特征研究》，《湖北农业科学》2021 年第 13 期。

B.13
"电动四川"实施路径与应用场景建设*

曹　瑛**

摘　要： 本报告讨论了四川省实施"电动四川"行动计划的路径、应用场景建设以及相关配套政策，旨在推动四川省的新能源汽车和动力电池产业发展，为实现经济社会绿色转型发展和碳达峰碳中和目标奠定基础。行动计划通过加快充换电基础设施建设、加强新能源汽车推广应用、壮大动力电池产业发展和新能源汽车产业提档升级等路径，以系列政策措施和多种类的应用场景建设推动实施。智能网联化是新能源汽车产业发展的新趋势，四川省需通过数字赋能等政策措施加速省内新能源汽车产业的转型调整。被视为小"蓝海"的新能源商用车市场、氢能源汽车和新能源汽车出口是当前四川应着力加强竞争"上位"的领域。"电动四川"行动计划下一阶段还需继续完善充电基础设施网络建设以及加强新能源汽车推广应用工作。

关键词： 电动四川　新能源汽车　充换电设施　动力电池　场景建设

　　在全球范围内，能源转型和环境保护已成为不可逆转的趋势。随着气候变化问题的日益严峻，各国政府和企业都在积极探索和实施可持续发展的解决方案。中国作为世界上最大的汽车市场和新能源汽车的生产与消费大国，已经明确将新能源汽车产业作为国家战略性新兴产业，致力于推动从传统燃油车向电动化、智能化的转变。

　　* 基金项目：四川省绿色创新发展软科学研究基地系列成果"四川省清洁能源与绿色低碳产业协同发展的路径研究"（项目编号：2023JDR0323）。

　　** 曹瑛，四川省社会科学院区域经济研究所副研究员，主要研究方向为区域经济理论与实践。

在这一背景下，四川省作为中国西部的重要经济和工业基地，拥有丰富的清洁能源资源和较为完善的汽车产业链，为了响应国家新能源汽车发展战略，"电动四川"行动计划于2022年3月30日启动。四川省旨在通过系列具体行动和措施，推动新能源汽车的普及和动力电池产业的发展，最终实现省内交通运输结构的绿色转型，为碳达峰碳中和作出贡献。

本报告将探讨"电动四川"行动计划的实施路径和应用场景建设，分析其对于新能源汽车产业和动力电池产业的发展推动作用，以及对于改善环境质量、促进经济发展的重要意义。通过对"电动四川"行动计划的深入研究，可以更好地理解新能源汽车产业的发展趋势，为未来进一步推动新能源汽车的普及和应用提供参考和借鉴。

一　"电动四川"行动计划及相关配套政策

"电动四川"行动计划设置充换电基础设施建设、新能源汽车推广应用、动力电池产业发展和新能源汽车产业提档升级四条路径，通过若干具体政策措施和场景建设来促进全省的新能源汽车及相关产业发展。

（一）"电动四川"行动计划主要内容

"电动四川"行动计划核心是充分发挥四川省清洁能源的优势，加快动力电池产业和新能源汽车产业的发展，全面推进"电动四川"行动，从而为推动四川省经济社会全面绿色转型提供重要支撑。行动计划包含了一系列具体实施路径和措施，主要分为以下几个方面。

充换电基础设施建设：建立高效城际快速充换电网络，促进市区公共充电设施的完善，推动住宅区充电基础设备的建设与部署，以及加强充换电设备的运行维护和网络服务效能。

新能源汽车推广应用：计划推动城区公交车电动替代，党政机关、事业单位、国有企业公务用车电动替代，以及中短途客运、物流车辆电动替代等。

动力电池产业发展：聚焦解决动力电池产业的关键技术问题，支持锂电材料产业的发展，推动动力电池回收利用等。

新能源汽车产业提档升级：扩大新能源汽车产业规模，提升产业发展水平，支持新能源车型研发投入，培育具有品牌影响力的新能源整车企业等。

"电动四川"战略蓝图旨在确保至2025年该行动取得显著成效，涵盖以下关键指标：显著提高电能替代水平，确保新能源汽车的市场渗透率与全国平均水平持平，同时加快进程，将四川省建设成为国家级的新能源汽车研发和制造中心，并打造全球领先的动力电池产业基地。

（二）"电动四川"行动计划相关配套政策

自2022年以来，四川省为了推动新能源汽车产业发展、新能源汽车推广应用以及充换电基础设施建设和动力电池产业发展，出台了若干专项规划、政策措施、行动方案、实施意见等，另有部分相关政策也出现在其他产业或者消费促进措施和方案之中，其中较重要的政策措施和实施方案等参见表1。

表1 "电动四川"行动计划相关政策措施

发布时间	发布部门	政策名称	主要内容
2022年11月	四川省发展和改革委员会及四川省能源局等13个部门	《四川省推进电动汽车充电基础设施建设工作实施方案》	到2025年，全省建成充电设施20万个，基本实现电动汽车充电站"县县全覆盖"、电动汽车充电桩"乡乡全覆盖"
2023年10月	四川省人民政府办公厅	《关于进一步激发市场活力推动当前经济运行持续向好的若干政策措施》	实施新能源汽车生产激励，对新能源乘用车和商用车生产量达到一定规模的市（州）给予一次性奖励，鼓励有条件的市（州）大力推动新能源整车企业以销促产
2023年11月	四川省发展和改革委员会和四川省能源局	《四川省加快推进充电基础设施建设支持新能源汽车下乡和乡村振兴工作方案》	加快充电基础设施建设，支持新能源汽车下乡和乡村振兴
2023年11月	四川省发展和改革委员会和四川省能源局	《四川省充电基础设施建设运营管理办法》	鼓励市（州）、县（市、区）政府根据各地情况合理统筹资金，对符合条件的充电基础设施建设运营给予支持

续表

发布时间	发布部门	政策名称	主要内容
2023年11月	四川省发展和改革委员会	《关于恢复和扩大消费的若干措施》	扩大新能源汽车消费,支持开展新能源汽车"天府行""五进"等促销活动,加快公共领域全面电动化进程,加大机关公务、公交、出租、环卫、物流配送等公共领域新能源汽车推广使用力度
2024年2月	四川省经济和信息化厅、公安厅、生态环境厅、交通运输厅	《四川省新能源中重型商用车推广应用若干措施2024—2027年》	加快推动全省中重型商用车新能源化,包括在火电、钢铁、煤炭、焦化、有色、水泥等行业和物流园区推广应用新能源中重型货车,加强相关老旧车辆在检验、维修、使用等方面的管理
2024年3月	四川省人民政府	《支持新能源与智能网联汽车产业高质量发展若干政策措施》	支持各市(州)加大新能源与智能网联汽车重点项目引育力度,推进新能源与智能网联汽车产业规模以上工业企业智能化改造、数字化转型全面升级

二 "电动四川"行动计划实施路径及阶段成效

通过充换电基础设施建设、新能源汽车推广应用、动力电池产业发展以及新能源汽车产业提档升级等路径及多方面支持政策和措施落实,近年来全省新能源汽车及相关产业取得了较大发展。

(一)加快充换电基础设施建设

充换电基础设施建设是推动新能源汽车推广普及的关键因素之一,完善的充换电网络可确保新能源汽车用户享受便捷、高效充换电服务。"电动四川"行动计划的目标是在四川全省建立起一个覆盖城乡、高效便捷的充换电基础设施网络,为新能源汽车的广泛使用提供坚实的基础。截至目前,四川全省的新能源汽车充换电基础设施建设取得了阶段性的成果。

根据行动方案及相关规划所设定的2023年的目标,四川全省高速公路充电站覆盖率要达到 60%，2024 年底之前要达到 80%。① 实际上截至 2023 年 12 月四川全省已累计在 165 对高速公路服务区投运充电站，总体服务能力超过 16 万千瓦。已建成的服务区充电站之间最大距离 66 公里、最小距离 19 公里，覆盖全省 21 个市（州），如此看全路段全覆盖②目标已提前完成。充电桩方面，按《四川省推进电动汽车充电基础设施建设工作实施方案》③中所提出的阶段性目标，即计划到 2025 年末全省充电设施达 20 万个规模，实际上到 2023 年 12 月全省范围内就已建成集中式充换电站 5678 座，充电基础设施 31.6 万台。④

（二）加强新能源汽车推广应用

根据四川省统计局官方数据，2022 年在四川省内，限额以上的批发和零售业中新能源汽车的销售额达到 368.9 亿元人民币，实现了高达 65.3% 的同比增长。⑤ 进入 2023 年后四川省新能源汽车的销售势头并未减弱，仅在上半年全省限上单位新能源汽车零售额就基于上年同期已经翻番的基础上，继续保持高速增长的态势，同比增长高达 63.7%。这一增长率进一步印证了四川省新能源汽车市场的蓬勃发展，以及消费者对于新能源汽车不断上升的需求。此外，国家税务总局四川省税务局公布的数据⑥显示，2023 年全省共有 35.72 万辆新能源汽车完成免征车辆购置税的相关手续，这比上年同期

① 《四川省商务厅等 20 部门关于印发搞活汽车流通扩大汽车消费十五条措施的通知》，四川省人民政府，https://www.sc.gov.cn/10462/10778/10876/2022/11/21/dc8cf8a730ed4cfd941dccdeba99458c.shtml。
② 《四川省高速服务区充电桩分布详情》，四川在线，https://www.sohu.com/a/765071250_121258690。
③ 《关于印发〈四川省推进电动汽车充电基础设施建设工作实施方案〉的通知》，四川省发展和改革委员会，https://fgw.sc.gov.cn/sfgw/zcwj/2022/11/25/333cc50267174648800b28233316f8f9.shtml。
④ 《四川已建成充电基础设施 31.6 万台》，成都商报，https://m.evpartner.com/news/detail-70118.html。
⑤ 《四川省统计局新闻发言人就 2023 年上半年四川经济形势答记者问》，四川省统计局，http://tjj.sc.gov.cn/scstjj/c105918/2023/7/20/d6bbf048c39146dcb7848775162d2c62.shtml。
⑥ 《成都市绿色智能网联汽车产业生态圈联盟第一届会员大会第五次会议举行》，四川经济网，https://www.scjjrb.com/2024/01/16/99389292.html。

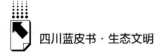

增加了34.43%。这一政策的实施，无疑为新能源汽车的购买者提供了实质性的经济激励，促进了新能源汽车的销量增长，同时也推动了绿色出行和低碳生活方式的普及。

（三）发展壮大动力电池产业

四川省的目标是到2025年，动力电池产能达到400吉瓦时，全产业链产值超过5000亿元，力争实现全产业链产值破万亿级。四川省拥有丰富的锂资源，储量居全国第一，依托全球化运筹，形成了从资源开发、上游材料到电池组件生产、电池回收利用的完整产业链。此外，四川省还积极推动动力电池产业的绿色发展，加快产业项目的技术升级和环保改造，构建了较为完整的动力电池绿色闭环全产业链。为促进锂电产业高质量发展，巩固提升全省锂电产业在全国的领先地位，2023年9月20日四川省经济和信息化厅等7部门联合印发《促进锂电产业高质量发展的实施意见》，提出到2027年实现全产业链值规模超过8000亿元，建成世界级锂电产业基地。

1. 动力电池的集群发展

近年来四川省通过引进和培育企业，加快产业优化转型，全省动力电池产业集群已初具规模，目前形成以宜宾为主导，成都、遂宁、德阳、眉山、甘孜、阿坝等协同发展的动力电池产业发展格局，这一格局的形成对推动四川省动力电池产业的整体发展和在全国范围内的竞争力提升极为有利。2022年，四川省动力电池产量83吉瓦时，约占全国总产量的17%；动力电池装机量全球前十的企业有三家、全国前十的企业有五家。2023年全年全省动力电池产量超105吉瓦时，产值约749.1亿元，同比分别增长26.9%和17.1%。[①]

全省的产业集群之中，宜宾的动力电池产业近年来发展尤为突出。当前，宜宾正按照"动力电池之都"目标建设全球一流动力电池产业集群。2022年，宜宾全市产销动力电池72吉瓦时，占全省全年83吉瓦时的80%

---

① 《成都市绿色智能网联汽车产业生态圈联盟第一届会员大会第五次会议举行》，四川经济网，https://www.scjjrb.com/2024/01/16/99389292.html。

以上，占全国的 15.5%，实现产值约 889 亿元。[①] 截至 2023 年 4 月，宜宾已建成投运动力电池项目六期，总产能 150 吉瓦时。

2. 动力电池的回收及循环利用

随着新能源汽车的大规模推广，动力电池的回收及循环利用成为一个日益重要的议题。在"电动四川"行动计划中，建立高效的动力电池回收体系和推动梯次利用是实现可持续发展的关键环节。2023 年 10 月 12 日，四川省经信厅等 10 部门印发《四川省进一步推进工业资源综合利用工作方案（2023—2025）》。方案提出到 2025 年新能源汽车废旧动力蓄电池回收利用体系基本实现规范化运转。2024 年 3 月发布的《支持新能源与智能网联汽车产业高质量发展若干政策措施》，支持各市（州）发展新能源汽车再制造再利用、动力电池梯次利用等循环经济活动。[②] 目前四川省内有长虹润天从事专业化的动力电池回收循环利用生产，其搭建起的省内首条规模化、标准化的锂电拆解、重装生产线，令该公司成为四川唯一一家被工信部列入《新能源汽车废旧动力蓄电池综合利用行业规范条件》名单的企业。

（四）提档升级新能源汽车产业

经过多年不断推进，四川省成功构筑了涵盖整车制造、关键零部件生产以及营销服务等多环节的新能源汽车产业链，当前全省已形成以成都市为产业发展核心，宜宾市、绵阳市、南充市、遂宁市及资阳市作为关键节点，内江市和广安市提供重要配套服务的产业空间布局。其中的成都市截至 2022 年底已拥有一汽大众等整车企业 32 家，聚集宁德时代等汽车关键零部件企业超 1000 家，产品覆盖底盘、汽车电子、动力电池、车载芯片、智能座舱、自动驾驶系统等重要领域，实现了汽车研发设计、零部件制造、整车生产、

[①] 《2023 世界动力电池大会新闻发布会》，四川省人民政府，https://www.sc.gov.cn/10462/10705/10707/2023/5/24/88980d8382b94e439744151cd4721e02.shtml。

[②] 《关于印发〈支持新能源与智能网联汽车产业高质量发展若干政策措施〉的通知》，四川省人民政府，https://www.sc.gov.cn/10462/zfwjts/2024/3/6/5604de2f12c04c0aa650b43c26948cdb.shtml。

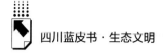

后服务的完整产业链布局。

2022年全年四川省生产新能源汽车8.1万辆，同比增长92.9%。[1] 2023年"四川造"新能源汽车同比增长78.3%，产量达14.4万辆。[2] 近年来，四川全省汽车生产和应用新能源化的重点放置于纯电动及氢燃料电池车辆两个重点上，尤其是国内外新兴的氢能燃料电池车领域。目前，全省已成功构建涵盖氢气"制备—储存—运输—加注—应用"的全产业链体系。典型场景是成渝"氢走廊"近年来提质扩容，截至2023年末成渝"氢走廊"累计推广应用氢燃料电池汽车602辆，建成加氢站17座，示范规模居全国第8、西部第1，建成东方氢能产业园、厚普氢能装备产业园等标杆性产业园区。[3]

另外，近年来全省新能源汽车产业的创新平台建设也取得显著进展。全省已成功建立并吸引多个研发机构，包括隶属于清华四川能源互联网研究院的智能网联新能源汽车技术研究中心、一汽大众数字化研发中心以及重汽新能源重卡整车开发平台。此外，关键核心零部件的研发能力也得到加强，例如四川省新能源汽车先进动力技术创新中心、华川电装新能源技术研发中心、东方电气中央研究院和凯迈新能源动力技术研发中心等在高安全动力电池、重卡换电系统、纯电动驱动电机、氢燃料电池电堆及电池管理系统等领域取得了一系列标志性成果。

三 "电动四川"应用场景建设

"电动四川"行动计划针对不同的实施路径设置众多应用场景，以应用场景建设推动行动计划的具体实施。

① 倪秋萍：《四川新能源汽车产业发展的挑战与应对》，https://www.zhonghongwang.com/show-278-271009-1.html。
② 《成都市绿色智能网联汽车产业生态圈联盟第一届会员大会第五次会议举行》，四川经济网，https://www.scjjrb.com/2024/01/16/99389292.html。
③ 《成都市绿色智能网联汽车产业生态圈联盟第一届会员大会第五次会议举行》，四川经济网，https://www.scjjrb.com/2024/01/16/99389292.html。

（一）城际交通充换电场景

"电动四川"行动计划应用场景之一是城际交通充换电设施建设，包括高速公路服务区快充设施提供的城际快速充换电服务，以及普通国省干线公路服务区充换电设施支持下的长途旅行和货运。

截至 2023 年底，四川全省高速公路服务区实现了快速充电桩 100% 覆盖，累计在 165 对高速公路服务区建成充电桩，并完成了充电基础设施"随手查"部省数据对接、联调联试，[①] 充电站和充电桩的运营管理采取了信息化手段，通过数据对接和联调联试确保充电设施的正常运行和高效管理。在信息服务上，为了方便用户查询充电设施的位置、实时状态和充电模式等信息，四川省在"e 路畅通"微信小程序中推出"充电桩随手查"模块。[②] 这种信息服务不仅提高了用户的使用便利性，也促进了充电设施的合理利用和维护。另按照 2023 年 4 月出台的《四川省充电基础设施建设运营管理办法》，四川省还在普通国省干线公路服务区充电设施建设方面采取了一系列策略，以支持长途旅行和货运。[③]

（二）城区公共区域充换电场景

主要包括在党政机关、旅游景区等新建停车场设置充电停车位，以及在公交、出租、环卫、机场通勤、物流等公共服务区域建设充换电设施。目前省内城区公共区域充换电场景建设正在推进之中，截至 2023 年 4 月底全省累计建成公专用充电桩 4.9 万个，占全省总数 16 万的 3 成。[④]

① 《四川高速公路充电已实现全路段全覆盖》，四川省人民政府，https://www.sc.gov.cn/10462/10464/10465/10574/2023/2/10/cb8e19a3d5714989a86f8e144af60434.shtml。

② 《四川省高速服务区充电桩分布详情》，四川在线，https://www.sohu.com/a/765071250_121258690。

③ 《关于印发〈四川省充电基础设施建设运营管理办法〉的通知（川发改能源规〔2023〕137号）》，四川省发展和改革委员会，https://fgw.sc.gov.cn/sfgw/xzgfxwj/2023/11/24/2471c723251644238420847b11314cd8.shtml。

④ 《动力电池布局西移趋势明显四川一省贡献 1/6 产量》，经济观察网，https://www.eeo.com.cn/2023/0601/593720.shtml。

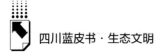
四川省目前正探索开展"光储充放"一体化试点应用,已建成5座,其中的典型如成都软件园C区的"光储充放"一体化停车场,集光伏发电、储能、充电、放电于一体,① 是未来新能源应用场景的典型示范。②③ 运营管理方面,目前全省已推出充电基础设施监管平台及充电服务App"川逸充",提供信息查询、定位导航等服务,以解决电动汽车用户安桩困扰。④

(三)居住社区充换电设施场景

应用场景包括居住社区充电桩建设与改造,包括新建社区的配建和既有社区的充电桩建设,以及创新居住社区充电基础设施建设管理模式,如"统建统管"和"临近车位共享"。根据《四川省充电基础设施建设运营管理办法》,⑤ 四川省已将电动车充电基础设施的构建纳入既有住宅社区翻新工程,在老旧小区电力配送系统的升级中予以重点强化,此举将与城镇陈旧居住区的综合整修以及城市现有居民社区建设的完善措施配合,同步推进。

全省到2025年基本实现电动汽车充电站"县县全覆盖"、电动汽车充电桩"乡乡全覆盖"目标,就当前建设进度而言尚存一些挑战和难题,如居住社区充电桩的建设难、管理难、安全隐患大等问题,这些问题需要通过

---

① 《西南首例"光储充放"一体化停车场闪亮登场》,四川省政府国有资产监督管理委员会,http://gzw.sc.gov.cn/scsgzw/CU23020302/2023/10/12/c92b4b372a924d6191e459df590794c4.shtml。

② 《成都市人民政府办公厅关于成都市促进新能源汽车产业发展的实施意见》,成都市经济和信息化局,https://cdjx.chengdu.gov.cn/cdsjxw/c132806/2023-03/28/content_e3b34ff7378d4aa1850be8e040654977.shtml。

③ 《四川省推进电动汽车充电基础设施建设工作实施方案》,四川省发展和改革委员会,https://fgw.sc.gov.cn/sfgw/zcwj/2022/11/25/333cc50267174648800b28233316f8f9.shtml。

④ 《四川省充电基础设施监管平台及四川省充电服务APP"川逸充"上线》,四川省发展和改革委员会,https://fgw.sc.gov.cn/sfgw/gzdt/2023/1/11/36140b7c348d4ac08ee36b0435a7d831.shtml。

⑤ 《关于印发〈四川省充电基础设施建设运营管理办法〉的通知(川发改能源规〔2023〕137号)》,四川省发展和改革委员会,https://fgw.sc.gov.cn/sfgw/xzgfxwj/2023/11/24/2471c723251644238420847b11314cd8.shtml。

政策支持、技术创新和多方协同协作来解决，以确保充电基础设施建设的顺利进行和高效运营。

（四）专用领域试点示范场景

四川省在城乡环卫、工程机械、农业生产、物流配送、新能源船舶、城际干线货运等领域积极推进新能源汽车的应用和发展。

在物流配送领域，四川省鼓励在使用财政性资金的购买服务项目中增加新能源汽车应用支持力度，特别是在公交、客运、出租、环卫等领域，[①] 仅2022年四川全省就销售新能源物流专用车 1.98 万辆（其中成都 1.59 万辆），揽走了当年全国 8.4% 的份额。[②] 比如成都市近年来全力推动全市末端物流配送车辆使用新能源汽车，并积极引导支持一批物流配送企业开展绿色城乡配送试点，打造绿色城乡配送示范线路。城市配送物流应用场景覆盖了电商网购、商超配送、家居家电、冷链运输等领域，轻卡、微面、中面等组成了城市物流车的全貌。

在新能源船舶方面，四川省首批电动新能源货运船舶启动建造，主要从事"四川广安港—重庆长寿港"集装箱班轮航线运输，[③] 船舶采用油电混合动力系统，具备电力推进等新技术，是增程式混动船型。四川省还与重庆市共同声明推广应用电动船舶，开展新能源船舶示范航道[④]。

城乡环卫领域的应用场景。《四川省加快推进充电基础设施建设支持新能源汽车下乡和乡村振兴工作方案》提出，在新增和更新中心城区环卫用车时，原则上采用新能源环卫车，并且在政府购买服务时，将新能

---

① 《关于印发〈四川省加快推进充电基础设施建设支持新能源汽车下乡和乡村振兴工作方案〉的通知（川发改办〔2023〕542 号）》，四川省发展和改革委员会，http：//fgw.sc.gov.cn/sfgw/qtwj/2023/11/9/7f8eff0e25d74262a682d15112cca49d.shtml。

② 《新能源物流车：创造下一个万亿市场的新物种》，澎湃号，https：//www.thepaper.cn/newsDetail_ forward_ 22593338。

③ 《"四川广安港—重庆长寿港"集装箱班轮首航仪式》，四川省交通运输厅，http：//jtt.sc.gov.cn/jtt/c101587/2024/1/25/0bb3eb76046042a297bbc0340224e8e5.shtml。

④ 《关于印发共建长江上游航运中心实施方案的通知》，重庆市人民政府，https：//www.cq.gov.cn/zwgk/zfxxgkml/szfwj/qtgw/202207/t20220728_ 10962471.html。

源环卫车配备比例作为评审因素，以此引导环卫市场优先选择新能源环卫车。①

（五）动力电池产业发展场景

锂电材料产业发展场景。合作分工开发锂矿资源，推动锂电材料产业链协同发展。近年来四川省已成为中国乃至全球动力锂离子电池产业链最完备、配套能力最为强大的地区之一，产业空间上形成了以宜宾为核心，成都、遂宁、眉山、甘孜、阿坝等地共同协调发展的产业格局。目前，在锂电产业领域，遂宁和宜宾两大重点城市已形成明确的职能划分——遂宁专注于锂电池材料的基础加工环节，而宜宾则聚焦于动力锂电池的生产与制造。在产业链上游，四川拥有丰富的硬岩型锂矿资源，占据了国内市场的半壁江山，为全省锂电产业的发展提供了坚实的支撑。下游方面，成都、眉山等市着力于关键材料产业链的建设与完善。截至2023年末，四川省已成功吸引包括宁德时代等众多行业领军企业，汇聚近100家涉及锂矿开采、基础锂盐制备、电池材料生产、动力锂电池制造、新能源汽车及其回收利用等上下游环节的企业。2023年数据显示，四川省已具备约155万吨锂矿年开采能力，基础锂盐年产能54万吨，在动力电池生产方面，全省已建成正负极材料年产能175万吨，动力电池总产能达186吉瓦时。②

动力电池产业科研升级场景。2022年四川省动力电池领域有两个重要的创新中心正式授牌：一个是四川省动力电池产业创新中心，牵头单位为宁德时代全资子公司四川时代新能源科技有限公司；另一个是四川省新能源汽车先进动力技术创新中心，牵头单位为四川省新能源汽车创新中心有限公司及欧阳明高院士工作站，其以关键技术研究开发作为核心任务，专注于通过

---

① 《关于印发〈四川省加快推进充电基础设施建设支持新能源汽车下乡和乡村振兴工作方案〉的通知（川发改办〔2023〕542号）》，四川省发展和改革委员会，https://fgw. sc. gov. cn/sfgw/qtwj/2023/11/9/7f8eff0e25d74262a682d15112cca49d. shtml。
② 戚军凯：《四川新能源汽车产业链纵览》，《四川省情》2023年第12期，第12~14页。

产学研合作模式，促进科学研究成果的转化与产业化进程。特别是欧阳明高院士工作站近年来在多个研发项目上取得了显著成果，包括但不限于高安全性能动力电池的研发、重型卡车电池更换系统设计等领域，截至 2023 年末已产生授权专利 90 项，[①] 并在重卡换电技术推广领域取得丰硕成果。

动力电池回收利用场景。废旧动力电池"一站到达"回收利用场景包括企业自主回收和市场专业企业回收两种。企业自主回收方面，目前在四川省进行生产和销售的新能源汽车企业拥有或准备建立地级市层级的动力电池回收服务网点（通常情况下汽车生产商可以依托自身的销售网点作为起点构建逆向物流网络），如比亚迪和广汽三菱等。市场专业企业方面，目前在四川省内尚无领军型企业从事专业性的动力电池回收及循环利用。包含 96家成员的四川省新能源汽车动力蓄电池回收利用产业联盟 2019 年即成立。目前长虹润天是省内唯一被工信部列入《新能源汽车废旧动力蓄电池综合利用行业规范条件》名单的企业，但据称由于当前的回收数量有限，企业还未形成规模化效应。[②]

（六）新能源汽车产业发展场景

整车规模化发展和关键零部件配套生产场景。四川全省目前已成功构建新能源汽车产业发展完整链条，涵盖从整车制造到关键零部件生产以及后市场服务环节。产业布局则以成都为核心枢纽，辐射至宜宾、绵阳、南充、遂宁和资阳等重点城市，同时以内江和广安为辅助支撑点，共同形成了一个区域协同发展的产业生态系统。其中，成都市截至 2022 年底拥有一汽大众、沃尔沃等整车企业 32 家，聚集博世、江森、宁德时代等汽车关键零部件企业超千家，产品覆盖底盘、汽车电子、动力电池、车载芯片、智能座舱、自动驾驶系统等重要领域，实现了汽车研发设计、零部件制造、整车生产、售

---

① 《让科研成果"上书架"也"上货架"》，四川日报，https：//epaper. scdaily. cn/shtml/scrb/20230706/297212. shtml。

② 《市场解码｜动力电池回收，是不是一门好生意?》，四川在线，https：//sichuan. scol. com. cn/ggxw/202305/58894030. html。

后服务的完整产业链布局。[1]

氢燃料电池汽车示范应用场景。氢燃料电池汽车目前是四川省主攻方向，四川省该领域的示范应用在全国领先。截至 2023 年末，省内已建成氢气"制备—储存—运输—加注—应用"全产业链，集聚东方电气等 100 余家企业和科研机构。其中成都市牵头成渝地区双城经济圈燃料电池汽车示范城市群申报，当前成渝"氢走廊"运行良好，一汽丰田和中植一客燃料电池客车业已实现商业化应用，并胜利完成服务北京冬奥会和世界大学生运动会任务。

新能源及智能网联汽车生产和研发场景。新能源及智能网联汽车是四川省和成都市未来汽车产业提档升级的关键领域。截至目前，提档升级的新能源汽车型中，成都市已推出吉利、重汽等多款中高端车型，导入领克、极氪、极星等整车项目。在智能网联整车生产研发方面，成都市已初步形成智能网联汽车研发量产能力。在智能网联关键硬件方面，截至目前已引育芯原微、成都华微等 10 余家汽车芯片设计企业，聚集汇通西电等车载传感器企业；软件方面，拥有德赛西威等知名企业，具有较强的智能座舱、智能驾驶软件开发能力。

四 "电动四川"行动计划的推进环境与对策建议

"电动四川"行动计划在全省新能源汽车发展领域取得了不少实质性的成效，但在近年来国内新能源汽车激烈的市场竞争和产业竞争背景下，面临着不少新情况和新问题。

（一）行动计划推进环境与目前存在的问题和挑战

随着 2022 年 12 月 31 日新能源汽车购置补贴政策正式结束，新能源汽

---

[1] 《成都市新能源和智能网联汽车产业发展规划（2023—2030 年）》，成都市经济和信息化局，https://cdjx.chengdu.gov.cn/cdsjxw/c132806/2023 - 06/25/2c1a85e33378423b8e8b1564bfc66652/files/73f9e42b5c84875babd2249477b8411.pdf。

车产业和市场处于增速下降新时期，国内新能源车企盈利更加困难，研发成本进入被动提高状态，与此同时"价格战"引发的市场动荡令国内新能源产业和企业不得不寻求另外的发展方向和路径。

行业发展趋势显示，国内新能源汽车发展还面临竞争焦点转变为智能网联化发展新阶段。新能源汽车领域一个普遍的共识是新能源汽车与智能化和网联化有更天然的联系。智能网联发展方向预示新能源汽车之后的发展道路变化，未来新能源汽车发展将面对更多的智能化和网联化需求。智能网联化趋势势必引发新能源汽车产业链和价值链变动，由此将诞生一系列新的核心部件、产业环节以及盈利空间和市场空间，如智能化、网联化涉及的芯片、系统软件、激光雷达、控制器、执行器件，以及 AI 算法、互联网通信等软硬件，都将成为新能源汽车产业链的重要组成部分。同时，这些零部件的价值环节还将主导未来新能源汽车的成本和市场售价。

与此同时，"电动四川"行动计划的关键部分——新能源汽车发展，当下仍存在规模偏小和产业链条单薄问题。2022 年，全国、四川省和成都市的新能源汽车产量分别为 700.3 万辆、8.1 万辆和 4.3 万辆，同比增速分别为 90.5%、92.9%和负增长。[①] 2023 年全国新能源汽车产量为 944.3 万辆，四川省未公布数据，成都市预估超 8 万辆接近 9 万辆，全国以及成都产量的同比增速分别是 35.8%和 105.4%。[②] 横向比较 2023 年国内的新能源汽车产量第一城深圳 178 万辆、第二城上海 128 万辆，成都市仅是它们两个城市产量的个位数。上述数据表明，虽然四川省和成都市的新能源汽车产业近年来处于高速度增长状态，但是在规模上和产量增速上仍不及全国平均增速。

其次是产业链条单薄问题。四川省汽车制造业在全国位居中等水平，在自主品牌建设与夯实产业基础方面，与国内领先的汽车制造强省相比较尚显

①《成都市新能源和智能网联汽车产业发展规划（2023—2030 年）》，成都市经济和信息化局，https：//cdjx.chengdu.gov.cn/cdsjxw/c132806/2023 - 06/25/2c1a85e33378423b8e8b1564bfc66652/files/73f9e42b56c84875babd2249477b8411.pdf。

②《成都造智能网联新能源汽车如何抢占新质生产力发展新赛道》，成都市科学技术局，https：//cdst.chengdu.gov.cn/cdkxjsj/c108732/2024-03/15/content_ 2d6e44e65c804c5399e2cd1dc9362724.shtml。

不足。若聚焦于新能源汽车产业的发展，四川省目前还面临产业链条不完整、产品类型单一问题。[①] 数据显示，截至 2022 年四川全省共有新能源整车企业 25 家，其中最新成立的企业都是在 5 年之前。[②] 当前省内多地新能源汽车竞争力参差不齐，缺乏拳头产品。在新能源汽车产业链的布局中，省内上游环节已集聚了诸如天齐锂业等具有较强资源控制与议价能力的领军企业，中游领域亦成功吸引了宁德时代等众多行业领导者，但是在下游领域，包括电机、关键零部件及智能生态系统的研发和制造方面，目前仍缺乏具有显著影响力的龙头企业。

（二）继续推进"电动四川"行动计划实施的若干建议

1. 继续推动新能源汽车的推广应用

持续提升公交、出租等车辆中纯电动汽车比例，提高新能源汽车保有量，提升充换电站、充电桩数量，鼓励综合能源站建设，对增设充电设施分类给予建设补贴等，从而平稳实现新能源汽车产业从政策驱动转向市场驱动。强化核心优势，强链补链。企业应通过竞争，加强技术进步和产品进化，提升优质产品和服务的供给能力。加快抢占新能源智能网联汽车制高点，降低产业链成本，实现新能源产业链整体安全可控，提高产业链核心竞争力。

2. 加快进入智能网联汽车发展新赛道

未来将是功能定义汽车、软件定义汽车时代，在智能化网联化体验方面不断推陈出新是未来产品竞争力的关键来源。相关汽车零部件的技术壁垒和体系壁垒尚未形成，一些技术路线也尚未定型。智能化网联化是四川实现新能源汽车产业换道超车的机会。数字赋能电动化，助推四川"绿色出行"。发挥数字赋能作用，加快培育氢能及燃料电池汽车、智能网联汽车等优势新兴产业。建议四川应针对智能化网联化的关键环节集中发力，积极开展企业招引和培育，聚焦最有可能实现"超车"的领域，如无人驾驶技术、车载操作系统等。

[①] 倪秋萍：《四川新能源汽车产业发展的挑战与应对》，https://www.zhonghongwang.com/show-278-271009-1.html。

[②] 熊筱伟：《换道超车 四川还有机会吗？》，http://www.sss.net.cn/104/80869.aspx。

3. 壮大新能源商用车产业规模

《汽车工业蓝皮书：中国商用汽车产业发展报告（2022）》数据显示，2021年国内新能源商用车销量同比增长49.4%，市场渗透率3.5%。与此同时，新能源乘用车2021年的这两个数字为169.1%、14.8%。报告认为在国家"双碳"目标下，商用车减碳降碳行为将成为行业关注重点。[①] 2022年，中国新能源商用汽车的产销量分别为34.2万辆和33.8万辆，同比增长分别为81.84%和78.89%。[②] 2023年无新能源车数据，但商用车总体的产销分别完成403.7万辆和403.1万辆，同比分别增长26.8%和22.1%，推测2023年新能源商用车也处于增长状态。上述数据一定程度上揭示了当前新能源商用车市场正处于发展初期，且由于该市场具有更多政策驱动属性，或可视为新能源领域的一片小"蓝海"市场。另外氢能源汽车和新能源汽车出口也存在较大发展空间，是四川省竞逐新能源汽车产业发展的细分领域。

4. 继续加强新能源汽车相关场景建设运营

尽管全省在充电基础设施建设上已取得显著进展，但仍存在充电桩数量不足、区域分布不均等问题，如国省干道充电设施充换电网络尚需完善、城市充换电设施仍没达到社区全覆盖、农村地区充换电设施建设需加强等问题，这些问题在一定程度上制约了新能源汽车的进一步推广普及。此外，充电桩大量无序接入可能改变配电网的负荷结构和特性，增加电网的控制难度，需要进行系统分析和统筹布局。另外，全省在新能源汽车的推广应用工作中仍需继续推进，因为达到2025年全国平均水平渗透率的难度较大。最后，省内需要在动力电池回收领域出台强制性的地方性法规对相关市场进行规范。

---

① 《2021年中国商用汽车产业发展报告》，载中国汽车工业协会、中国汽车工程研究院股份有限公司、一汽解放汽车有限公司主编《汽车工业蓝皮书：中国商用汽车产业发展报告（2022）》，社会科学文献出版社，2022，第1~75页。

② 《2022年中国商用汽车产业发展报告》，载中国汽车工业协会、中国汽车工程研究院股份有限公司、一汽解放集团股份有限公司主编《汽车工业蓝皮书：中国商用汽车产业发展报告（2023）》，社会科学文献出版社，2023，第1~70页。

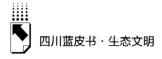

参考文献

何东、蔡云、赵韦韦、蒋鑫泉等：《四川省新能源汽车产业发展报告》，载匡后权、卢阳春主编《四川数字经济蓝皮书：四川数字经济发展报告（2023）》，社会科学文献出版社，2023，第238~257页。

中国汽车技术研究中心、日产（中国）投资有限公司、东风汽车有限公司主编《新能源汽车蓝皮书：中国新能源汽车产业发展报告（2023）》，社会科学文献出版社，2023。

中国汽车工业协会、中国汽车工程研究院股份有限公司、一汽解放汽车有限公司主编《汽车工业蓝皮书：中国商用汽车产业发展报告（2022）》，社会科学文献出版社，2022。

中国汽车工业协会、中国汽车工程研究院股份有限公司、一汽解放集团股份有限公司主编《汽车工业蓝皮书：中国商用汽车产业发展报告（2023）》，社会科学文献出版社，2023。

B.14
零废弃城市建设的国际经验
及四川启示*

摘　要： 本报告通过实地考察和学习，认为美国旧金山推进零废弃城市建设的关键策略包括：清晰的零废弃概念、明确零废弃目标；完备的法律法规；独特的公司合营体制与良好的运作机制；有效的经济激励政策以及生产者与消费者计划；深入的宣传与教育；政府以身作则；公众广泛参与等。这些策略对当前四川省推进无废城市和实施普遍垃圾分类回收制度具有重要借鉴意义，包括完善政策框架、实施精细化管理以及注重协同创新。

关键词： 零废弃　无废城市　废物处置　资源化管理

继 2019 年 1 月国务院在全国启动 11 个城市和 5 个特殊地区无废城市建设试点，“十四五”进一步发展到 113 个城市和 8 个特殊地区，四川有 8 个城市（成都、自贡、泸州、德阳、绵阳、乐山、宜宾、眉山）入围试点，并与重庆联合开展成渝地区双城经济圈无废城市共建。无废城市作为一种新型城市管理模式，与国际上零废弃城市内涵相近，在全球已经兴起近 20 年，尤其是首个提出以零废弃为城市发展目标的美国旧金山市，已经积累了较多相关经验，其建设成效得到国际广泛认可，对四川建设无废城市具有重要借鉴意义。

---

* 基金项目：四川省绿色创新发展软科学研究基地《经济提质增效目标下四川工业智能化绿色化融合化发展的路径创新研究》（项目编号：2023JDR0322）阶段性成果。

** 王倩，博士，四川省社会科学院副研究员，硕士生导师，主要研究方向为生态经济学与区域经济学；丁泓予，四川省社会科学院农村发展研究所，主要研究方向为生态经济。

一 零废弃城市的国际定义

（一）零废弃的国际定义

根据零废弃国际联盟 2022 年 5 月 19 日最新定义，零废弃是指"通过负责任的生产、消费、再利用以及产品、包装和材料的回收来保护所有资源，废弃物不会被焚烧，也不会排放到威胁环境或人类健康的土地、水或空气中"[①]。这一概念强调从废弃物管理的末端治理转移到资源管理的前端。废物处置遵循一定的策略层级，一是在产品设计上要有利于减少废物，有利于废物回收利用，意识上要避免不必要的消费；二是减少废物产生；三是重复利用；四是循环利用以及堆肥利用；五是材料回收；六是剩余垃圾管理，采用生物分解固定填埋；七是填埋与焚烧。[②] 因此，它注重回收与堆肥，但不仅仅指回收和堆肥，而是从根本上改变了制造、消费和处理资源的方式。它捕获废物并利用而不是通过自然资源来制造新产品，减少污染并促进当地经济发展，因此是降低气候影响最快、最简单、最具成本效益的方式之一。

（二）零废弃城市

零废弃城市是以长期且量化的零废弃目标为导向，遵循废弃物避免、减量、再利用、再循环、再回收、剩余管理、填埋的优先级顺序，并不断完善废弃物管理的城市发展模式。零废弃城市建设是应对气候变化和城市病的关键部分，也蕴含着新的发展机会，对城市乃至地球未来至关重要。我国无废城市的概念来源于国际零废弃理念，更加注重以创新、协调、绿色、开放、共享的新发展理念为引领，持续推动废弃物的减量化和资源化利用。其中，

---

① Zero Waste International Alliance："Zero-waste-definition"，2012 - 05 - 19，http：//zwia. org/zero-waste-definition/.

② Zero Waste International Alliance："Zero Waste Hierarchy of Highest and Best Use8. 0"，2018 - 12 - 20，https：//zwia. org/zwh/.

工业领域、农业领域、危废领域以及绿色生活方式是我国无废建设的重点，尤其注重减污降碳协同增效作用的充分发挥。

二 美国旧金山市的零废弃管理

旧金山市位于美国加利福尼亚州北部，面积 46.87 平方英里，人口 87 万（2018 年），是全美人口密度仅次于纽约的大都市。旧金山是美国第一个从 20 世纪 90 年代开始实施大规模食品收集堆肥计划的城市，是第一个设定垃圾零废弃目标的城市，是第一个在 2007 年禁止使用单一塑料收银袋的城市，是第一个在 2009 年实施了针对居民和企业的强制性回收和堆肥政策的城市，也是第一个强制使用三色垃圾桶来对垃圾进行回收分类的城市。其零废弃管理形成了独特高效的运行模式。

（一）清晰的零废弃概念、明确零废弃目标

旧金山市一开始就高度重视向公众和关键利益攸关者传达有关零废弃的目标以及迈向可持续物质经济的需要和益处。

首先，旧金山环境部给出零废弃清晰的概念，即零废弃意味着产品的设计和使用符合废物减少等级以及最高和最佳使用原则（即废物处置策略层级），因此没有材料进入垃圾填埋场或被高温破坏。

其次，旧金山在 2000 年成功实现国家规定的 50% 垃圾填埋场分流后，于 2002 年通过了《零废弃目标》，计划到 2010 年垃圾可回收及堆肥的转化率达到 75% 的目标（amendment of the whole 9/30/02 file No. 021468, resolution No. 679-02）。2003 年，确定了到 2020 年彻底实现零废弃的长期目标，并由环境部指定具体计划与政策，以增加生产者和消费者责任，以便所有废弃的材料都通过循环再造、堆肥或其他方式从垃圾填埋场转移（Resolution No. 002-03-COE-March 6, 2003）。2008 年旧金山已经成功将 77% 的生活垃圾转化为可回收或堆肥材料。

最后，向公众与利益相关者传递增加转移和实现零浪费可以达到的三项

关键可持续性目标：①节省宝贵的资源；②减少气候变化和污染等环境影响；③创造绿色工作。送到填埋场的材料会浪费宝贵的资源，并将温室气体排放到大气中，尤其是可堆肥材料燃烧产生的甲烷更是强效温室气体（是二氧化碳的72倍）。旧金山的零废弃计划大大减少了这些排放，回收和堆肥大大增加了可用于制造新产品的可回收材料的数量，减少了提取更多原始材料的需求。食物残渣可以创造营养丰富的堆肥，形成天然肥料，用来帮助当地农场种植水果和蔬菜。堆肥还有助于农场保留水资源，这是一种宝贵的资源。同时堆肥和回收可以为居民和企业节省资金并创造绿色就业机会。

（二）完备的法律法规①

1989年，旧金山市通过了《综合废弃物管理法令》（AB939号），要求各行政区在2000年以前，实现50%废弃物通过削减和再循环的方式处理。同时，以家庭为独立个体施行垃圾分类，并有机构定期上门收集可回收物品，销售收益用来抵付垃圾处理费用。

2006年旧金山成为美国第一个禁止在食品服务中使用聚苯乙烯泡沫塑料的城市。

2007年旧金山要求对混合建筑和拆除废物（C&D）碎片中的材料进行分类和回收，禁止将任何C&D碎片带入垃圾填埋场或放入垃圾中。

2009年，旧金山通过了《垃圾强制分类法》，规定住户必须严格遵守废弃物品分类，严禁私自翻捡垃圾箱内的可利用物，否则按盗窃罪论处，违规则被处以不同等级的罚款。同年，旧金山开始禁止药店和超市免费提供塑料袋。

2014年，旧金山市决定限制在城市公共场所销售和发放一次性塑料瓶装水，并且禁止用市政资金采购塑料瓶装水。

2018年7月，旧金山市通过《单一用途食物器皿、塑胶、有毒物品及

---

① 相关法律法规主要来源于旧金山市环境部官方网站 *Policies Related to Zero Waste*，https：//sfenvironment.org/zero-waste-legislation。

减少废物条例》。禁止销售或使用含氟化学品的一次性食品服务用具和某些塑料制品，要求此类食品服务用具配件只能在要求时提供或在自助服务站提供，并要求在城市财产的活动中使用可重复使用的饮料杯。

2018年9月13日，在旧金山召开的全球气候行动峰会上，包括旧金山在内的23个城市和地区发布"推进零废弃"宣言：与2015年相比，到2030年将人均生活垃圾产生量减少至少15%，填埋和焚烧的生活垃圾量减少至少50%，垃圾填埋和焚烧的分流率至少提高到70%。[①]

2018年12月，修订现行《强制性循环再造及堆肥条例》，要求该市大型垃圾产生者每三年进行一次垃圾审计，以确保符合废物分类的规定；并制定适用于不符合规定的大型废物产生器的执法措施。如果旧金山的企业未能通过新的强制审计，它们将被要求自费聘请一名零废弃协调员，如果它们仍未能通过审计，可能会面临罚款。

（三）独特的公司合营体制与良好的运作机制

旧金山拥有独特的公私合作伙伴关系，环境部、公共工程部与垃圾处理企业绿源再生公司合作，民众与企业广泛参与其中。

绿源再生公司作为独家垃圾收集许可证企业被写入城市宪章，其为旧金山提供服务没有经过竞标，也没有向政府缴费，按月向居民收取的服务费以及垃圾分类产生的利润归公司所有。

环境部制定零废弃物政策，并与绿源再生公司合作开发可以减少送往垃圾填埋场材料数量的计划和技术，同时环境部负责计划外展、教育和政策合规。此外，还可为企业和公寓楼提供现场多语言培训。

公共工程部负责监督垃圾率设定过程，并帮助确定住宅和商业费率。

（四）有效的经济激励政策以及生产者与消费者计划

旧金山市通过"按需付费"计划为居民和企业提供回收和堆肥的经济

---

① C40 Declaration Signals International Shift Away from Waste Incineration and Towards Zero Waste. September 13, 2018, San Francisco, CA. http：//www. no-burn. org/c40zerowaste/.

激励措施。居民、公寓及企业垃圾处理费折扣取决于服务频率和服务量，最高可达75%折扣（转移率减去10%等于折扣率）。居民可以减少他们的垃圾填埋服务，比如将一个标准的32加仑的垃圾桶改为一个20加仑的垃圾桶。企业可借由减少堆填区大小或收件次数，节省高达75%的变动费用。旧金山市政府为了鼓励餐馆对厨余分类，规定如果餐馆将有机废物分开收集就能省下25%的垃圾处理费用。①

为了实现零废弃，旧金山环境部与生产者合作开发扩展的生产者责任制，生产者设计更好的产品，并对产品的整个生命周期负责，包括回收和堆肥。

旧金山环境部鼓励消费者承担责任，居民可以重复使用物品，购买含有再生成分的材料。

（五）深入的宣传与教育

首先，精细化的垃圾分类标识。只要有垃圾桶的地方，就有垃圾分类标识，标识都贴在垃圾桶上方或者桶上面。即便是节日与大型活动临时使用的塑料袋垃圾桶，也有分类回收的标识，通常还提供英语、中文和西班牙语三种语言。旧金山市在垃圾分类宣传教育方面下了很多工夫，他们不仅会入户宣传，也会针对商业部门做定期宣传。在一些节日或者大型活动中，都有垃圾分类回收的宣传和分类收集桶。在农贸市场上，一般都配备收集剩菜叶和剩饭的绿色可堆肥垃圾桶。

其次，环境部向居民和企业开展广泛的、多语言的、门到门的外展活动，并检查整个城市的住宅路边垃圾箱。如果在不正确的箱子中找到物料，则会在居民的箱子上张贴标签，指示正确的箱子。环境部工作人员还会在下一周返回检查以确保错误得到纠正。环境部外展工作人员和志愿者，挨家挨户地教育居民进行蓝绿色垃圾分类，在药店和警察局试行药品回收计划。

最后，对于儿童而言，任何成功的减少废物计划的核心都是教育。

---

① 资料来源：https：//sfenvironment. org/striving-for-zero-waste。

学习垃圾分类已经成为他们学习社会规范的一部分，也是他们参与帮助世界的一部分，并不需要多长时间他们就能养成像餐前洗手一样的垃圾分类习惯。

（六）政府以身作则

市政府以身作则，通过强有力的减少废物和环境采购计划，在各部门实现了85％的转移。其中包括禁止瓶装水和强制性食品废料堆肥。

强制性绿色采购。根据其预防原则政策，市政部门必须遵循纽约市环境优惠采购条例购买获 SF 认证的绿色产品（通过豁免申请允许的除外）。旧金山环境部和其他城市工作人员审查再生成分、能源效率、产品评级等。所有市政部门采购时应从经核准为有益环境的清单中购买绿色产品。旧金山市环境局建立了旧金山市核准清单，并与有意以其他产品代替有害产品的市政府员工及其他人分享最佳的绿色采购信息。

（七）公众广泛参与

首先，《强制性回收和堆肥条例》保证了居民和企业充分参与到垃圾分类与循环利用系统。其次，确保居民、商业、学校和活动拥有可方便获取三箱系统，即可回收物品的蓝色垃圾桶、复合材料的绿色垃圾箱及填埋场材料的黑色垃圾箱。环境部的工作人员与绿源再生公司合作，确保企业和居民拥有堆肥和回收箱，否则，该部门会给他们发一封信，通知他们订购堆肥和回收服务。最后，环境部将亲自跟进，以确保合规。此外，环境部负责建立回收数据库。居民和企业可通过在线回收数据库和彩色标牌等工具参与该市的计划。

社会组织也广泛参与其中。如非牟利组织 ICO（I:COLLECT）与回收零售商 Goodwill 及零售业合作，在旧金山推出了纺织品零废弃的活动，鼓励大家更多地再利用服装。纺织品零废弃活动旨在回收更多的纺织品，并作为旧金山 2020 年实现垃圾零填埋目标的一部分，帮助将填埋垃圾减少到最少。旧金山将在市区内设置数百个回收箱，居民可以将自己不用的衣物放到回收

箱内。当地的零售业者，比如 American Eagle 和 H&M，也会接受顾客的不用衣物，有些商店会给捐赠不用衣物的顾客优惠券。

三 美国旧金山零废弃管理对四川启示

（一）零废弃管理的政策框架

1.明确的目标与相应的行动计划

迈向零废弃需要强有力的政治承诺，一个共同的目标和愿景有助于统筹不同部门并在不同利益相关者之间达成合作。在此基础上，确定不同阶段的目标，制定相应的规划或行动计划。

2.综合资源管理导向的政策框架

同时需要加强和扩展政策框架，将废弃物管理的重点从末端治理转移到资源管理的前端，包括实施废弃物管理标准、制订和实施适合各个城市的综合废物管理策略。加强开发利用先进的废弃物管理技术，同时应鼓励发展和利用最佳做法。

3.面向公众与利益攸关方的共识

面向公众和利益攸关方，应该形成对实施零废弃的迫切性和多重惠益的共识，看到垃圾产生的价值，达成建设零废弃社会的共同愿景。这既是政府的责任，也需要全社会的广泛参与。

（二）零废弃管理的精细化

1.明确与零废弃管理相关的基本概念和定义

在关于废弃物管理的官方文件中，需要明确与废弃物管理相关的基本概念与定义，包括废弃物、零废弃、回收和循环利用的精确含义。比如零废弃并不等于没有废弃物，而是要通过回收和堆肥，尽量减少过量消耗和最大限度地回收固体废物，努力将固体废物的产生减少到零，或尽可能接近零。零浪费是一个符合伦理、经济、高效和有远见的目标，更是可持续的发展理念和设计原则。

2.遵循废弃物管理的基本原则与优先级

废弃物处置策略层级是在资源和能源消耗过程中从最优到次优方式的评估,普遍认可的"完善废弃物管理"系统将行动放在金字塔尖,将最不理想行动的目标放在塔底。这一原则为如何管理资源提供指导,包含从产品设计到最终处置整个生命周期。把废弃物作为资源来管理,而不是浪费。遵循废弃物管理等级,包括减量化、再利用、再循环/堆肥,首先优先考虑废弃物预防,然后在回收/堆肥之前重复使用。尽可能在有用的循环中创建并使材料和产品维持较高的层次。使制造商对其产品的整个生命周期负责,使他们有动力创造毒性更小、更耐用、可重复使用、可修复、可回收/可堆肥的产品、包装和工艺。

3.垃圾分类的精细化标准

不仅要实施垃圾分类制度,更要对垃圾分类实行严格的精细化标准,便于回收、再利用、再循环。尤其是生活垃圾,其分类的本质在于精细化管理。政府部门负责制定分类标准、分类作业规范,建立健全分类投放、分类收集、分类运输、分类处置的全程分类体系。借助互联网+智能化垃圾分类系统,通过二维码等技术,建立一户一码实名制,通过智能手段实现垃圾分类投放。

(三)零废弃管理的协同创新

1.采用系统管理的思想和整体性方法

零废弃管理本身就是一种综合系统管理的思想和整体性方法。这一综合系统方法通过以下方式促进废弃物预防:在生产和制造中使用毒性更小、更无害的材料,通过开发更耐用的产品来延长产品的使用寿命,研发具有可修复性和易于拆卸的产品。

2.多方利益攸关方的协同创新

零废弃管理本质上是一个多方利益攸关者参与的进程。固体废物产生、收集、贮存、运输、利用、处置过程,关系生产者、消费者、回收者、利用者、处置者等多方利益，需要政府、企业、公众协同共治。同时，一个零废弃的社会，必须使政府、企业、NGO、社会公众的利益达到一个平衡。有必要在各个层级，尤其是在所有废弃物产生者中间推动改变态度和提高认识，从而促进废物的减少、废物源隔离，以及废物的正确处置。改善社会弱势群体（尤其是环卫工人和拾荒者）的就业和工作条件。加强私营部门和地方社区参与开发、建设和运行废物管理系统，并提高其效率。

3.多维度协同实施零废弃管理

零废弃管理是一个多维度的问题。不能单纯在设备、技术上寻求答案，必须考虑与环境、社会、文化、法律、制度和经济挂钩的技术解决方案。同时，零废弃管理往往要求跨城市、跨地区的合作和协调。在城市范围内和城市之间建立恰当的信息渠道并产生可靠的数据，同时帮助决策者制定适合市民需求的综合废弃物管理战略，这些都是进行废弃物管理的基础。

参考文献

Zero Waste International Alliance："Zero-waste-definition"，2018 - 12 - 20，http：//zwia. org/zero - waste - definition/.

Zero Waste International Alliance："Zero Waste Hierarchy of Highest and Best Use7. 0"，2018 - 12 - 20，http：//zwia. org/zwh/Best Use 7. 0.

United States Environmental Protection Agency："Managing and Transforming Waste Streams—A Tool for Communities"，2023 - 05 - 11，https：//www. epa. gov/transforming - waste - tool/browse - examples - and - resources - transforming - waste - streams - communities.

王倩：《"绿水青山"价值转化理论与实践》，中国社会科学出版社，2023。

孟小燕、王毅：《我国推进"无废城市"建设的进展、问题与对策建议》，《中国科学院院刊》2022 年第 7 期。

郑凯方、温宗国、陈燕：《"无废城市"建设推进政策及措施的国别比较研究》，《中国环境管理》2020 年第 5 期。

张占仓、盛广耀、李金惠等：《无废城市建设：新理念　新模式　新方向》，《区域经济评论》2019 年第 3 期。

B.15
极端气候的时空演化趋势及其
对农业生产的影响研究*

王若男　欧阳茹茹**

摘　要： 基于2000~2022年四川省18个城市的面板数据，本报告对四川省极端气候的时空演化趋势及其对农业生产的影响展开实证研究。结果表明，四川省近20年来极端气候事件显著增加。其中，表征极端高温的夏季天数、暖昼天数呈现上升趋势，表征极端低温的霜冻天数呈下降趋势。表征极端降水的年降水总量和大雨日数呈上升趋势，持续干旱指数和降水强度则呈微弱下降趋势。进一步采用多元线性回归分析发现，极端天气事件对四川省农业生产具有显著负面影响。据此，提出加强气象监测预警、推动技术创新、优化种植结构、加强生态保护、完善农业保险、加强基础设施建设、提升农民气候风险应对能力等建议。

关键词： 极端气候　时空演化　农业生产

一　引言

在全球变暖的背景下，极端气候事件发生频次增加。《全球升温1.5℃

---

　* 基金课题：四川省社科基金青年项目（项目编号：SCJJ23ND486）；中国社会科学院"青启计划"（项目编号：2024QQJH110）。本报告为绿色创新发展四川软科学研究基地系列成果之一。

** 王若男，四川省社会科学院生态文明研究所助理研究员，主要研究方向为城乡融合、生态经济；欧阳茹茹，四川省社会科学院农村发展研究所，主要研究方向为农村经济。

特别报告》指出，人类活动使全球温度高于工业化之前的水平大约 1℃，2006~2015 年观测到的平均温度比 1850~1990 年高出大约 0.87℃。[①] IPCC 第六次评估综合报告（AR6）指出，人类活动导致全球变暖，2011~2020 年全球气温比 1850~1900 年高出 1.1℃，人类活动引发的极端天气对粮食安全、水安全、人类健康以及社会经济发展造成了严重负面影响。《中国气候变化蓝皮书（2023）》指出，中国是全球气候变化的敏感区和影响显著区，1901~2022 年，中国气温每 10 年上升 0.16℃，极端高温事件发生的频次呈现显著增加的趋势，2022 年是自 1961 年以来发生极端高温事件最多的年份。

极端气候具有突发性、极强破坏性以及难以预测的特点，由极端气候引发的干旱、冰雹、洪涝、泥石流等自然灾害对社会经济发展造成直接的经济损失，甚至引发严重的公共危机，破坏人民群众的生产生活秩序，影响社会长期稳定发展。例如，河南"7·21"极端暴雨造成河南省超过 1000 万人受灾，死亡、失踪人数达到 398 人，直接经济损失超过 1200 亿元。[②] 2022 年四川省发生持续高温干旱天气，多个水库水位线下降到历史最低位，水库蓄水量下降直接导致水电站发电量大幅下降，四川作为水电大省，水电发电能力不足，加之高温导致市民用电需求大，导致用电供需缺口大、电网超负荷运行。[③] 2023 年 8 月，北京发生极端降雨，是北京有降雨检测设备记录 140 年以来降雨量最大的一次，降雨导致农作物受灾面积达到 22.5 万亩。[④] 我国幅员辽阔，自南向北跨越热带、亚热带、暖温带、中温带、寒温带，还包括独特的青藏高原气候区。因此，极端气候事件不仅表现为发生频次增加，而且在地域上表现出极强的复杂性（见表1）。气候问题与人口、资源、

---

① 《全球升温 1.5℃ 特别报告》，《气象科技进展》2018 年第 5 期。
② 《河南郑州"7·20"特大暴雨灾害调查报告公布》，新华社，https：//www.gov.cn/xinwen/2022-01/21/content_ 5669723. htm。
③ 《水电大省四川为何会电力紧缺？》，川观新闻，https：//www.sc.gov.cn/10462/10464/13722/2022/8/18/a041da76a6cd45b79b9f39d89b06187d. shtml。
④ 《本轮强降雨为 140 年来最大洪水红色预警目前已解除》，2023 年 8 月 3 日，https：//www.beijing.gov.cn/fuwu/bmfw/sy/jrts/202308/t20230803_ 3213311.html。

环境等问题叠加交织作用,造成风险产生放大、连锁反应。因此,研究各个区域内极端气候的时空变化趋势、极端气候对社会经济发展的影响机制以及思考如何更加积极主动地应对极端气候变化对于区域经济持续健康稳定发展具有重要意义。

表1　2018~2023年中国极端气候事件

时间	地域	事件
2018年	中东部地区	1月寒潮引发暴雪;春寒导致严重冻害
	南方地区	连续强降水引发城市内涝
2019年	长江中下游地区	伏秋连旱
	华南、华西地区	1961年以来的最长汛期
2020年	长江中下游等地	梅雨期及梅雨量均为历史之最
2021年	京津冀晋豫陕等6省(市)	降水量均达1961年以来历史最多
2022年	珠江流域	1961年以来历史第二强龙舟水
	中东部地区	1961年以来我国持续时间最长的区域性高温天气
2023年	云南	1961年以来最强冬春连旱

四川是我国对极端气候事件反应敏感和脆弱地区之一。在气候条件方面,四川省处于东部季风气候区,冬季盛行大陆冬季风、夏季主要受西南季风和东南季风的影响。同时,青藏高原与周围地区形成的热力差异产生的高原季风也会对四川省气候变化产生显著影响。在地形地貌方面,四川省位于我国一级阶梯和二级阶梯的交界地带,地形地貌复杂,涉及青藏高原、云贵高原、横断山脉、四川盆地等多个地形单元,位于我国"两屏三带"生态安全格局的核心区域。2021年末,四川省常住人口8372万,居全国第五位,是我国的人口大省。同时,在我国13个粮食大省中,四川是唯一坐落于西部地区的粮食主产省区。鉴于其复杂多变的气候条件和地形地貌,以及我国的人口大省、农业大省的省情,四川省应以更加积极主动的态度和行动来应对极端气候事件的带来挑战。只有这样,才能确保农业生产的稳定与可持续发展,推动四川由农业大省转变为农业强省,为我国粮食安全和农业发展贡献更大的力量。

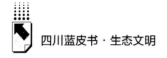

二 文献综述

（一）极端气候的相关研究

人类活动和自然因素共同作用使全球升温显著，全球变暖不仅表现为平均气温的逐年升高、海平面的上升威胁沿海城市和低洼地带、冰川融化引发淡水资源短缺、生物多样性减少等一系列连锁反应，还带来了极端气候事件的增多和强度增大。极端气候是天气、气候偏离平均状态，对人类社会和生态系统产生破坏的气象现象的统称。这些现象包括暴雨、暴雪、极端高温、极端低温、龙卷风、飓风、干旱、热浪、寒潮等，这种气候变化不仅威胁全球生态环境的稳定性，更深深影响着人类社会的经济发展。极端气候事件频发，引发越来越多的关注，很多学者针对不同区域开展了相关研究。郭蕾指出城市化导致"热岛效应"使川渝地区城市气象站比乡村站观测到的表征极端高温和极端低温的指数增加趋势更明显。[1] 林爱兰等指出我国东部的华南、华北地区以及长江流域近60年来的气象数据显示降水日数减少与高温天气相互叠加，导致高温天数的持续增加。[2] 徐洁等指出中国的不同地区在气候脆弱性方面展现出显著差异，其中新疆、甘肃和宁夏等地的气候脆弱性尤为突出。[3] 朱益民等的研究深刻揭示了太平洋涛动指数（PDO）对我国极端气候事件的显著影响。在PDO暖位相期间，我国东北、华北及西北地区普遍经历气温上升的现象；然而，西南地区和华南地区的气温却普遍较低，甚至在冬季出现了"北暖南冷"的气温代际变化。[4]

---

[1] 郭蕾、李谢辉、刘雨亭：《城市化对川渝地区极端气候事件的影响》，《应用气象学报》2023年第5期。

[2] 林爱兰、谷德军、彭冬冬等：《近60年我国东部区域性持续高温过程变化特征》，《应用气象学报》2021年第3期。

[3] 徐洁、毕宇珠、雷秋良等：《1961—2020年宁夏地区极端气候变化趋势及影响因素分析》，《中国农业资源与区划》2022年第12期。

[4] 朱益民、杨修群：《太平洋年代际振荡与中国气候变率的联系》，《气象学报》2003年第6期。

（二）极端气候对农业生产影响的相关研究

降水和气温能在一定程度上表征农业生产的自然资源禀赋，水热条件越好，资源禀赋越优。然而，在全球气候变暖的大背景下，极端降水和极端高温事件频发，对我国农业生产、农业水资源、农业灾害以及农业生态环境等方面的稳定性构成严重威胁。无论是干旱、洪涝、高温还是低温，都可能对农作物的生长周期产生严重影响。以干旱为例，它会导致土壤水分不足，影响作物的正常生长和发育，从而降低产量和质量。洪涝灾害则会淹没农田，破坏作物根系，导致作物死亡。刘杰等指出极端天气事件所引发的自然灾害，首先导致农业总产值下降，进而波及国民经济的各个领域，对整个经济系统造成连锁反应和损失。[①] 因此，必须高度重视气候变化对农业生产的影响，采取有效措施应对极端天气事件，确保农业生产的稳定和可持续发展。路琼等通过构建气候经济模型分析得出极端高温、极端低温、极端干旱、极端降水四个极端气候因子对我国不同区域的农业生产有不同程度的影响，极端气候与农业产出之间存在长期均衡关系，且极端天气事件对农业产出的影响显著为负。[②] 张艳军等指出 2006 年成渝地区城市群出现罕见高温干旱天气，使区域内生态植被环境指数呈现明显降低趋势，加之区域内生态环境脆弱，地质构造复杂，极端天气对区域内生态系统的稳定性产生极大威胁。[③] 马九杰等指出自20 世纪 80 年代以来，我国农业受灾面积占农作物播种总面积的比值接近 30%，很多年份的成灾面积比值超过了 20%，并且自然灾害对农业的负面影响呈现恶化趋势，影响粮食综合生产能力，危及粮食安全。[④]

[①] 刘杰、许小峰、罗慧：《极端天气气候事件影响我国农业经济产出的实证研究》，《中国科学：地球科学》2012 年第 7 期。

[②] 路琼、魏一鸣、范英等：《灾害对国民经济影响的定量分析模型及其应用》，《自然灾害学报》2002 年第 3 期。

[③] 张艳军、李子辉、官冬杰、李振亮：《2000~2020 年成渝双城经济圈植被生态质量变化及其对极端气候因子的响应》，《中国环境科学》2023 年第 9 期。

[④] 马九杰、崔卫杰、朱信凯：《农业自然灾害风险对粮食综合生产能力的影响分析》，《农业经济问题》2005 年第 4 期。

农业部门极易受到气候变化的影响，了解具体的适应措施缓解极端天气事件对农业生产的影响，对于制定应对气候变化风险的解决方案和制定促进适应气候变化的有效政策至关重要。罗兴树等指出，要对极端天气事件的风险特征进行多维度分析，相关部门根据极端气候因子在不同区域的不同表现制定适宜本地区状况的应对策略。[①] 刘昌义等指出，气候变化具有长期性和渐变性，人类通过技术、组织、制度等方面的创新可以适应气候变化，但是对于极端气候的小概率、大影响的特征，需要人们进一步加强预期和适应性行动，更为重要的是提高灾害风险治理水平。[②]

三　数据、模型与变量

（一）资料来源

本报告选取 2000～2022 年四川省城市层面面板数据进行实证分析。其中，极端气候的各代理变量来源于中国气象数据网的中国地面气候资料数据集，其余变量来源于各年份的《中国统计年鉴》和《中国农村统计年鉴》。

（二）模型设置

世界气象组织气候委员会（CCI）定义了 27 个极端气候指数，包括 16 个极端气温指数和 11 个极端降水指数。本文首先从 27 个极端气候指数中挑选出 4 个极端气温指数和 4 个极端降水指数（表 2），通过计算极端气候指数，分析四川省 2000～2022 年极端气温与极端降水的时空演变趋势。然后，运用多元线性回归模型探究极端气候对农业生产的影响。回归模型的设定如下。

---

① 罗兴树、章数语、郭园等：《极端降水对陕西省农业生产的影响》，《南水北调与水利科技》（中英文），2024 年第 2 期。
② 刘昌义、何为：《气候变化与经济增长的关系研究》，《天津大学学报》（社会科学版）2016年第 5 期。

$$y = c + c_1 x_1 + c_2 x_2 + \sum_{i=1}^{n} \S_i Z_i + \varepsilon$$

其中，y 为被解释变量，即农业生产；x_1 和 x_2 为核心解释变量，分别表征极端气温和极端降水；Z_i 分别为表示户籍人口、第一产业从业人员、工业化水平、耕地资源等控制变量；c_1、c_2、$\S_i$ 为估计参数；ε 为随机扰动项。

表2　极端气候指标

指数类型	分类	名称	指标标识	单位	定义
极端气温指数	极值指数	月最高气温	TXx	℃	每月平均日最高气温年最大值
	绝对指数	霜冻天数	FD	d	日最低气温<0℃的天数
		夏季天数	SU25	d	日最高温度>25℃的天数
		暖昼天数	TX90P	d	日最高气温>90%分位值的日数
极端降水指数	极端降水指数	年降水总量	PRCPTOT	mm	日降水量>1mm降水日累计量
		降水强度	SDII	mm/d	年降水量与湿日日数（日降水量≥1mm）的比值
		大雨日数	R20	d	日降水量>20mm的降水日数
	持续指数	持续干旱指数	CDD	d	日降水量<1mm的最长连续日数

（三）变量选取

研究极端气候对农业生产的影响。选取持续干旱指数、霜冻天数作为极端气候的代理变量。用第一产业产值占地区生产总值的比重作为被解释变量农业生产的代理变量，表征农业生产水平。同时，加入年末户籍人口、第一产业从业人员比重、年末耕地总资源、工业化水平、科学技术支出作为控制变量。主要变量描述性统计见表3。

1. 被解释变量

农业生产状况。第一产业产值可以衡量农业发展水平，同时通过与地区生产总值的比较，可以了解农业发展的相对情况。因此，本报告选择第一产业产值占地区生产总值的比重作为农业生产状况的代理变量。

2. 核心解释变量

选取表征极端低温的霜冻天数以及表征极端降水情况的持续干旱指数作为极端气候事件的代理变量。

3. 控制变量

一是年末户籍人口，用以衡量样本城市的人力资源水平；二是第一产业从业人员比重，用以衡量第一产业人力资本状况；三是年末耕地总资源，用以衡量农业生产的土地资源状况；四是工业化水平，用第二产业产值占地区生产总值的比重表示；五是科学技术支出，用以衡量地区发展中的科学技术要素投入。

表3　主要变量描述性统计

类型	变量	N	mean	sd	min	p50	max
被解释变量	第一产业产值占地区生产总值的比重	359	19.19	8.606	2.93	18.31	51.7
控制变量	年末户籍人口	377	456.1	238.2	103	390.2	1556
	第一产业从业人员比重	352	1.248	1.166	0.02	0.87	5.39
	年末耕地总资源	145	197.5	83.97	30	179	425
	工业化水平	359	46.91	10.88	16.2	46.62	75.86
	科学技术支出	395	190.1	915.9	0.14	22.44	13208
解释变量	持续干旱指数	483	31.45	20.65	10	24	141
	霜冻天数	483	73.49	81.56	0	32	281

四　四川省极端气候时空演变趋势

（一）极端气温时空演变趋势

2000~2022年，四川省表征极端低温指数的霜冻天数呈现明显下降趋势，表征极端高温的夏季天数、暖昼天数呈现明显上升趋势，月最高气温在2006年、2011年、2022年呈现出明显的峰值。就变化趋势来看，暖昼天数的上升趋势最大；霜冻天数呈明显下降趋势。夏季天数最大值统计排序位于前五的年份为 2012 年、2020 年、2021 年、2022 年以及 2019 年。其中，2012 年全年气温超过 25℃ 的天数有 286 天，2020 年和 2021 年气温超过 25℃ 的天数分别为 281 天和 280 天。2006 年、2011 年以及 2022 年月最高气温均超过 42℃。上述极端气温指标表明，2000~2022 年，四川省总体升温趋势显著、极端冷事件发生的概率较低。

空间分布上，四川省气温由东向西锐减。2000~2022 年，川西的甘孜、阿坝、凉山等地霜冻天数稳定在 170 天以上，其中甘孜、阿坝两地在 2000~2022 年每年的霜冻天数均在 210 天以上。而四川省东北部的广安、巴中等城市以及东南部的宜宾、自贡、内江等城市连续 23 年每年的霜冻天数均不超过 51 天。

（二）极端降水时空演变趋势

2000~2022 年，四川省表征极端降水指数的年降水总量、大雨日数总体呈上升趋势。其中，在 2018~2021 年，连续四年年降水量超过 1000mm。持续干旱指数和降水强度呈微弱的下降趋势，下降趋势不明显。年降水总量最大值出现在 2018 年；降水强度最大值出现在 2012 年；大雨日数最大值出现在 2020 年；持续干旱指数最小值出现在 2019 年，2019 年全省连续 11 天日降水量小于 1mm，最大值出现在 2008 年，2008 年连续 115 天日降水量少于 1mm。年降水总量和降水强度最小值都出现在 2006 年。这表明 2006~2008 年是一个气候较为干燥的时期。2018~2020 年是一个气候相对湿润的时期。

空间分布上，四川省年降水总量呈现由东南部向西北部递减的规律。四川省东北部的达州、巴中、广安、南充等城市，以及四川省东南部的宜宾、乐山、眉山、雅安等城市降水量偏多，年降水总量稳定高于 1000mm。2018 年雅安、眉山、乐山三个城市的年降水总量分别达到 1816mm、1835mm、1900mm，是 2000~2022 年年降水量排名前三的城市。

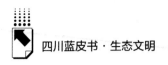

五 极端气候对四川省农业生产的影响

(一)回归结果分析

表4展示了运用Stata 14对四川省极端气候事件对农业生产影响的回归结果。模型调整后的 $R^2 = 83.49\%$，拟合程度较好。通过统计检验显著性水平小于5%可以看出，持续干旱指数、霜冻天数、年末户籍人口、第一产业从业人员比重、年末耕地总资源、工业化水平等变量通过了显著性检验。

表4 多元线性回归结果

指　标	农业生产
持续干旱指数	-0.075 ** (0.026)
霜冻天数	-0.028 *** (0.007)
年末户籍人口	-0.044 *** (0.005)
第一产业从业人员比重	3.353 *** (0.379)
年末耕地总资源	0.101 *** (0.011)
工业化水平	-0.317 *** (0.035)
科学技术支出	0.001 (0.000)
常数项	35.519 *** (2.544)
样本量	124

注：*、**、*** 分别表示在10%、5%、1%的统计水平上显著。

（二）模型结果分析

1. 极端气候事件

表征极端气候事件的持续干旱指数和霜冻天数与农业生产呈现显著负相关。干旱持续天数对农业生产影响的估计系数为-0.075，且在5%的统计水平上显著；霜冻天数对农业生产影响的估计系数为-0.028，且在1%的统计水平上显著，这说明极端气候事件会对四川省农业生产产生显著的负面影响。这是由于气温上升导致病虫害的分布范围呈扩大趋势，还会延长病虫害的生长期，增加害虫代际繁衍数量，农作物遭受病虫害的概率提高。同时，极端气候事件频发导致干旱、洪涝、低温冻害、风雹等农业气象灾害发生的频率和强度加大，从而造成农业减产和粮食产量波动。[①]

2. 年末户籍人口

户籍人口与农业生产呈显著负相关。年末户籍人口对农业生产影响的估计系数为-0.044，且在1%的统计水平上显著，这说明人口规模越大，第一产业产值占地区生产总值的比重越低。2000~2023年，四川省户籍人口数由8407.5万人增长至9100万人，但其中乡村人口数则从6842.5万人下降至3389.9万人。这表明虽然总体人口规模呈上升趋势，但是实际从事农业生产的人口在降低，导致总人口增加没能促进农业生产。此外，伴随人口规模增大的城镇化率提升带来了城市面积的扩张，住房、交通等建设用地面积需求随之增加，也挤占了农业发展空间。

3. 第一产业从业人员比重

第一产业从业人员比重与农业生产存在明显正相关。第一产业从业人员比重对农业生产影响的估计系数为3.353，且在1%的统计水平上显著，这说明第一产业从业人员比重越多，第一产业产值占地区生产总值的比重越高。第一产业从业人员比重可以在一定程度上代表农业生产的人力资源优

---

① 毛喜玲、殷淑燕、刘海红：《近61a晋陕豫地区极端气候变化及其对农业生产的影响》，《兰州大学学报》（自然科学版）2023年第1期。

势。第一产业从业人员比重增加，投入农业生产的人力资本更多，能带动农业产值增加。随着我国科教兴国、人才强国战略实施，人口素质不断提高，高素质农民的比重将不断增加，这有助于加快农业产业结构升级，促进农业农村现代化。[①]

4. 年末耕地总资源

耕地总资源与农业生产存在明显正相关。耕地总资源对农业生产影响的估计系数为 0.101，且在 1% 的统计水平上显著，这说明耕地总资源增加会对农业生产产生显著正面影响。耕地资源增多，意味着用于农业生产的土地资源增加，农业获得更多产出，第一产业产值占地区生产总值的比重提高。我国始终坚守最严格的耕地保护制度，坚决维护 18 亿亩的耕地红线不动摇。通过科学合理地开发后备土地资源、实施土地整治、修建农田水利设施等一系列措施，积极推进耕地保护工作，并不断提升耕地的质量，确保农业生产的可持续发展。

5. 工业化水平

工业化水平与农业生产存在明显负相关。工业化水平对农业生产影响的估计系数为-0.317，且在 1% 的统计水平上显著。这表明工业化水平提升，会对农业生产产生负面影响。因为农业是一个高度依赖自然要素的产业，用工业化的手段改造农业，例如，提高农业机械化程度，使用化肥、农药等化学品，在短期内能提高农业产出，但随着边际效用递减，工业化手段带来的农业产出是有限的。更重要的是，这种工业化的发展思路带来的是土壤污染、水污染等一系列环境问题，更加剧了农业发展的不可持续性。

[①] 张琛、孔祥智、左臣明：《农村人口转变与农业强国建设》，《中国农业大学学报》（社会科学版）2023 年第 6 期。

六 研究结论与政策启示

（一）研究结论

第一，通过分析四川省 2000～2022 年表征极端气温和极端降水的气候因子，本报告发现近 20 年来四川省极端气候事件显著增加。其中，表征极端高温的指数夏季天数和暖昼天数均呈显著上升趋势，表征极端降水的指数年降水总量和大雨日数呈显著上升趋势，持续干旱和降水强度呈微弱下降趋势。

第二，就极端气候空间分布来说，四川省甘孜、阿坝等地极端气温指数较高；四川省东北以及东南部降水量较高。

第三，极端气候事件对四川省农业生产具有显著负面影响。多元线性回归结果表明，霜冻天数和持续干旱指数均与第一产业产值占地区生产总值的比重呈现显著负相关，这意味着极端气候事件会对农业生产产生较大负面影响。

（二）政策启示

全球极端气候事件频发的背景下，应对极端气候对农业生产的挑战，既要遵循自然规律，通过科技创新和农业种植结构调整提升农业自身的气候适应能力，也要强化社会层面的支持与保障，通过健全气象灾害预警机制、构建农业保险体系、建立社会化服务体系，共同构筑起一道坚实而有力的防线，确保四川省农业在极端气候频发的环境下依然能够稳定发展，保障国家粮食安全和农业可持续发展。

第一，加强气象监测预警与农业信息服务。首先，投入资源用于提升气象设备的精度和覆盖范围，增加气象观测站点，提高极端气候的监测能力和预警能力，特别是在农业主产区，提高气象数据的准确性和时效性。同时，完善预警信息发布机制，建立快速、有效的预警信息发布渠道，推进预警信息发布深度融入网络、短信、电视、广播等媒介，确保政府部门及广大民众能够及时获取极端天气预警信息。其次，整合农业、气象等多部门资源，提高农业气象社会化服务供给能力，在确保公益性气象提供基础性农业灾害、农用天气预报等服务的同时，推动商业性气象服务发展，为农业生产者提供定制化、精细化的农业气象服务。例如，利用现代信息技术和遥感技术实时监测气候条件，预测极端天气事件，提前做好作物管理和调整播种期，制定配套的农事操作规程，设计农业气象指数保险方案、开具理赔证明、提供气象咨询服务等，实现产前、产中、产后各个环节的精准气象辅助与智能气象管理，降低气象灾害对农业生产的不利影响。

第二，推动农业技术创新与种植结构优化。首先，加强适应气候变化和提高生产力的新技术的研究与开发，提升农业应用新技术的能力。鼓励高校、科研机构和企业构建产学研一体化的研发模式，深入研究气候变化对农业生态系统的具体影响，开发适应性强、高效节能的农业新技术。其次，结合我国种业振兴行动，利用作物遗传育种技术研发新型耐旱、耐寒、抗病虫害、抗倒伏的农作物新品种，提高农作物的抗逆性。同时，致力于优质种质资源保护基地的建设和种子库的扩容提质，为抗逆农作物品种的研发和储备提供坚实的物质基础和技术支撑。最后，针对不同区域气候变化趋势及其强度差异，开展农业气候的精细化分区规划研究，为当地调整农作物种类选择、农业生产布局调整等提供决策依据。总体上来说，要根据四川省气候特点及极端气候发生规律，采取有针对性的科学技术手段、选择适宜的农作物、合理调整农业种植结构，降低容易受到极端气候影响的农作物种植比例。

第三，加强生态保护与修复。通过加强生态保护与修复，提高生态系统的韧性和稳定性，减少因极端气候事件引发的自然灾害。植被绿度以及植被初级生产力在极端气候频发以及气候变化导致的并发事件增多的情况下显著降低。当前的农业发展要以环境和经济协调发展为指导，以生态保护为基础构建多层次、多功能的综合农业生产体系，推动绿色农业、循环农业、生态农业等农业新模式，在提高农业生产效率的同时，维持良好的生态环境。通过植树造林、退耕还林还草、滩涂湿地修复等一系列工程措施，恢复和保护农田周边的生态系统，发挥自然生态系统调节气候、防风固沙、涵养水源的多种作用，改善和稳定区域气候，使生态系统恶化的趋势得到有效遏制，构建农田生态缓冲区，减轻极端天气对农田的直接影响，为农业生产提供更为稳定的生态环境，进一步增强农业抵御极端天气的能力。

第四，完善农业保险与风险分散机制。扩大农业保险覆盖面，政府应当加大对农业保险的财政支持力度，通过增加补贴额度，合理降低农民购买农业保险的成本，进而激励更多农民主动参与投保，提升农业保险的整体参保率。针对不同地区、不同作物的气象风险，创新保险产品，设计多样化的保险产品，满足农民的实际需求；我国发生极端高温、干旱、洪涝灾害的高风险区域显著增加，有必要建立保险风险分散机制，通过再保险、大灾风险基金等方式，分散农业保险的风险，确保保险市场的稳定运行。①

第五，加强农业基础设施建设与防灾减灾能力。不断优化升级农田基础设施，如改善水利灌溉设施，增强农田保水、排涝功能，构建科学合理的田间道路系统，确保在遭遇极端天气时，农田具备更强的防灾、抗灾和减灾能力，有效降低自然灾害对农业生产的影响。通过合理灌溉、化肥正确施用、农业机械投入、电力应用削减极端高温对农业的负面影响。② 在高温干旱发生概率大的地区，以水资源高效调配与利用为主要目标，通过水库蓄水调节水资源时空分布，保证高温干旱时期的农业用水需求。推广滴灌、喷灌等节水灌溉技术，提高水资源利用效率。在洪涝灾害发生概率大的地区，改善农田水利工程、修建和维护农田水利设施，提高农田灌溉和排水能力，减轻洪涝灾害对农业生产的影响。

第六，提升农民应对气象风险的能力与意识。强化农民的气象教育工作。定期举办气象知识培训班，邀请专业气象学家和农业专家讲解各类气象

---

① 冯文丽、苏晓鹏：《我国农业保险大灾风险分散机制的思考》，《农村金融研究》2022 年第 8 期。

② Wang D，Zhang P，Chen S，"Adaptation to Temperature Extremes in Chinese Agriculture，1981 to 2010"，*Social Science Electronic Publishing Mar 25*（2024）.

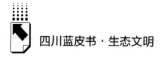

知识、气候规律以及相应的农业应对策略，让广大农民深刻认识到气象灾害的严重性和复杂性，掌握科学的预防和应对方法，提升他们在实际生产中识别、预防和应对气象灾害的能力。借助现代传媒技术的力量，促进气象知识科普。充分利用广播、电视、互联网等媒体平台，制作生动形象、通俗易懂的气象科普节目和文章，向广大农民群众广泛传播气象基础知识、灾害预警信号解读、应急避险技巧等内容，从而切实增强农民的气象科学素养。提高农民的组织化程度，提升化解极端天气风险的能力。倡导农民自发组建各种形式的互助团体，通过共享资源、互帮互助的方式，在面对极端天气风险时形成合力，共同抵抗灾害影响。通过政策引导、资金扶持、技术支持等方式，鼓励农民建立合作社、协会及其他的社会化组织，提升农民之间的协作联动能力，共同制定和执行应急预案，最大程度上减轻极端天气给农业生产带来的损失，保障我国农业的稳定发展和粮食安全。

专题篇

B.16
企业环境刑事合规的被害人权益保障
机制研究*

何 江 罗 琳 邓 超**

摘 要： 被害人参与的权益保障是企业环境刑事合规不诉的正当性基础之一。企业环境刑事合规不诉的法理基础、环境刑法秉持的生态学的人类中心主义法益观以及人权司法保障的原则性要求展现了在企业环境刑事合规中构建被害人权益保障机制的必要性与紧迫性。而环境公益与私益交叉重叠的境况，与以"认罪答辩"为联结点的认罪认罚从宽制度，为被害人权益保障机制构建提供了法律参考与制度空间。出于涉案企业利益、社会公共利益以及办案效率等因素考虑，被害人参与的限度需理性建构。参考认罪认罚从宽

* 基金项目：重庆市社会科学规划项目"《环境法典》与党政联合规范性文件衔接机制研究"（项目编号：2021YBCS37）、重庆市教委人文社会科学类研究项目"《环境法典》法律责任编立法研究"（项目编号：22SKGH037）。
** 何江，博士，西南政法大学经济法学院讲师、硕士生导师，主要研究方向为环境与资源保护法学；罗琳，西南政法大学经济法学院，主要研究方向为环境与资源保护法学；邓超，江西省赣州市崇义县人民检察院党组副书记、副检察长，主要研究方向为行政法学。

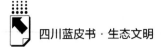

制度以明确企业环境刑事合规中被害人法律地位与基本权利，构建被害人权益救济制度以及利益协调与权益长效保障机制。

关键词： 刑事合规　正当性基础　被害人权益　权益保障

　　企业刑事合规具备犯罪预防"前置化"、犯罪治理"私有化"的优势，① 在缓解企业治罪所引发的"水波效应"和"标签效应"上发挥了独特优势，有效契合新时代对企业非罪化治理的客观诉求。② 但不可否认的是，涉案企业获得轻缓化处罚"对价条件"的制度设计仍局限于传统刑事政策"国家—犯罪人"二元构造，偏重于政治意义与制度价值上合规计划的建设，损害修复与被害人主体性缺席成为常态。基于环境公益与环境私益交叉、重叠的客观现状，获取"企业环境刑事合规不诉"优惠结果的"对价条件"当然包括修复受损生态环境与弥补、救济因受损生态环境而遭受人身、财产损害的被害人。③ 涉案企业对环境犯罪所损害的生态环境的修复工作重视度已基于经济压力和政策导向有所提高，而被害人权益保障问题尚无明显改观。恢复性司法理念下具有被害人参与、被害人权益保障的"合规要求"一方面引导涉案企业悔罪形式实现外化、显化、实质化转变，另一方面扩张企业环境刑事合规计划的内部效应实现制度效果的社会面向、未来面向。事后合规情景下，兼具被害人权益保障和生态环境修复的合规计划才能实现犯罪的特殊预防与积极的一般预防，才是合规不诉的正当性基础，而非与犯罪后果和法益修复无关的"纸面合规""形式合规"。④

---

① 孙国祥：《刑事合规的理念、机能和中国的构建》，《中国刑事法杂志》2019年第2期，第5页。
② 庄绪龙：《应将"法益恢复"作为刑事合规的实质根据——以集资犯罪的刑法处置为例》，《法治现代化研究》2023年第3期，第57页。
③ 严泽岷：《作为"治理方法"的涉案企业合规：双重理念、结构重塑与实践展开》，《南昌大学学报》（人文社会科学版）2024年第2期，第3页。
④ 毛玲玲：《企业合规的本土化演变——从企业刑事合规到企业"大合规"体系》，《上海政法学院学报》（法治论丛）2023年第2期，第97页。

犯罪人与被害人冲突化解是犯罪与社会冲突化解的前提，在被害恢复基础上实现的社会恢复才能有效实现企业环境刑事合规所期待的案结事了、多方共赢的局面。① 值得关注的是，早在 2020 年辽宁省与浙江省宁波市就分别制定了《关于建立涉罪企业合规考察制度的意见》，创新性地进行了检察机关在对涉案企业适用企业合规前听取被害人意见，不起诉公开审查时邀请被害人参与，涉案企业对其赔礼道歉、积极赔偿损失的实践探索。与企业环境刑事合规以"认罪答辩"环节为联结点的"认罪认罚从宽制度"中的被害人权益保障机制也已经逐渐成熟，被害人参与对制度的主体平等、司法公正、社会效益等价值取向进行了良好示范。可以预见，企业环境刑事合规中被害人权益保障机制具有现实空间与实践意义。企业环境刑事合规中被害人相较传统刑事合规中被害人更具有主体多元性、利益复杂性、时代延续性等特点，探究企业环境刑事合规中被害人的参与和权益保障机制，有助于实现企业合规制度的精细化发展，促进刑事司法中当事人诉讼地位平等与司法公正。②

一　企业环境刑事合规被害人权益保障机制的现实镜像

犯罪被害人或犯罪受害人是犯罪加害人的对称，由于环境损害风险的平等性与广延性，环境犯罪中的被害人应当作广义理解，不仅仅指自然人，还应包括单位和国家或集体等。③ 此外，为防止企业环境刑事合规被害人范围漫无边际而影响被害人诉讼地位的确立和权益保护，被害人应当仅包括直接受到犯罪行为侵害的主体。其一，自然人是环境犯罪中直接受到损害最主要和最基本的主体。其二，在经济利益、市场竞争因素影响下的单位既可能是

---

① 徐军、钟友琴：《恢复性司法在生态环境刑罚中的定位重构》，《环境污染与防治》2022 年第 4 期，第 554 页。
② 王振华：《建立企业环境犯罪专项合规的必要性与可行性分析》，《石河子大学学报》（哲学社会科学版）2023 年第 3 期，第 4 页。
③ 胡平：《环境犯罪被害人的基本特征和被害预防责任的归属》，《西南政法大学学报》2003 年第 2 期，第 62 页。

加害者也可能成为被害者。由于国有单位、企事业单位管理范围内的合法权益的真正权利主体是国家，因此这里的单位指非国有性质的单位。其三，除国有单位受到环境刑事犯罪的侵害之外，土地、矿藏、森林、野生生物等国有自然资源等受到环境犯罪损害的被害人都是国家或集体。①

（一）规范分析：企业环境刑事合规规范中被害人权益保障机制的缺失

通过"企业合规""合规评估""被害人权益保障"等关键词在北大法宝、威科先行等平台对企业合规相关法律规范与案例进行检索，可知当前合规规范已经初步具备了"全面合规"的雏形，但在企业环境刑事"专项合规"方面，除了最高检发布四批企业合规典型案例中包含的 5 件与之相关的案例外，尚无地区出台专项合规制度。进一步对企业环境刑事合规中被害人权益保障现状进行分析，可以发现以下两点。

1. 合规制度规范：制度目标突出，执行标准模糊

最高检在《关于开展企业合规改革试点工作方案》中将企业合规的目标明确为"加大对民营经济平等保护……既给涉案企业以深刻警醒和教育，防范今后可能再发生违法犯罪，也给相关行业企业合规经营提供样板和借鉴"。随后，《中央企业合规管理办法》《关于建立涉案企业合规第三方监督评估机制的指导意见（试行）》等规范，以及山西、安徽、广东等省份出台的《企业合规管理办法》，在规范开篇与原则规范位置再次传达并强调了以"高质量发展""民营经济保护""合规风险防控""企业犯罪预防"为关键词的制度目标。

目标是抽象的，需要具体化为各种手段和达成符合标准的阶段性目标才能落实，合规过程中的各种手段和标准是企业合规制度的主要表征。可以发现，无论是具有普遍指导意义的《涉案企业合规建设、评估和审查办法》，还是各省份进一步细化规制的《企业合规管理办法》，抑或是判断企业是否合规的《企业合规有效性指引》《企业合规建设评估办法》《第三方监督评估办

---

① 杜永浩、石明磊：《论刑事被害人的界定》，《湖北警官学院学报》2003 年第 2 期，第 14 页。

法》，对于企业对合规风险的识别、对合规管理机构和人员的配置、合规文化的形成等已经有所要求，但对风险识别的方式方法、合规文化的构建策略、合规计划是否达标等方面并未具体明示，各省份规定分散，达成合规目标的手段各异、标准不一，合规效率、效果也不尽一致，被害人参与更是难成共识。

2. 合规不诉对价：聚焦内部优化，漠视外部效益

合规不诉的正当性基础在于合规对传统刑法功能转化为犯罪的特殊预防与积极的一般预防。特殊预防的发挥以轻缓化处罚为依托，激发企业守法动力；积极的一般预防在关注企业犯罪的持续预防的同时，也重视制度社会效益的实现，在企业环境刑事合规中停止环境违规违法行为、对受损生态环境及时进行修复、对受损被害人进行救济是实现合规社会效益的题中之义。

但除了辽宁省与浙江省宁波市人民检察院分别制定的《关于建立涉罪企业合规考察制度的意见》，表达了尽力减少和消除刑事诉讼对涉罪企业的负面影响的总体目标，在有被害人的案件中，检察机关在对涉案企业适用企业合规前听取被害人意见，不起诉公开审查时邀请被害人参与，涉案企业需要对被害人赔礼道歉、积极赔偿损失外，多数省市尚无"企业合规考察制度"类型的规范，在实践中通常依据上位法《涉案企业合规建设、评估和审查办法（试行）》进行评估判断。但该试行办法仅第3条提到涉案企业退缴违规违法所得、补缴税款和滞纳金并缴纳相关罚款等的规定，多数条文则更关注企业合规计划设计、合规管理机构建设、合规文化培育等内容以促进企业内部优化，并未提及对受损生态环境进行修复，也未突出对被害人的救济和补偿。

（二）实证检视：企业环境刑事合规实践中被害人权益保障机制的忽视

截至2023年9月，全国检察机关累计办理涉案企业合规案件7815件，对整改合规的2898家企业、6102人依法作出不起诉决定。① 以河南省为例，

---

① 参见中华人民共和国最高人民检察院网站，https：//www.spp.gov.cn/zdgz/202310/t20231023_631592.shtml，2024年3月4日访问。

截至 2023 年 12 月，通过合规整改的企业有 384 家，这些企业 2023 年 1~11 月的总营业额为 449.9 亿元，同比增长 34.1 亿元，利润 9.5 亿元，同比增长 2.5 亿元。[①] 企业合规在保障经济发展方面取得显著效果，宽严相济的办案模式让企业感受到法律的温情与刚性。[②] 但该制度仍未回应保护企业、保护环境和保障人权这三大环境诉讼基本价值的取舍关系，尚未准确把握生态环境与受影响被害人的定位。[③]

其一，企业环境刑事合规没有明确认同被害人参与程序的必要性。[④] 被害人权益保障的统一规范尚未建立，各地在制度运行中的关注点各异，甚至出现不告知被害人权益、草率给予不起诉决定、不挽救其权益等"二次伤害"被害人的现象。即便"考察制度"等文件中对被害人给予了一定程度的关注，但实践中被害人却始终处于被动配合的地位，其权益的伸张和对程序的质疑并无有效渠道进行反馈。如典型案例中张家港市 L 公司、张某甲等人污染环境案，吕某某污染环境案，李某某污染环境案中涉案企业对造成的生态破坏、环境污染进行积极修复或支付环境修复资金、缴纳生态修复履约保证金等，被害人的参与仍然有限且被动。甚至有司法机关认为企业能够建立合规制度，配合完成诉讼程序，就已经值得给予大量的实体优待，并不关注涉案企业是否真诚悔罪、被害人是否真心谅解。

其二，企业权益保障过分侵占被害人权益保障的空间。企业环境犯罪所造成的犯罪后果具有间接性、累积性、不可逆性和空间广延性，被害人受到生态环境损害的影响具有滞后性，可能无法及时通过合规程序实现修复或者弥补，因此相对于传统合规，或允许在企业环境刑事合规的运用中附加条件

① 参见中华人民共和国最高人民检察院网站，https：//www.spp.gov.cn//dfjcdt/202401/ t20240120_640739.shtml，2024 年 3 月 4 日访问。
② 徐日丹：《检察机关共办理涉案企业合规案件 3218 件》，《检察日报》2022 年 10 月 13 日，第 2 版。
③ 闫召华：《"合作司法"中的恢复逻辑：认罪认罚案件被害人参与及其限度》，《法学评论》2021 年第 5 期，第 187 页。
④ 焦俊峰：《认罪认罚从宽制度下被害人权益保障问题研究》，《法商研究》2021 年第 1 期，第 112 页。

或延长考察时间，抑或允许被害人转向法律程序以外的非规范途径表达其诉求。① 但合规制度建构的宗旨之一就是保障企业顺利运行，在经济发展与生态环境、社会利益的抉择中，仍存在效率价值优先牺牲被害人全部或部分参与性权利的现象。

综上所述，"合规目标标准模糊"与"漠视制度社会效益"的表象实质都指向企业环境刑事合规中的被害人权益保障处于缺失状态。② 这一现象的缘由或许是企业环境刑事合规尚且处于探索阶段，制度的原则化规定有利于发挥地方能动性，抑或是合规制度背负着意义重大的司法与政治双重目标，步子不宜迈得过大。但地方实践的目的就在于总结经验、探索本质与优化制度，在合规不诉法理基础、环境诉讼规制路径、环境权益保护逻辑等背景下，以及逐渐成熟的认罪认罚制度被害人参与机制的先例中，被害人权益保护机制构建已经具备了理论基础与建构空间。

二 企业环境刑事合规被害人权益保障机制的背景支持

（一）企业环境刑事合规被害人权益保障的理论支撑

1. 环境刑事合规不诉的正当性基础

若合规计划的建立与有效实施降低了预防企业犯罪的风险，即实现了犯罪治理"私有化"与犯罪的特殊预防功能，进而检察机关给予轻缓化处罚，激励企业形成合规文化，则进一步实现了制度积极的一般预防功能，此即为合规不诉正当性的实现基础。③ 需要注意的是，区别于传统刑罚威慑，合规不诉实现犯罪的预防功能具有阶段性，前一阶段的特殊预防功能依赖违规违

---

① 董正爱：《环境风险的规制进路与范式重构——基于硬法与软法的二元构造》，《现代法学》2023年第2期，第120页。
② 陈卫东：《从实体到程序：刑事合规与企业"非罪化"治理》，《中国刑事法杂志》2021年第2期，第116页。
③ 李勇：《"合规计划"中须有刑法担当》，《检察日报》2018年5月24日，第3版。

法行为的停止与合规计划的构建，后一阶段积极的一般预防功能需要满足社会多元主体利益、承担企业社会责任以形成企业合规文化和司法公正的社会安全感。在企业环境刑事合规即表现为停止环境违法行为、对生态环境的损害进行修复、对被害人进行积极救济等内容，在实现犯罪预防"私有化"与企业承担社会环境治理责任的同时，将合规文化由内部向外部传达，确认和强化社会成员对规范忠诚的价值信念，[①] 其制度正当性、合理性才具有信服力，其教育功能、社会效果才能发挥。[②]

2. 环境犯罪保护法益观的理念指向

重大环境污染罪向污染环境罪的演化路径反映了我国环境刑事犯罪所保护的法益从 1979 年《刑法》的经济法益观，到 1997 年《刑法》的人类中心主义、《刑法修正案（八）》的生态中心主义向生态学的人类中心主义进化。[③] 我国环境法律法规采用了生态学人类中心的法益论，这一观念在《环境保护法》《海洋环境保护法》《大气污染防治法》等环境法律规范的第 1 条中均有体现。生态学人类中心主义法益观秉持人本主义思想，强调只有当环境成为人赖以生存的基础并发挥重要作用时该环境才可以成为环境刑法保护的法益，对生态环境的保护实质是对人类利益的间接保护。[④] 正如李斯特所言："一切法律均是为了人的缘故而制定的，制定法律的宗旨就是为了保护人们的生存利益。"[⑤]

企业环境刑事合规以合规计划的构建完善程度作为企业量刑的重要因素，实质上蕴含着刑事政策实现刑事归责与刑事激励的意义，即涉案企业通过组建合规管理机构、建构完整的合规计划、修复受损的生态环境与弥补被害人利益的实质性悔过方式替代传统刑法的"惩戒功能"，实现制度的特殊预防，通过合规文化的传达进一步实现刑法的积极的一般预防。进而言之，

① 〔德〕米夏埃尔·帕夫利克：《目的与体系——古典哲学基础上的德国刑法学新思考》，赵书鸿等译，法律出版社，2018，第 102 页。
② 孙国祥：《刑事合规的理念、机能和中国的构建》，《中国刑事法杂志》2019 年第 2 期，第 5 页。
③ 陈远航：《我国环境犯罪保护法益的演进与立法完善》，《北方法学》2023 年第 3 期，第 146 页。
④ 张明楷：《污染环境罪的争议问题》，《法学评论》2018 年第 2 期，第 7 页。
⑤ 〔德〕弗兰茨·冯·李斯特：《德国刑法教科书》，徐久生译，法律出版社，2000，第 4 页。

企业环境刑事合规制度当然包含环境刑法的立法目的与法益保护理念，其需要坚持生态学的人类中心主义，明确对生态环境的修复实质是实现对受损人身、财产利益的修复，在存在被害人参与空间与必要性的背景下关注被害人的职能参与和权益救济。

3. 人权司法保障的原则性制度要求

被害人诉讼权利与刑事诉讼基本目的的密切相关性早在 1996 年修改的《刑事诉讼法》中就通过宣示被害人享有当事人地位的形式得到确认，随即立案、侦查、起诉和审判等各个诉讼环节对被害人享有的诉讼权利也进行了明示，这成为我国刑事诉讼立法的一张名片，"被誉为我国《刑事诉讼法》在人权保障问题上引领世界潮流的重大创新与突破"。[1] 尽管各国制度在被害人的诉讼地位、具体权利等规定上存在不少争议，但被害人不应当是"被遗忘的人"已经成为国际共识。企业环境刑事合规作为应对企业环境犯罪新形势的新型犯罪治理模式，却并未对被害人法律地位明确规定，甚至在作出不起诉、暂缓起诉或从轻从宽决定时并未考虑被害人权益救济、保障问题，很容易形成一种我国司法对待被害人或当事人的态度发生了根本性转变的误解。

（二）企业环境刑事合规被害人权益保障的实践参考

1. 环境诉讼权益保障路径的转向现状

我国法律体系对环境私益与环境公益的救济安排了不同路径。在诉讼利益上，环境侵权诉讼主要关注因环境变化而受到人身、财产损害的私人利益，而环境公益诉讼与生态环境损害赔偿诉讼则聚焦于生态环境本身，不涉及人身、财产等私益救济。无论是《生态环境损害赔偿管理规定》还是《最高人民法院关于审理环境民事公益诉讼案件适用法律若干问题的解释（2020 修正）》均明确生态环境损害赔偿诉讼、环境民事公益诉讼中若涉及

---

① 韩流：《被害人当事人地位的根据与限度：公诉程序中被害人诉权问题研究》，北京大学出版社，2010，第 40 页。

人身伤害、个人和集体财产损失要求赔偿的，适用《民法典》等法律有关侵权责任的规定。这一制度构造将环境私益与环境公益的救济手段划上一条泾渭分明的界限，二者互不侵犯、互不兼容。即便环境民事公益诉讼中有"民事"二字，但其乃为一种公益取向的公共机制，其中民事手段的运用已经经过公法的过滤与改造。①

事实上，生态破坏与环境污染行为因生态环境各要素的物质循环、能量流动造成环境公益与环境私益的损害存在交叉、重叠的客观事实，分类进行利益救济除了程序便利性并不利于救济的及时、完整。有学者强调，"无论是环境公益诉讼还是环境侵权责任均应当具有对损害私益与损害公益的双重评价功能"②。亦有学者为环境公益诉讼与环境私益诉讼的调和提供了可选方案：赋予实体权利模式、诉讼担当模式③、合并审理模式、赋予其他社会组织以独立请求权第三人模式④，以及环境公益附带环境侵权诉讼模式⑤等。在这一背景下，企业环境刑事合规中环境公益与环境私益得到同等保障是扭转局面的亮点环节，被害人权益保障的环境私益损害救济同生态环境修复效果一并作为涉案企业获得轻缓化处理的"对价条件"，是实现生态环境刑事犯罪的危害后果处理流程由"人—环境"向"人—环境—人"的制度延伸。

2. 认罪认罚从宽制度的先行规范借鉴

《刑事诉讼法》《关于适用认罪认罚从宽制度的指导意见》先后对在认罪认罚案件中检察机关对被害人的告知义务、听取被害人意见的职责、被害人在启动速裁程序中的决定性作用、促进当事人和解谅解以及对被害人可能

---

① 巩固：《生态环境损害赔偿诉讼与环境民事公益诉讼关系探究——兼析〈民法典〉生态赔偿条款》，《法学论坛》2022年第1期，第134页。

② 吕忠梅、窦海阳：《以"生态恢复论"重构环境侵权救济体系》，《中国社会科学》2020年第2期，第125页。

③ 党晨晖：《对立或融合？——论我国环境民事公益诉讼与私益诉讼的衔接问题》，《江西理工大学学报》2021年第5期，第34页。

④ 秦天宝：《我国环境民事公益诉讼与私益诉讼的衔接》，《人民司法》（应用）2016年第19期，第11页。

⑤ 范战平：《环境公益诉讼中"公益"的再审视》，《郑州大学学报》（哲学社会科学版）2020年第6期，第23页。

存在的异议的处理方式等与被害人权益密切相关的内容进行了明确。2021年印发的《关于常见犯罪的量刑指导意见（试行）》的"常见量刑情节的适用"部分再次明确了根据被告人对被害人赔偿经济损失的数额、是否取得谅解、综合犯罪性质、赔偿能力以及认罪悔罪表现等情况，可以减少基准刑的20%~40%。《涉案企业合规建设、评估和审查办法》中第3条、第14条中"停止违规违法行为""对违规违法行为及时处置"的内容表明，涉案企业积极展现认罪认罚态度是适用合规计划的必要条件。认罪认罚从宽制度与企业环境刑事合规制度均为内含提高诉讼效率、节约司法资源目的的宽严相济的刑事政策，均体现出鲜明的协商、合作特征，在认罪悔罪乃至认罚上具有实质一致性，以及形式与结果上的契合性。[1] 因此有学者指出，企业刑事合规计划实际上是广义的认罪协商程序或辩诉交易程序在企业犯罪治理领域的扩张适用。[2] 尽管控辩平等观念、司法实践对量刑裁量的偏好以及"犯罪是对国家利益的侵害"等传统观念对被害人权益保障实施进路仍存在不可避免的负效应，[3] 但已于2018年作为基本原则在《刑事诉讼法》中正式确立的"认罪认罚从宽"原则，率先为企业刑事合规计划提供了法律参考和制度依托，是被害人权益保障从经验模式向制度模式转变的权威例证，其运行状态与实践效果也展示了企业环境刑事合规制度中被害人权益保障的制度空间与确立必要性。

三　企业环境刑事合规被害人权益保障机制的构建路径

《关于审理生态环境损害赔偿案件的若干规定（试行）》《关于办理环境污染刑事案件适用法律若干问题的解释》以及国务院水利部、自然资源

---

[1] 刘用军：《认罪认罚从宽制度单位主体之企业刑事合规适用》，《山东警察学院学报》2023年第3期，第7页。

[2] 赵恒：《认罪答辩域下的刑事合规计划》，《法学论坛》2020年第4期，第154页。

[3] 韩轶：《论被害人量刑建议权的实现》，《法学评论》2017年第1期，第187页。

部、农业部等部门出台的针对草原、河流、矿山等领域的规范文件对生态环境修复进行了充分强调，上述规范文件中已经对国家或集体作为自然资源的所有者的权益进行了维护和救济。[①] 此外，企业环境刑事合规中停止环境危害、修复受损生态等行为已经反映了涉案企业对生态环境、自然资源管理秩序的积极恢复。因此，企业环境刑事合规被害人权益救济的当务之急是救济自然人和单位身份的相关权益。

（一）被害人权益保障机制构造前提

为了司法效率削减、忽视被害人权益保障，易陷入刑事司法小环境与社会治理大背景割裂的政策陷阱。然而并没有哪个国家无所节制地放任被害人参与司法程序，均对被害人程序参与设置了一定的限度，除了考虑稳定控辩审三角诉讼结构[②]、顺应犯罪由国家公力救济的历史趋势[③]等传统因素之外，还有以下因素的考量。

其一，被害人参与与合规从宽的政策考量。被害人与涉案企业之间存在一个司法的天平，被害人参与企业环境刑事合规程序，意味着从刑罚一侧减轻砝码，而若因为不能满足被害人的要求而无法获得轻缓化处理，则意味着在涉案企业的刑罚一侧又加重了砝码。通常情况下企业环境刑事案件所造成的环境损害具有更强的危害性与更高的修复治理难度，进而在弥补利益受损者方面亦有较高难度，若被害人漫天要价，会形成涉案企业被迫接受不合理要求的局面，若涉案企业无法满足要求，则容易打击企业合规积极性，甚至失去从宽机会。因此，"纵使强化被害人法律地位，亦不得以弱化被告诉讼防御权方法达成"[④]。再强大的企业只要"沦落"为"任人宰割的羔羊"，在"强势"的国家、被害人面前，就可能成为下一个"被刑事诉讼遗忘的人"。

---

① 王浩名：《"双碳"目标实现的国家环境义务回应》，《河南财经政法大学学报》2023年第3期，第36页。
② 龙宗智：《被害人作为公诉案件诉讼当事人制度评析》，《法学》2001年第4期，第31页。
③ 肖波：《被害人庭审权利的退与进》，《中国刑事法杂志》2009年第11期，第82页。
④ 卢映洁、徐承荫：《论我国台湾地区犯罪被害人的诉讼参与制度》，《光华法学》2019年第11期，第11页。

其二，被害人利益与公共利益的利益权衡。一方面，合规制度过于重视被害人利益可能侵蚀公共利益。若涉案企业以金钱利诱被害人以获得谅解，进而逃避成本更高的生态环境损害赔偿，骗取检察机关不起诉决定，造成涉案企业与被害人勾结的境况，侵蚀社会整体利益。另一方面，司法机关在舆论中过分关照私人利益可能忽视公共利益。公共利益与被害人利益并不具有一致性，公诉机关在提起、支持公诉时对公共安全、犯罪控制、社会秩序等因素进行考量；而被害人更关注个体受到的物质与精神的赔偿，甚至是对被追诉人的处理是否符合自己的情感期待。[①] 企业环境犯罪中公共利益与被害人利益之间的冲突常常被舆论裹挟，司法机关为了充分听取被害人意见，压制公共利益，可能导致"刑事司法的私有化"。

其三，被害人参与与合规效率的功能平衡。第一，被害人的参与权限，关乎检察机关在企业合规中的主导地位与作出判断的效率。被害人作为"弱势方"在涉案企业是否符合"不起诉"条件的考察过程中过多表达自己的权益要求，且若涉案企业无法满足被害人要求，必定会对检察机关作出的决定产生影响，容易造成感性因素对司法理性的腐蚀，冲击检察机关的独立性、主导性。第二，企业合规以更小的国家权力介入，实现犯罪惩治、减少对抗因素，减少控制犯罪的直接开销，平衡刑罚执行成本与刑罚执行效果之间的冲突，[②] 是一种更为经济的犯罪追诉和控制方式。但实际上，涉案企业与被害人之间、司法机关与被害人之间的沟通成本，以及司法机关与涉案企业以被害人为议题的新增沟通成本可能成为新的成本要素。

（二）被害人权益保障机制具体构造

1. 明确被害人合规主体地位

首先，明确被害人法律地位。明确被害人法律地位的首要是实现对被害人的身份认同，尚无统一规制的现状下被害人在企业环境刑事合规中的法律

---

① 胡铭：《审判中心与被害人权利保障中的利益衡量》，《政法论坛》2018年第1期，第66页。
② 童德华：《刑事合规司法效果的厘定及其刑法证成》，《政治与法律》2023年第2期，第64页。

地位处于一个难以明说的"灰色地带"，其后续权益的伸张与利益的救济都显得并不"正当"，且这一权利需要克服环境犯罪导致的传导性损害与滞后性结果对实际被害人身份认同造成的阻碍。第一，需要完善一般法律规范对被害人的法律地位与基本权利进行概括性规定；第二，在合规考察办法、合规建设评估办法、第三方监督评估办法等合规计划的评定规范中明确将被害人损害救济、权益保障方式、程度作为评判企业是否合规、是否获得轻缓化处理的重要衡量标准；第三，平衡被害人与被告人在企业环境刑事合规中的规定比例，实现立法数量上的对立性和权益保障上的对等性。①

其次，明确被害人参与程序。在制度效率催促下的企业环境刑事合规的"合作"似乎只是限制在"控辩"之间的合作，被害人参与似乎并不是其中的必要条件。社会公众对"合规不诉"制度信赖首先来源于当事人能够有效参与企业合规程序，尤其是极具利害关系的被害人能够知情、参与和有效影响企业合规轻缓化处理决定的作出。已有的"合规考察制度"为其他省份的被害人权益保障机制的构建作出了良好示范。但这一模式在化解企业合规中各主体间"不平衡不充分"的矛盾时尚且不够完善，一方面是要克服被害人参与程序规定的形式意义大于实质意义的弊端，②需要对参与程度的落实度、制度实效进行考察和改进；另一方面是被害人程序参与是其权益保障的实施机制，只有将被害人程序参与融入企业环境刑事合规的全过程，才能保障被害人的知情权、援助获取权、诉讼参与和委托代理权、获取医疗服务和社会服务等权利，实现与涉案企业进行"面对面"而非"背对背"式的沟通。③

最后，完善被害人权益救济路径。一是构建申诉机制。首先，企业环境刑事合规中企业"是否合规"的判断中应当明确被害人的意见，建立被害

① 黄晨璞、郭天武：《认罪认罚从宽制度中被害人参与的完善》，《学术研究》2023年第10期，第70页。
② 毛煜焕：《修复性刑事责任的价值与实现》，法律出版社，2016，第77页。
③ 徐岱、巴卓：《中国本土化下被害人权利保护及延展反思》，《吉林大学社会科学学报》2019年第6期，第33页。

人提出的合理异议与对企业合规再次评判的联系。审查机关对被害人异议的答复内容取决于被害人异议的正当性与合理性。① 若被害人对答复仍不满意，可以通过向有关机关申诉的方式表达意见。其次，通过申诉制度救济被害人在企业合规过程中被其他主体损害权益的可能性，如涉案企业合规计划建设过程中、审查机关评价企业是否合规的过程中，若处理方式对被害人再次造成伤害，即可通过向有关机关申诉的方式来救济自己的权益。② 二是构建法律援助机制和国家补偿机制。首先，法律援助机制是针对企业环境犯罪中存在主体双方实力悬殊而导致仅靠自己力量难以得到完整的法益保护的情况作出的帮扶措施。根据《为罪行和滥用权力行为受害者取得公理的基本原则宣言》的相关规定，国家有义务通过便利的司法程序和行政机关为被害人提供适当的法律援助。其次是国家补偿机制。企业环境犯罪中的被害者可能会因受损的生态环境而遭受身心和财产的损害，甚至可能陷入绝境，国家有责任在及时补偿原则、特殊保护原则、公平正义原则与补充性原则的基础上给予被害人迅速有效的补偿。③

2. 建构被害人参与保障机制

一是构建利益冲突解决机制。《刑事诉讼法》明确了犯罪被害人的赔偿并不必然包含在刑事附带民事公益诉讼中。《关于审理生态环境损害赔偿案件的若干规定（试行）》将生态环境修复责任定性为民事责任，而被害人利益的恢复和对生态环境公共利益的修复之间并无确定的适用位阶。可见，现行有效的环境法律与企业环境刑事合规制度规范，均未对被害人利益的恢复和对生态环境公共利益的修复之间的适用位阶进行明确，也并未对自然人被害人与单位被害人之间的救济位阶进行规制，④ 各被害主体间存在的实力

---

① 常永栋：《认罪认罚从宽案件中被害人权利保障问题》，《中国检察官》2023 年第 9 期，第 24 页。

② 王海蕴：《刑事诉讼法中保护被害人权利的建议——评〈刑事被害人民事诉权多元实现方式研究〉》，《科技管理研究》2023 年第 2 期，第 233 页。

③ 刘玫：《论公诉案件被害人诉讼权利的完善及保障》，《中国政法大学学报》2017 年第 1 期，第 134 页。

④ 马腾：《生态环境民事救济制度的检视与重构》，《法商研究》2023 年第 3 期，第 33 页。

悬殊是客观存在的，权益救济的位阶应当有所偏重。根据《最高人民法院关于审理环境民事公益诉讼案件适用法律若干问题的解释》第 31 条，被告因污染环境、破坏生态在环境民事公益诉讼和其他民事诉讼中均承担责任，其财产不足以履行全部义务的，应当先履行其他民事诉讼生效裁判所确定的义务。《民法典》中也有在发生冲突时，民事责任优先于行政责任、刑事责任承担的规定。企业环境刑事合规中的自然人、单位被害人遭受的损失多为民事损害，一般通过经济赔偿的方式进行补偿，其与集体、国家存在利益冲突的情况与民事责任与行政责任、刑事责任冲突的情况类似，在法律逻辑上可以参照上述规定，也即在被害人权利与公共利益出现冲突时，应当将被害人权利置于优先地位，当自然被害人与单位被害人利益出现冲突时，应当将自然被害人的权益置于优先地位。

二是构建权益长效保障机制。权益长效保障机制的关键在于构建援助基金制度，即设置一笔赔偿潜在环境被害人的援助基金。在援助资金之外，我国已经存在生态保护修复治理资金制度，但通过财政部联合自然资源部对受损生态环境进行修复的过程具有滞后性与选择性，因此对于强时效性、亟待修复的生态环境以及被害人利益救济还需要更具有及时性、流通性更强的资金来实现修复与救济功能。且在企业环境犯罪尤其是危险型环境犯罪中，可能并不存在现实的环境犯罪被害人，或者是由于环境犯罪被害现象具有延时性，被害后果不会当下显示或完全显示。当企业合规程序已经结束时，这部分被害人即陷入权益无法被救济的困境。涉案企业可设置专门用于赔偿潜在环境被害人的援助基金，以便更全面地实现对被害人利益的补偿和恢复。[①]

四　结语

企业合规制度正在各地的实践中逐渐走向成熟并定型，被害人权益保障

---

① 冯瀚元：《恢复性环境刑事司法中被害人地位的反思及完善》，《中华环境》2021 年第 10 期，第 73 页。

机制以其对企业环境刑事合规制度的平衡功能、对环境诉讼融合的制度尝试、对环境权益保护的示范意义、对司法机制协调统一的积极回应，证成了在企业环境刑事合规中确立被害人权益保障机制的合理性、正当性与合法性。然而被害人参与制度会破坏预期企业合规进程、影响预期司法效率，因此制度的程序设计必须更加慎重、利益调整必须更加周全。本报告仅对制度增设的后果进行了描述，对于增设制度对原有制度的影响机制如何运行、影响正向与否、如何协调多重机制间的利益关系等问题，尚待进一步探讨。

B.17

论《巴黎协定》可持续发展机制
环境完整性的保障*

党庶枫　江　莉**

摘　要： 　《巴黎协定》建立了可持续发展机制作为新的国际核证减排机制，并明确可持续发展机制应当实现环境完整性，即可持续发展机制下的项目应当产生真实、额外和可测量的减排，避免温室气体排放的增加，从而保障自然系统的组成、功能和自然过程的完整性。保障可持续发展机制的环境完整性在规则设计上包含三个方面。第一，以法律政策分析、投资分析、激励分析和实施国家自主贡献的分析四种方法严格评估减排项目的额外性，监管机构应不定期抽检抽查项目的额外性评估，确立第三方机构的信用评级和黑名单规则，强化对第三方机构的监管和惩罚。第二，对缔约方授权履行国家自主贡献的核证减排量进行相应调整，避免双重核算，同时对未授权的核证减排量应强化缔约方信息通报，加强监督机构的跟踪和监管。第三，应当对核证减排量的跨期结转明确形式条件和实质条件，有效限制核证减排量的跨期结转。

关键词： 　《巴黎协定》　可持续发展机制　环境完整性

---

* 基金项目：甘肃省高等学校青年博士基金项目"跨国行为体气候治理制度及中国方案"（项目编号：2022QB-121）；甘肃省教育厅"双一流"科研重点项目"黄河流域生态保护协同治理法治保障研究"（项目编号：GSSYLXM-07）；中国博士后科学基金第 67 批面上资助二等（项目编号：2020M671055）。

** 党庶枫，博士，甘肃政法大学涉外法治学院副教授，华东政法大学博士后研究人员，主要研究方向为国际环境法；江莉，博士，四川省社会科学院生态文明研究所助理研究员，"绿色创新发展"四川省软科学研究基地研究人员，主要研究方向为国际环境法。

一 引言

环境完整性是国际碳市场机制的一项原则，最早在《京都议定书》三项国际碳市场机制中确立。① 《巴黎协定》第 6 条建立了新的国际碳市场机制，包括减缓成果国际转让机制（第 6.2 条）和可持续发展机制（第 6.4条）。其中，可持续发展机制是取代清洁发展机制的新的国际核证减排机制。《巴黎协定》同样确立了环境完整性原则，但一直以来，无论是条约还是缔约方大会决议都缺乏对环境完整性原则的明确界定。可持续发展机制规则手册的谈判过程中，保障环境完整性一直是谈判的争议点，也是可持续发展机制的规则和程序设计的难点。2021 年格拉斯哥气候大会通过了《根据〈巴黎协定〉第六条第四款所建立机制的规则、模式和程序》（以下简称《6.4 条规则手册》），对环境完整性的保障以及不足和完善进行了探究。本报告首先尝试阐明环境完整性的内涵，进而分析如何保障可持续发展机制的环境完整性。

二 《巴黎协定》可持续发展机制的环境完整性

（一）《巴黎协定》中环境完整性的界定

《巴黎协定》第 6.4 条并未直接规定可持续发展机制应保障环境完整性，而是在第 6.1 条和第 6.2 条明确规定了环境完整性。但是，《巴黎协定》第 6 条的合作机制整体上包括市场机制（包括减缓成果国际转让与可持续发展机制）和非市场机制。第 6.1 条作为第 6 条合作机制的一般条款，表明合作机制的目的是促进环境完整性，② 因而，环境完整性当然也适用于

---

① 15/CP. 7，FCCC/CP/2001/13/Add. 2.

② Geert V. C.，Leonie R.，*The Paris Agreement on Climate Change: a Commentary*（Edward Elgar Publishing，2021），p. 150.

可持续发展机制，不应由于《巴黎协定》第6.4条未专门规定环境完整性而否认和忽略可持续发展机制对环境完整性的实现。此外，2015年，《通过〈巴黎协定〉决议》为可持续发展机制的规则、模式及程序的制定确立了指导性原则，包括减排项目应实现真实、可测量的长期减缓效益，减排项目应具有额外性，[①] 这三点也恰好符合环境完整性原则的基本要求。因此，《巴黎协定》第6.4条虽未专门规定，但可持续发展机制应当实现环境完整性确属无疑。

《巴黎协定》及相关缔约方大会决议并未对环境完整性进行界定。从词义上来看，完整性（integrity）指"完整的、未受损的状态"或"健康的、完美的状态"。环境完整性则表达的是环境处于健康、完整、未受损的状态。其中，"环境"一词并无统一界定，环境完整性中的"环境"代表的应当是地球的环境，即地球中的所有生物和非生物自然资源以及相互之间的作用所形成的"自然系统"的整体。"环境完整性"表达了用以描述一个维持必要自然过程的健康自然系统的一系列复杂概念。[②] "完整性"则针对"自然系统"整体而言，即自然系统能够可持续的存在和发展所必需的完整性。从自然系统的组成、功能和自然过程三个层面可以将环境完整性进一步概括为以下三点。第一，自然系统组成部分的完整性，自然系统应当具备完整的生物和非生物自然资源，当然，是否完整取决于特定的地理条件，比如沙漠地区和森林地区的自然系统必然具备不同的生物和非生物自然资源，二者在组成的完整性上也有着不同的评价标准。第二，自然过程的完整性。自然过程指自然系统的干扰、恢复、演替、循环等一系列生物、物理、化学作用及过程，对于自然系统的健康、稳定、可持续性至关重要，因此，环境完整性意味着自然系统当中的一系列生物、物理和化学作用及过程的完整性。第三，功能的完整性。自然系统的基本功能包括了维持生命、种群繁衍，除此之外，自然系统还为人类的生存提供商品和服务，发挥精神、文化、科学等

---

① 第1/CP.21号决定，FCCC/CP/2015/10/Add.1，para.37。

② Carsten S. Jens I. et.al., *Environmental Protection and Transitions from Conflict to Peace: Clarifying Norms, Principles, and Practices* (Oxford University Press, 2017). p.42.

价值。一个健康的自然系统意味着其维持生命和种群繁衍的基本功能未受损害。因此，环境完整性根本上强调自然系统的可持续存在和发展免受人类活动的干扰和损害。

可持续发展机制是致力于低成本减排的经济机制，经济机制中参与各方首要考虑的是成本效益，诸如减排成本和减排潜力，核证减排量的价格、交易成本等因素，而机制对环境的负面影响往往不能得到参与各方的充分评估和考虑，甚至会被忽略，最典型的负面影响便是"负减排"，即减排项目导致全球温室气体排放的增加。全球温室气体排放的增加对大气形成了一种破坏性的干扰，影响了生物和非生物自然资源恢复、演替等正常的自然过程，进而影响了自然系统维持生命和种群繁衍的基本功能，并最终导致生物多样性遭受威胁和破坏。因此，全球温室气体排放的增加会损害环境完整性，保障环境完整性就应该避免该机制在实施过程中增加全球温室气体排放。[1] 具体而言，缔约方实施可持续发展机制的减排项目（以下简称 SDM 项目）相比不实施 SDM 项目要么产生相同的排放、要么产生更低的排放，因此，减排项目产生的核证减排量应当是额外的减排量，即相对于没有减排项目的情形下产生的减排量是额外的。

有学者提出保障环境完整性，不应仅限于避免温室气体排放量的增加，还应避免减排项目产生其他环境负面影响。[2] 因为，碳市场机制对环境完整性的破坏并不仅限于产生了更多的排放，减排项目造成当地土壤退化、生物多样性丧失等诸如此类的问题曾经在清洁发展机制的实践中不胜枚举，也是清洁发展机制备受争议之处。如今，可持续发展机制的运行笼罩在同样的阴影当中，备受猜疑。在气候谈判中，一些缔约方也主张范围更广的环境完整性保障，2022 年 8 月，欧盟提出保障环境完整性应当包括对社会与环境风

---

[1] Lambert S, Stephanie L, "Environmental Integrity of International Carbon Market Mechanisms under the Paris Agreement" *Climate Policy* 19（2019）：388-389.

[2] David F, Charlotte S. *Legal Aspects of Carbon Trading*：*Kyoto*, *Copenhagen*, *and beyond*, （Oxford University Press, 2009）, p.277.

险的全面保障。[①] 但是，缔约方会议目前已确立的环境完整性的保障仅限于避免温室气体排放的增加。2021 年，格拉斯哥气候大会通过的《关于〈巴黎协定〉第六条第二款所述合作方法的指南》（以下简称《6.2 条合作指南》）明确保障环境完整性的三个方面。[②] 第一，全球排放量没有净增加。强调缔约方参与和实施国际碳市场机制不会增加全球总体的温室气体排放。第二，设定保守的排放基线。要求缔约方设定保守的"一切照旧"排放情景更加有助于实现真实、额外的减排。第三，降低减缓不能持久的风险。强调缔约方实施国际碳市场机制应避免减排的逆转，实现长期永久的减排。这三点均围绕减排问题展开，可见，《6.2 条合作指南》明确的环境完整性保障仅限于避免温室气体排放增加。但是，《6.2 条合作指南》并非条约，而仅仅是缔约方会议的决议，属于软法，并不具有法律约束力。保障环境完整性在谈判当中仍然存在争议，是否包括其他环境风险的保障还有待谈判各方进一步确定。本报告仅从避免温室气体排放增加的角度讨论环境完整性的保障。

（二）保障环境完整性的规则要求

保障可持续发展机制的环境完整性需要如下具体规则。第一，额外性评估。减排项目的开发业主需要证明如果没有来自可持续发展机制的资助和激励，减排项目无法开展，减排量无法产生。[③] 额外性是防范减排项目产生劣质碳信用、保障环境完整性的核心。第二，相应调整规则。额外性仅仅是对减排项目就的要求，相当于是在核证减排量的生产环节发挥保障完整性的作用，一旦涉及核证减排量的使用和转让环节，就还要防范双重核算，避免核证减排量既用于履行转让国的国家自主贡献，又用于履行受让国的国家自主贡献，从而增加温室气体排放。第三，注销规则。保障可持续发展机制实现

---

① 《捷克共和国代表欧盟及成员国 2022 年 8 月提案》，联合国气候变化框架公约官网，https://www4.unfccc.int/sites/Submissions Staging/Documents/202208311601—CZ-2022-08-31%20EU%20submission%20on %20elements%20of%20Article%206.4.pdf.

② 2/CMA.3，FCCC/PA/CMA/2021/10/Add.1，para.18（h）.

③ Axel M. et. al.，"Additionality Revisited：Guarding the Integrity of Market Mechanisms under the Paris Agreement"，*Climate policy*，19（2019）：1212.

额外减排的另一项规则就是将减排活动产生的一定比例的核证减排量注销，使其既不能转让也不能使用，可以促进净减排，保障环境完整性。第四，跨期结转的限制。清洁发展机制下的核证减排量（以下简称 CERs）向可持续发展机制结转是缔约方谈判中的争议之一。因涉及不同承诺期，跨期结转势必会增加额外的温室气体排放，影响环境完整性，因此，限制 CERs 的跨期结转也是保障环境完整性的关键。

三　保障环境完整性的额外性评估

额外性评估是减排项目业主在项目登记前需要履行的一项程序，项目业主按照监督机构制定的方法和程序证明减排项目的额外性，并经过第三方机构的审定，进而提交监督机构审核和登记。[①] 其中，至关重要的便是证明方法。《6.4 条规则手册》明确了 SDM 项目额外性的证明方法，包括法律政策分析和投资分析。[②] 首先，法律政策分析指的是项目业主需要证明减排项目是缔约方国内有关减排的法律和政策要求之外的减排活动。其次，关于投资分析，项目业主要证明如果没有可持续发展机制的激励（转让核证减排量所得收益），减排项目就无法开展。或者说，在没有可持续发展机制激励的情形下，减排项目在同类投资中缺乏商业竞争力。事实上，这是清洁发展机制的额外性评估一直以来运用的方法。而且，除了以上两种方法之外，还有 CDM 激励的考虑 （Serious Consideration of CDM）[③]、障碍分析 （Barriers

---

① 3/CMA. 3，FCCC/PA/CMA/2021/10/Add. 1，para. 46-47.

② "要证明额外性，应进行严谨的评估，表明如果没有该机制的激励措施，考虑到包括立法在内的所有相关国家政策，该项活动就不会发生，还应表明减缓措施超过了法律或法规要求的任何减缓，并采取保守做法……" 3/CMA. 3，FCCC/PA/CMA/2021/10/Add. 1，para. 38。

③ 项目业主需要证明在项目启动和实施时已经充分考虑了 CDM 的激励，而非项目实施过程中，甚至项目已经完结，项目业主因追求核证减排量带来的额外收益，而选择将项目登记为 CDM 项目，在这种情况下，减排项目不具有额外性。

Analysis)①、常规项目分析（Common Practice Analysis)② 三种方法。但是障碍分析因为难以充分证明而逐渐被淘汰，常规项目分析在实践中也较少被援用，CDM激励的考虑仅适用于部分项目。③ 因此，法律政策分析和投资分析是清洁发展机制的额外性评估的核心方法。

可持续发展机制的额外性评估应当借鉴先前的经验，保留法律政策分析和投资分析两种方法。但考虑到可持续发展机制的特殊性，额外性证明方法还应包括如下两种。第一，是否考虑可持续发展机制的激励。可持续发展机制尚未正式运行，在正式运行以前已经实施的项目，项目业主需要证明在项目启动和实施时是否已经有了关于可持续发展机制激励的充分考虑，比如项目公开的投资说明书中有关于将该项目申请登记为可持续发展机制项目的相关说明，以便证明该投资项目在实施前考虑到可持续发展机制的激励。第二，实施国家自主贡献的分析。可持续发展机制允许任何提交国家自主贡献的缔约方参与，可持续发展机制项目产生的核证减排量将用于履行国家自主贡献。因此，项目业主需要证明可持续发展机制项目是缔约方为实现国家自主贡献所必要的活动之外的。反之，如果可持续发展机制项目本身是国家自主贡献所包含的，则相当于可持续发展机制资助的是缔约方的减排义务，如此一来，可持续发展机制项目所产生的核证减排量将导致全球温室气体排放增加，环境完整性不能保障。但是，国家自主贡献的额外性分析可能会产生反向激励，缔约方为了追求可持续发展机制项目的额外性而承诺较为宽松的国家自主贡献目标。因此，国家自主贡献的额外性分析应当包括对国家自主贡献目标是否趋紧的评估。具体而言，监管机构在审核项目时可以参考一些非政府组织对各国国家自主贡献的评估，如气候行动追踪（The Climate Action Tracker，CAT）等。监督机构也可以在额外性的审核中将此类组织的

---

① 障碍分析是证明减排项目在缔约方国内实施存在技术和资金等方面的障碍，需要额外的技术、资金支持。
② 常规项目分析指分析减排项目是否属于已经实施了的常规项目或其他常规行动。
③ 适用于2000年1月1日至2004年11月8日（首个CDM项目登记日期）期间启动和实施的项目，参见 David Freestone, Charlotte Streck, *Legal Aspects of Carbon Trading：Kyoto，Copenhagen，and beyond*（Oxford：Oxford University Press，2009），p.251。

评估作为参考。

此外，监管机构对于减排项目额外性的审核依赖于第三方机构的评估导致额外性欺诈的情形难以避免，可持续发展机制保留了清洁发展机制的做法，即由第三方机构对减排项目的额外性评估进行审定，包括对所使用的标准和方法学，以及用以证明额外性的数据、假设和理由的真实性和可靠性进行审查，第三方机构审定的结论是监管机构批准和登记减排项目的重要参考，因此，第三方机构在额外性评估环节事实上拥有很大的权力，甚至发挥着决定性的作用，也就存在很大的操作空间。虽然，第三方机构通常受监管机构的登记和授权，监管机构对第三方机构的资质和能力进行把关，但是，由于这些组织以营利为目的，其与项目业主存在利益关联，因此，难以保障第三方机构在审定的过程中勤勉尽职，甚至，双方还可能会在额外性评估上恶意串通，由于额外性评估的审查以书面审查为主，信息虚报和操纵的风险会更大，最终影响评估报告的真实性。防范额外性评估环节的欺诈和串通根本上落脚于对第三方机构的监管和惩罚，具体而言，监管机构应当不定期地对已登记的项目进行抽检抽查，并明确第三方机构违规行为的责任，如第三方机构明显地未尽职审查，忽略可能影响评估结论的重要信息，监管机构应当对其做出降低信用评级的处罚。又如，当第三方机构与项目业主串通瞒报、虚报或操纵数据信息，以及捏造事实和结论时，应当对第三方机构进行更为严重的信用处罚，将其纳入不可靠机构名单。此外，监管机构也可以在程序上防范恶意串通情形的发生，如，由监管机构为减排项目的额外性评估选定第三方机构，具体可以通过随机的方式选定第三方机构，这可以在一定程度上防范项目业主选择对自己有利的机构，保障额外性评估结果的可靠性和真实性。

四　核算中的环境完整性保障

可持续发展机制的环境完整性保障还需要防范可持续发展机制项目产生的核证减排量（以下简称6.4ERs）在转让过程中被双重核算，避免一个6.4ERs同时被转让方和受让方用来履行减排义务，实际产生更多的排放。《巴黎协定》第6.5条也特别强调可持续发展机制下的减排不得被转让方和受让方同时使用。[1] 缔约方会议为防范国际转让中的双重核算制定了专门的规则，即规定在《6.2 条合作指南》中的相应调整（corresponding adjustment）。简而言之，在转让 6.4ERs 的过程中，对转让方的国家自主贡献所涵盖的温室气体排放余额增加对应 6.4ERs 的排放量，意味着该国需要额外减少对应的排放量，同时，从受让方的排放余额中扣除对应的排放量，意味着该国可以额外增加对应的排放量。[2] 但是，由于《巴黎协定》第6.4条的模糊规定，相应调整的适用在谈判中产生了很大的争议，使核算中的环境完整性保障一直笼罩在阴影当中。

（一）反对相应调整的适用

巴西一开始就主张可持续发展机制不适用相应调整，6.4ERs 对应的减排量可以计入东道国的国家排放清单。巴西的具体理由包括，第一，《巴黎协定》与《通过〈巴黎协定〉决议》仅规定第6.2条适用相应调整以避免双重核算，并未明确第6.4条适用相应调整，因此，可持续发展机制适用相应调整缺乏法律依据。第二，巴西认为《巴黎协定》第6.4条第3项[3]中的"也可以"一词表明可持续发展机制下东道国可以受益于减排项目带来的排放减少，这一减排可以同时转让另一国履行国家自主贡献。因为，"受益于"（benefit from）表达的是一种被动状态，东道国的排放水平必然会受益于项目带来的减排，最终反映在国家排放清单中。减排项目导致国家排放减少，这是不可改变的事实，不能通过任何事后行为（相应调整）去改变。[4]

---

[1] 《巴黎协定》第6.5条从本条第四款所述的机制产生的减排，如果被另一缔约方用作表示其国家自主贡献的实现情况，则不能再被用作表示东道缔约方自主贡献的实现情况。

[2] 2/CMA.3，FCCC/PA/CMA/2021/10/Add.1，para.6-10。

[3] 《巴黎协定》第6.4条第3项，可持续发展机制旨在促进缔约方减少排放水平，以便从减缓活动导致的减排中受益，这也可以被另一缔约方用来履行其国家自主贡献。

[4] 《巴西 2016 年 10 月 2 日提案》，联合国气候变化框架公约官网，https://www4.unfccc.int/ sites/SubmissionsStaging/ Documents/ 525 _ 270 _ 131198656711178821 - BRAZIL% 20 -% 20Article%206.4%20final.pdf，para.22-24。

换言之,相应调整无法调整东道国在排放水平上的受益。但大多数缔约方认为,《巴黎协定》第 6.5 条明确 6.4ERs 不能被两个国家同时使用,那么,第 6.4 条第 3 项中的"也可以"应当理解为缔约方在 6.4ERs 的"使用"和"转让"之间做选择。否则,东道国在转让 6.4ERs 的同时,将对应的减排量计入排放水平,这本质上就是一种双重核算,有损于环境完整性。① 巴西其实代表了一些发展中国家的立场,他们期望可持续发展机制能够和清洁发展机制一样,允许发展中国家转让核证减排量的同时受益于减排项目带来的减排。但《巴黎协定》下,发展中国家也承担着自主减排义务,禁止双重核算是国际碳市场机制的根本宗旨。

(二)相应调整的适用范围

由于遭到谈判各方强烈反对,巴西调整了立场,对相应调整的适用范围提出了不同意见。首先,巴西主张相应调整仅适用于国际转让的6.4ERs,而非可持续发展机制产生的所有 6.4ERs。或者说,如果 6.4ERs没有被转让用于履行国家自主贡献或其他国际减排义务,则不适用相应调整,反之,相应调整应当适用。② 巴西仍然坚持可持续发展机制不适用相应调整,这意味着可持续发展机制产生的 6.4ERs 不适用相应调整。然而,当 6.4ERs 发生国际转让时,则依据《巴黎协定》6.2 条适用相应调整。③其次,巴西和印度等国家主张国家自主贡献以外的行业、部门产生的6.4ERs 在转让时应排除在相应调整之外。因为,东道国的国家自主贡献目标不会受到这部分减排的影响,却要因为 6.4ERs 转让在国家自主贡献中

① Steve Z, "Will Double-Counting Dust-Up Crush Katowice Climate Conference?", *Ecosystem Marketplace*, https://www. ecosystemmarketplace. com/articles/old - hang - up - over - double - counting - just - one - wrench-in-katowice-climate-talks/.

② 《巴西 2017 年 3 月 31 日提案》,联合国气候变化框架公约官网,https://www4. unfccc. int/ sites/SubmissionsStaging/ Documents/ 525 _ 318 _ 131354420270499165 - BRAZIL% 20 -% 20Article%206. 4. %20SBSTA46%20May%202017. %20FINAL. pdf。

③ 《巴西 2017 年 10 月 10 日提案》,联合国气候变化框架公约官网,https://www4. unfccc. int/ sites/SubmissionsStaging/ Documents /73_ 345_ 131520606207054109-BRAZIL%20-%20Article% 206. 4% 20FINAL. pdf. para. 10。

增加对应的排放，这实质上增加了国家额外的减排义务，导致"项目业主获益、国家买单"。① 不仅如此，这还会导致国家被迫扩大其国家自主贡献的覆盖范围，② 从而违背缔约方在国家自主贡献上的自主权。根据巴西等国的主张，相应调整无法适用所有6.4ERs，必然存在双重核算的风险，损害环境完整性。

（三）相应调整的程序

调整程序是防范双重核算的关键之一，在谈判中有过很多方案，包括"使用时调整""签发时调整""转让时调整"。③ 首先，"签发时调整"，即6.4ERs一经签发就对缔约方的排放余额进行调整，随后缔约方再行转让，即"先调整，后转让"。该方案将调整作为转让的前置程序，能够在源头上防范双重核算，更加有利于环境完整性保障。其次，"使用时调整"。在缔约方使用6.4ERs履行国家自主贡献或计入国家排放清单时进行。相比之下，该方案相当于在6.4ERs的"末端"防范双重核算。但是，两种方案均受到巴西反对，其提出相应调整应当在缔约方将6.4ERs转让另一国时进行，即"转让时调整"。巴西认为如果缔约方没有转让6.4ERs而进行相应调整，会妨碍缔约方或企业以减排量履行国家自主贡献或其他国际减排义务的能力。④ 然而，就防范双重核算而言，"转让时调整"会增加监管难度，监督机构需要追踪6.4ERs后续转让和使用的情况，而且也会存在双重核算的风险，诸如转让的6.4ERs被企业售卖于国内的碳交易市场，进而被双重核算。

相应调整规则背后是巴西等发展中国家与其他缔约方之间关于"弹性

---

① "Decoding Article 6 of the Paris Agreement（version II）", *Asian Development Bank*, p. 47.

② Bhasker T, "Article 6: will corresponding adjustments tool stop double counting?", *CarbonCopy*, https：//carboncopy. info/ article－6－will－corresponding－adjustments－tool－stop－double－counting/.

③ 附属科学技术咨询机构（SBSTA）2018年48届会议关于《6.2条合作指南草案》第十二部分。

④ 《巴西2017年10月10日提案》，联合国气候变化框架公约官网，https：//www4. unfccc. int/ sites/SubmissionsStaging/Documents/73_ 345_ 131520606207054109－BRAZIL%20－%20Article%206. 4% 20FINAL. pdf. para. 10。

核算"和"强化环境完整性"的争议。围绕这一问题的谈判异常焦灼，极大影响了《6.4条规则手册》的通过。2021年4月，日本提出的"授权后调整"方案，巧妙地化解了争议。具体而言，6.4ERs需要东道国授权才可以转让给另一国履行国家自主贡献或其他国际减排义务，相应调整在东道国授权之后适用。相反，若东道国不授权，6.4ERs则不能转让另一国履行国家自主贡献或国际减排义务，相应调整也就不再适用。①"授权后调整"实质上赋予了东道国对于6.4ERs是否适用相应调整的选择权，同时，这一方案保证了任何国际转让的6.4ERs都适用相应调整。《6.4条规则手册》最终也吸收了这一方案，② 然而，"授权后调整"仍然存在双重核算的风险，该方案使未获东道国授权的6.4ERs被排除在相应调整之外。2022年沙姆沙伊赫气候大会针对这一问题的解决通过了一项规则，可持续发展机制所产生的核证减排量如果未经东道国授权并适用相应调整，则不得用于履行国家自主贡献或国际减缓目标，但可以在国内私营部门的基于结果的气候融资、国内碳市场机制或其他碳定价措施中被利用，作为实施减排项目的企业对东道国国内减排水平的贡献。③ 但是，这一规定并未根本消除双重核算的风险，未授权的6.4ERs仍然被允许流通和转让，无论是在强制还是自愿碳交易市场，都可能被购买方二次计入减排量，造成双重核算。为避免这种情况，需要确立缔约方的信息通报义务，通报未授权的6.4ERs的相关信息，保障监督机构对未授权6.4ERs的跟踪，防范双重核算。

五 核证减排量跨期结转的环境完整性保障

《6.4条规则手册》明确缔约方可以使用《京都议定书》第二承诺期内

---

① 《日本2021年4月提案》，联合国气候变化框架公约官网，https：//www4.unfccc.int/sites/SubmissionsStaging/ Documents/ 202105010041—Japan_ Article%206%20of%the%20Paris%20Agreement_ Avoiding%20double%20use%20of%20emissions%20reductions_ Submission_ 202104.pdf。

② 3/CMA.3，FCCC/PA/CMA/2021/10/Add.1，para.43.

③ 7/CMA.4，根据《巴黎协定》第六条第四款所建立机制相关指南，FCCC/PA/CMA/2022/10/Add.2，para.29。

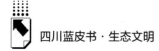
登记的 CDM 项目产生的核证减排量（CERs）履行《巴黎协定》下的首次国家自主贡献，即清洁发展机制下核证减排量（CERs）的跨期结转，这一规则的确立给环境完整性带来了极大的消极影响。

（一）CERs 跨期结转的争议

CERs 跨期结转从一开始就饱受争议。一方面，为稳固低碳投资者信心，从而确保大规模减缓活动所需的持续不断的低碳融资，一些发展中国家提出 CERs 的跨期结转。具体而言，《多哈修正案》明确第二履约期内（2013～2020 年）附件一缔约方可以继续参与和实施清洁发展机制，但是要获得和转让 CERs 则以承诺量化减排义务为前提。[1] 这表明清洁发展机制在第二履约期内继续有效，并且只要缔约方承诺量化减排义务，那么 CERs 在第二履约期内也具有法律效力，可以转让于附件一缔约方履行其在第二履约期内的减排义务。然而，《多哈修正案》生效一个月后，第二履约期便已届满。而且，第二履约期内作出减排义务承诺的国家的减排量总体上低于全球排放的 13%，[2] 而 CERs 对应的减排量却远超于此。换言之，CERs 供大于求，这也是 CERs 价格大跌的原因。因此，在第二履约期内 CERs 原则上有效，但实际上却不再具有流通性。随着承诺期结束，CERs 法律效力即告终止。政策不连续导致市场机制不稳定，显然不利于稳固投资者对碳市场的信心，进而会影响那些需要外来投资助力本国低碳转型的发展中国家减排能力的提升，根本上也会影响发展中国家履行《巴黎协定》下的国家自主贡献。因此，一些发展中国家提出续展 CERs 的有效期，允许缔约方使用 CERs 履行国家自主贡献。

另一方面，CERs 跨期结转法律依据存疑且有损于环境完整性。《巴黎协定》以及《通过〈巴黎协定〉决议》并未明确 CERs 在《巴黎协定》下的法律效力。因此，在缺乏法律依据的情况下，《巴黎协定》和《京都议定

① 1/CMP. 8, FCCC/KP/CMP/2012/13/Add. 1, para. 13.
② Benoit M., "The Curious Fate of the Doha Amendment", *EJIL talk*, https://www.ejiltalk.org/the-curious-fate-of-the-doha-amendment/.

书》作为独立的条约各自建立的机制是否可通约存在疑问。而且，CERs 跨期结转会对环境完整性产生极大风险。如果承认 CERs 能够被用来履行国家自主贡献，相当于额外抵消了不少国际减排义务，也意味着缔约方将需要额外的减排填补漏洞，否则《巴黎协定》的减缓目标无法实现。因此，最不发达国家、小岛发展中国家、拉美及加勒比国家等气候脆弱的国家均强烈反对。

（二）CERs 跨期结转的环境完整性保障

如果仅从环境完整性的角度来看，毫无疑问应当禁止 CERs 跨期结转，但从减缓激励性的角度来讲，完全禁止并不可取。当然，这也意味着支持全部 CERs 的跨期结转来充分促进减缓激励性的方案同样不可取。因此，缔约各方围绕这一问题的解决之法仍旧是利益协调与平衡，以一定的条件有限允许 CERs 的跨期结转。条件包括 CERs 的签发期、项目登记期、首期国家自主贡献。按照条件，《京都议定书》第二履约期内注册的 CDM 项目并且在 2021 年以前签发的 CERs 才可被用来履行首次国家自主贡献。

从环境完整性的角度来讲，《6.4 条规则手册》确立的三项条件仅仅是从形式上限制 CERs 的跨期结转，对于环境完整性的保障并不充分。因为满足这些形式条件的 CERs 并不必然具有环境完整性，如《京都议定书》时期，一些 CERs 是否代表着真实、永久、可测量的减排量存在疑问，假如允许这些缺乏额外性的 CERs 跨期结转，对于环境完整性的损害更甚。既然跨期结转后的 CERs 发挥着同 6.4ERs 一样的用以履行国家自主贡献的作用，以及在碳市场中具有一定的交换价值，那么相对于具有严格的环境完整性要求的 6.4ERs，那些额外性存疑的 CERs 不应拥有同等的"使用和交换"的价值。[①] 而解决这一问题的方法便是以 6.4ERs 的环境完整性的标准和要求来筛选和过滤能够跨期结转的 CERs。换言之，跨期结转的限制条件在形式

---

① David R. "A Question of Value：On the Legality of Using Kyoto Protocol Units under the Paris Agreement"，*Climate Law* 11（2021）：302.

条件之外应纳入实质条件，即跨期结转的 CERs 本身也应符合环境完整性的要求，或者说排除那些本身缺乏环境完整性的 CERs 的跨期结转。《6.4 条规则手册》明确禁止临时核证减排量（tCERs）和长期核证减排量（lCERs）的跨期结转遵循的就是这一思路，^① 二者是清洁发展机制下森林碳汇项目产生的核证减排量，因其代表着非永久性减排而在环境完整性上表现欠佳，将这两类 CERs 排除在跨期结转之外，也有助于进一步减少跨期结转对环境完整性的消极影响。但显然，仅仅将 tCERs 和 lCERs 排除在外是不够的，还应重新评估跨期结转的 CERs 是否具有额外性。因此，针对缔约方申请跨期结转的 CERs，监督机构应当审查 CERs 的额外性，不具有额外性的 CERs 应禁止跨期结转。此外，跨期结转的 CERs 应进行相应调整以避免双重核算。但是，《6.4 条规则手册》明确跨期结转的 CERs 无须相应调整，这不利于环境完整性保障。就注销规则的适用而言，《6.4 条规则手册》未置可否，同样不利于环境完整性的保障。《通过〈巴黎协定〉决议》曾明确鼓励缔约方自愿注销 CERs，^② 但其并未以法律义务的形式确立下来，从而导致这一问题在 COP27 谈判中成为缔约方争议之一。既然 CERs 的跨期结转并未能完全禁止，就应该提高标准和要求，尽可能地减少跨期结转对于环境完整性的消极影响，因此，在接下来的谈判中各方应当推动跨期结转的规则设计向更有利于环境完整性的方向发展。

六　结语

本报告讨论了一个旨在使《巴黎协定》可持续发展机制实现真实减排的问题。环境完整性应当是任何碳市场机制设立的初衷和目的，保障碳市场

---

① 临时核证减排量与长期核证减排量是清洁发展机制下造林和再造林项目活动发放的核证减排量，在有效期上与一般的核证减排量有所不同，前者只有 5 年的有效期，故而称为临时核证减排量，而后者在该 lCERs 涉及的林业项目的计入期内均有效，林业项目从投入到产生减排效益周期较长，达几十年之久，故而称为长期核证减排量。

② 1/CP. 21，FCCC/CP/2015/10/Add. 1，para. 106.

实现真实的减排，避免沦为一种会计伎俩。尽管学界关于环境完整性的讨论已非常丰富，包括《巴黎协定》国际碳市场机制如何实现环境完整性的分析。但在国际谈判中，这一问题却只获得为数不多的谈判方的关注。环境完整性在《巴黎协定》当中在狭义的层面被解释和运用，仅仅指缔约方参与市场机制对温室气体排放的影响，而避免市场机制产生其他负面环境影响的广义的环境完整性的内涵并未在国际谈判当中获得共识。就狭义的环境完整性而言，可持续发展机制应当首先以法律政策分析、投资分析、可持续发展机制的激励分析和实施国家自主贡献分析四种方法严格评估减排项目的额外性，确立第三方机构的信用评级和黑名单制度，强化对第三方机构的监管和惩罚，保障额外性评估结论的可靠性和真实性。其次，对缔约方授权履行国家自主贡献的核证减排量进行相应调整，避免双重核算，同时对未授权的核证减排量应强化缔约方信息通报，加强监督机构的跟踪和监管。再次，保障实施核证减排量的强制注销，促进可持续发展机制实现净减排。最后，明确核证减排量跨期结转的形式条件和实质条件，有效限定跨期结转，保障环境完整性。此外，环境完整性保障根本上依赖于参与的缔约方有力的减排目标，在缔约方缺乏强有力减排的政治意愿的情况下，仅仅通过完善市场机制监管的技术规则对于环境完整性的保障仍然作用有限。

B.18
全球碳交易协同：市场衔接与法律规制[*]

张春雨　钟　鹏[**]

摘　要： 面对全球气候变化空前紧迫的形势，国际社会积极合作应对气候变化，以碳市场为代表的碳定价机制快速发展，使国际碳市场衔接合作成为可能。通过碳市场衔接，不仅可以拓宽碳交易的领域，而且有助于减少环境污染，达成全球碳减排目标。只有充分认识各个国家和地域之间的碳交易市场发展情况和存在的问题，充分利用各种政策措施，实现有效的衔接，才能真正推动全球碳市场的衔接合作。本报告沿着"国内市场—国际区域间市场—全球统一大市场"的演进脉络，构建全球统一的碳交易市场体系。通过加快推进全国统一碳市场建设步伐，依托"一带一路"开展国际碳市场衔接，构建参与全球碳市场衔接的中国之策，谋求与我国地位相当的国际碳定价话语权。

关键词： 碳交易　碳市场　法律规制　市场衔接

一　问题的提出

近年来，随着全球极端天气事件频发，气候变化已成为国际社会最关心

---

[*] 基金项目：本文受四川省软科学 2023 年度项目（项目编号：2023JDR0342）和四川省社会科学院 2022 年度集体攻关重大项目（项目编号：2022JTGG11）资助。

[**] 张春雨，重庆大学法学院博士生，主要研究方向为国际经济法；钟鹏，博士，四川省社会科学院金融财贸研究所助理研究员，主要研究方向为绿色金融、金融监管。

的问题。[①] 2021 年 4 月 22 日，习近平总书记出席全球领导人气候峰会时强调："中国以生态文明思想为指导，贯彻新发展理念，坚持走生态优先、绿色低碳的发展道路。中国将力争 2030 年前实现碳达峰、2060 年前实现碳中和。"[②] 实现碳达峰碳中和，是以习近平同志为核心的党中央经过深思熟虑作出的重大战略决策，[③] 是中华民族为推动全球气候治理实现，构建人类命运共同体所做出的负责任的壮举。然而，"地球是个大家庭，人类是个共同体，气候变化是全人类面临的共同挑战，人类要合作应对。"[④] 正如美国法律经济学家波斯纳所言，全球气候变化如果继续恶化，将逐步酿成全球共同面临的大灾难，这与欧洲历史上的大瘟疫极为相似。以古鉴今，全球要真正应对和解决气候问题，离不开各命运共同体间的真正合作。[⑤] 可惜的是，自1992 年《联合国气候变化框架公约》达成以来，国际社会始终未能建立起有效的碳减排国际制度安排。

究其原因，国际碳减排具有典型的"外部性"特征，碳排放造成的环境侵害会对整个地球造成危害，但其产生的收益却为排放者个人私有。如果没有有效的国际减排制度安排，碳达峰目标和碳中和远景将沦为空中楼阁。执行《联合国气候变化框架公约》的《京都议定书》，试图以其强大的法律效力构建一个"自上而下"的国际碳减排机制，最终因利益差异、政治阻碍和道德困境而流于形式。这说明，在全球单边主义抬头、联合国日渐式微的情形下，以强制方式促使各国达成减排目标不具有现实性。2015 年 12月，在国际社会的共同努力下，《巴黎协定》得以通过，与《京都议定书》不同的是，《巴黎协定》创造性地提出基于国家自主贡献的"承诺模式"。

---

① 根据一项在全球 21 个国家和地区进行的调查显示，气候变化成为目前最受各国人士关注的问题。引自《气候变化成全球最受关注问题》，《科技日报》2007 年 4 月 13 日。

② 习近平：《共同构建人与自然生命共同体》，《人民日报》2021 年 4 月 24 日，第 1 版。

③ 北京市习近平新时代中国特色社会主义思想研究中心：《深刻认识和把握碳达峰碳中和》，《人民日报》2022 年 9 月 1 日，第 12 版。

④ 《习近平就气候变化问题复信英国小学生》，http：//www.moe.gov.cn/jyb_ xwfb/s6052/moe_ 838/202204/t20220422_ 620466. html。

⑤ Richard Posner, *Catastrophe：Risk and Response* (Oxford University Press, 2004), p.21.

在国家自主承诺模式下，根据科斯定理，可通过市场机制将外部性问题内部化，而碳市场就是通过产权化方式设立的具有稀缺性的碳交易市场，它对利用市场的驱动作用激发排污主体的减排动力、推动"双碳"目标的实现，具有十分重要的意义。目前，主要发达国家都在建立自己的碳交易市场，部分国家和地区已实现了碳市场之间的衔接。基于此，本报告以市场衔接为实施路径，以法律规制为制度保障，沿着"国内市场—国际区域间市场—全球统一大市场"的演进脉络，探讨如何构建全球统一的碳交易市场体系。

二 全球碳交易市场发展的脉络梳理

为了分析碳市场如何从国与国之间的衔接到全球市场体系的形成，先对全球碳交易市场发展的脉络进行梳理。

（一）"自上而下"到"自下而上"

1992年，联合国大会公布了第一部控制温室气体排放的条约《联合国气候变化框架公约》。1997年，联合国国际气候大会又颁布了一份具备强大法律效力的《京都议定书》，作为执行《联合国气候变化框架公约》的约束文件，以加强全球气候变化的对抗。全球变暖和恶劣天气现象的加剧要求各国采取更严格的政策来履行和加强其减排义务。《京都议定书》明确了碳减排的碳达峰和分解指数。它规定了三种基于市场的减排机制。根据第6条规定，我们应当共同努力实施联合执行；根据第12条规定，我们应当建立清洁发展机制（CDM）；而根据第17条规定，我们应当开展国际排放交易（IET）。这些机制决定了碳市场的总体思路。

《京都议定书》试图以"自上而下"的方式建立国际碳减排机制，但在实际操作中存在一定的缺陷性。[①] 2015年12月，《巴黎协定》达成，2016

---

① David G. Victor, *The Collapse of the Kyoto Protocol and the Struggle to Slow Global Warming* (Princeton University Press, 2001), pp. 109-116.

年11月生效，标志着全球应对气候变化合作迈入新阶段。《巴黎协定》基于"共同但有区别的责任"、"公正"和"适当能力"的原则，确立了以全球工业化时期的气温为参照，将全球平均气温上升限制在其发生前的2℃以内，以及"为把升温控制在1.5℃以内而努力"。从2020年起，《巴黎协定》引入了一项国家自主贡献的自下而上气候变化缓解机制。同时，该协定还设立了一个更新机制，包括定期进行全球排放清单的审查，在全球减排进展与长期减排目标之间存在差距时，推动提高减排力度和加强国际合作。① 《巴黎协定》被视为一项全面、平衡且具有法律约束力的国际协议，确立了2020年后全球气候行动的框架，重建了国际社会应对气候变化的信心，开启了全球气候政策的新纪元。

（二）国际"硬法"到"软硬结合"

"软法"和"硬法"是根据其强制执行的标准划分的两种类型。"硬法"以其明确的、合乎逻辑的流程来实施，"软法"则以其更加灵活的方式来实施。在许多情况下，国际"硬法"的特征是它们具备强制性，要求各个参与国家必须遵守并履行其相关的法律义务。② 因此，许多学者认为，只要符合这些特征，就应当将其视作"硬法"。这种做法不仅能够使参与国家在外部形式上更加自由，也能够使他们在内部社会更加团结。③ "硬法"不仅仅适用于单方面的、双方面的和多方面的碳排放交换，而且可以通过"多方协议"的形式，使碳市场衔接成为可能，促进了全球绿色发展。

"硬法"不仅通过书面文件"固定"各国的合意表达，而且提供了一个清晰的、稳健的框架，使它们的执行变得更加公平、公正。目前，"硬法"

---

① 齐绍洲、程师瀚：《中国碳市场建设的经验、成效、挑战与政策思考》，《国际经济评论》（网络首发）2024年2月2日。

② 张叶东：《中国式现代化视域下的碳市场法治保障研究》，《经济发展研究》2023年第1期，第31~44页。

③ 王蕾：《国际发展经验对我国碳市场建设的借鉴与启示》，《华北金融》2022年第12期，第69~74页。

已成为许多参与碳排放权贸易的国家或地区的首选。然而，缔结、改动、增加、扩展这些协议的过程非常苛刻，因此在与许多主权国家进行谈判时会非常困难，并会花费很长时间。① 此外，协议之后缔结，必须被转换成国内法，才能获得适当的实施效果。国际法的基础是国家享有主权这一原则，各个国家均拥有完全的自治权，从而确保各个缔结的协议都被严格执行。然而，由于缺乏足够的自治能力，许多地方无法达成协议，导致当前的碳市场管理系统无法正常运行，从而影响到全球的气候变化治理。

随着全球经济的发展，国际法律规制从以往的"同意"转变为以"关注"为基础的"软法"，这些"软法"不仅可以解决国家之间的矛盾，还可以提供一种有效的方式来促进全球经济的发展，从而使"软法"成为一种可行的解决方案。② "软法"的出台极大地推动了国际合作，因为它能够满足不同国家对于国际法的多样化要求。"主权成本"的降低大大减少了国家间的争端，具有灵活性、透明性和确定性，降低了谈判成本和实施难度。"软法"虽然没有强制性的约束力，但它却能够在一定程度上起到指导作用，防止国家之间的政治斗争给环境带来不良影响。此外，"软法"也可以转变为国际习俗、国家行为，甚至通过国际法庭的审核，最终达到"硬法"的要求，从而达到规范的目的。目前，《巴厘路线图》《哥本哈根协议》以及一些国际组织如 ICPA、IPCC 发布的报告和指南都被视为"软法"的范畴。

当然，"软法"也存在明显问题，规则过于宽松，容易被滥用，即使发现问题也只能做出适当的惩罚。③ 软性法规的稳定性也显著低于硬性法规，具体到碳市场衔接方面，有关国家和地区会根据其是否有利于本国发展而选择进入或退出碳市场衔接，对全球碳交易市场构成威胁。因此，

---

① 宾晖、张叶东：《关于中国碳市场建设和发展的若干思考》，《环境保护》2022 年第 22 期，第 11~15 页。

② 张希良、余润心、翁玉艳：《中外碳市场制度设计比较》，《环境保护》2022 年第 22 期，第 16~20 页。

③ 曾文革、江莉：《〈巴黎协定〉下我国碳市场机制的发展桎梏与纾困路径》，《东岳论丛》2022 年第 2 期，第 105~114+192 页。

在达成减排目标的过程中，以"硬法"为主，再辅以"软法"进行衔接。

三 国际碳市场衔接存在的问题

碳市场衔接是将不同国家和地区的碳市场通过协议安排的形式连接起来的市场机制，它允许各个独立的碳交易系统部分甚至全部相互接纳对方的碳市场内容，碳减排义务主体可以在已衔接的任何一个或多个碳市场内开展交易，并允许他们利用其他市场的碳配额来履行其减排责任。[①] 虽然市场衔接为建立全球统一的碳市场体系提供了指引和路径，但国际碳市场衔接仍然存在以下需要克服的问题。

（一）碳市场衔接的总量控制问题

从碳市场的分配运行规则来看，国内碳市场制度与国际碳市场的总量控制规则存在差异，并成为国际衔接的不稳定因素。尽管 2030 年目标中提到碳排放强度减少 65% 的任务，但是至今没有纳入法律，也没有明确 65% 减排任务的计算基数，这导致总量目标至今仍不清晰。原本衔接两个碳市场可以解决不同经济体之间的碳泄露顾虑，平衡双方价格，使两个碳市场的排放权价格具有可比性，但是部分国家虽然采用了配额分配方式，却没有制定二氧化碳的绝对排放上限规则。尽管有些国家应用了每单位国内生产总值的二氧化碳排放限制规则，但这一规则意味着产出增加时，总排放量可以继续增加。故此，总量控制规则的缺失对国际碳市场衔接造成阻碍，国际衔接不可能发生在缺少总量控制规则与采用总量控制规则的国家之间。

若碳市场某一个市场主体总量控制发生变化，会对碳市场稳定性造成影

[①] 程清源：《国际碳交易市场衔接法律制度研究》，天津财经大学硕士学位论文，2020，第 10~11 页。

响，当外部环境发生变化时，某个参加衔接的国际主体其总量控制可能发生变化，影响碳衔接机制的稳定性和环境调节功能。[1] 由于这种做法本身就存在潜在的风险，因此，它们很有可能无法实现原本的碳减排作用和总量控制目标。

（二）碳市场衔接的协调问题

除总量控制外，碳市场衔接还存在协调问题，具体表现为碳市场的减排目标协调和监管标准协调。减排目标的协调，是碳市场衔接首先要解决的问题。一方面，根据格林等人的研究，由于会影响到碳配额价格的差异，参与碳市场衔接的国家或地区提出不同的减排目标，需要进行碳减排目标协调，这可能是建立碳市场衔接的首要障碍。[2]

另一方面，总量控制的上限（CAPs）的不同也将影响碳交易市场的衔接。如果将两个具有不同减排目标和上限的碳市场联系起来，将提高价格较低一方并降低价格较高一方的配额价格，可能会造成资金的大量转移，而且后者一般不会愿意为前者市场的碳交易成本付费。[3] 相反，如果两个系统中的配额价格非常相似，则衔接中双方的经济收益将很小，那么衔接将不会有很大的意义，在现实中也很难衔接成功。

（三）碳市场监管标准的协调

为了确保交易过程的顺利进行，必须构建一个高度协同的注册管理机构，以实现市场的稳定运营。同时，应设定一套统一的标准，以便在保持市场稳定的同时，不影响配额在不同碳交易市场之间的自由流动。然而，不同国家的碳交易市场在制定监管标准时，往往会受到该国家与地区的经济发展

---

① 李晓依、张剑：《全球碳市场发展趋势及启示》，《中国外资》2023年第5期，第34~37页。

② Green J F, Sterner T, Wagner G, "A balance of bottom-up and top-down in linking climate policie", *Nature Climate Change* 12 (2014)：1064.

③ Watch C M, "Towards a global carbon market: prospects for linking the EU ETS to other carbon markets", *Brussels*, 2015.

水平的影响。当这些市场开始尝试衔接时，可能会出现相关法规之间的冲突，这种冲突可能会对碳交易市场的衔接和运行产生负面影响。因此，为了确保碳交易市场的有效衔接，需要对各区域间的不同监管规则进行有效的协调，以保证所有相关法规的一致性。这无疑是碳交易市场衔接成功与否的关键环节之一。

四　全球碳市场衔接的法律规制路径

随着全球各大洲碳市场版图的不断扩大，许多国家对实施碳市场衔接这种合作形式表现出支持的态度，碳市场之间的衔接将成为一种趋势。为确保碳市场衔接真正落地，国际社会仍需要辅以一定的法律规制作为共同约束。

（一）碳市场衔接上"硬法"与"软法"相结合

"硬法"和"软法"在碳交易市场的建立上各有优势，为了实现全球统一的目标，应当充分利用它们的优势，并根据不同国家的发展情况，采取适当的衔接措施，以实现碳交易市场的均衡发展。

在当今全球化的背景下，《巴黎协定》的出台为全球碳交易市场的可持续性发展打下了基础。特别是第 6.2 条和第 6.4 条，为全球范围内的碳市场交易提供了强有力的政策指导。《巴黎协定》旨在提供强大的支撑，以便国际社会能够顺利完成碳交易。引入国际法，可以规范国家的减排行为，从而激励各国之间的协同配合，共同参与全球气候变化的治理。这将有助于建立起国际性的碳交易机制，并且能够帮助各国采取更积极的措施，以达到节能环保的目的。采取有效措施，充分发挥碳交易市场资源配置功能，推动全球碳配额交易，从而实现各国碳减排目标。

因此，首先需要充分发挥"硬法"具有强制约束力的优势，以确保碳交易市场的衔接具有法律约束和执行的强质性。在签订相关衔接协定时，应注意到碳交易市场的衔接可能会受到情况变化和政治原因的影响，这些影响必须考虑在双边协议中，并明确用文件声明其影响，不然会给碳交易市场带来潜在的风险。① 在构建双边碳交易市场的衔接时，可以通过双边或多边协议明确规定政治因素引发情况变化可能给缔约方造成的损失，或者直接排除与政治行为相关的情况，以减少碳交易市场衔接的潜在不可控风险。

此外，具有不同国家和地区经济发展水平不同，政治制度存在差异，碳市场建设进度不一，因此，应充分利用"软法"的灵活性，建立碳贸易接口，并促进国际合作，构建碳市场接口体系。即使在国家利益发生冲突的情况下，也可采取更灵活的方法，通过立法促进减少二氧化碳排放的合作，以实现碳交易市场与减少二氧化碳排放目标的趋同。② 因此，有必要提高《联合国人类环境会议宣言》、《联合国气候变化框架公约》、《巴厘路线图》和《哥本哈根协定》等现有国际"软法"的有效性。支持各国或地区根据相关会议主题和会议报告开展气候合作，促进碳交易市场趋同，以指导国家或地区应对气候变化的合作。

（二）建立统一透明的交易体系与灵活履约机制

为了实现碳市场的衔接合作发展，需要建设一个统一的碳交易注册与交易体系，构建以 MRV（监测、报告和核查）制度为核心的信息披露制度，以确保每个参与者都能够获得充分的权益，能够实现实时监控，以及及时追溯到参与者的义务履行。利用最先进的区块链技术构建统一的碳交易系统，不仅能够极大地降低交易成本，还能为参与者提供更加完善的信息，包括但不限于国家配额、交易量、交易类型等，并且能够通过统一碳交易管理机构的审核，确保碳交易的全面性。完善的信息披露机制可以有效降低市场的竞争压力，减少信息的不对称，从而降低企业的竞争壁垒，有助于确保碳排放的公正、透明、可控，从而实现可持续发展。

---

① 史学瀚、孙成龙：《"一带一路"碳市场法律制度初构》，《理论与现代化》2020 年第 2 期，第 79~90 页。
② 何秋洁、王静、何南君：《碳市场建设路径：国际经验及对中国的启示》，《经济论坛》2019 年第 10 期，第 139~145 页。

MRV 制度的出台为维护全球气候健康提供了坚强的支撑，它可以确保市场的公开透明，从而降低碳汇的成本，达到节能的目的。为了确保 MRV 的有效实施，双方必须制订一套完善的监督、审计与报告机制，确保《巴黎协议》中的透明度标准得到充分遵守。[①] 此外，为了保证碳交易的有效实施，必须加强对系统的灵活性与流通性的管理，从而确保碳排放的平衡。通过提高系统灵活性，企业能够更加轻松地执行其减排任务，并且能够更好地控制成本，从而更好地实现环境友好型社会。

（三）建立合适的监管与纠纷解决机制

监管组织的存在为维护全球碳市场的健康、安全、高效运营提供了必要支持，为实现减排目标提供了强大的支撑。每个参与国家都必须遵守监管组织的规定，享受合理的自治权，承担起维护和促进全球碳市场正常发展的职能。政府的监督措施必须恰当，以确保碳减排的可持续发展。如果对环境保护的要求太严格，就有可能带来巨额的财务损失，包括较高的交易费用、较大的投资者风险乃至无法预料的回报。例如，CDM 的实践证明，即使采取了相同的措施，但需要进行烦琐而又严格的审核流程，这将使整体的环境保护费用更为显著。因此，为了确保公平、合理的市场运行，监管部门需采取适当的限制，包括但不限于价格控制、跨境融资等。此外，为了减少投资者的不确定性，还需加强对参与方的审查，并在适当的时候采取相关的措施。为了更好地执行相关的监管政策，需要根据交易所、市场、现货、期货、配额及其碳排放权的特点，确定各种形式的监督机构、监督渠道及相关的监督方式。全球碳市场法律制度应确定监控区域，严格管控出现的一些垄断行为和内幕贸易行为，甚至碳偷盗和碳欺诈等犯罪行为。同时，要构建与之相关的法律约束机制，出现违法的行为要停止其配额占比，并使其受到相应的惩罚。可借鉴西方国家有关碳交易履约的规定，将督促履约与惩罚激励机制

---

① 郑玲丽：《全球治理视角下"一带一路"碳交易法律体系的构建》，《法治现代化研究》2018 年第 2 期，第 46~56 页。

结合。

在全球碳市场上，由于存在明显的政治偏见，许多争议无法通过司法程序得到妥善处理，为了维护全球碳市场的公平性，必须采取措施来缓冲这种冲突，防止配额与碳信用之间出现不平衡，进而损害该市场的综合运行。商业争端纠纷解决机制旨在加强对配额与碳信用的管理，并促进更快速地纠纷处理。为了更好地遵循"一带一路"的原则，所有参与者还应签订适当的附属协议。

五 全球碳市场衔接的中国参与之策

截至 2023 年 11 月 30 日，我国碳排放配额累计成交 4.23 亿吨，中国已建成全球规模最大的碳市场。[①] 作为全球碳大国，我国参与全球碳交易市场衔接，争取与我国地位相当的国际碳定价话语权，已是应有的题中之义。为此，本报告提出如下对策建议。

（一）加快推进全国统一碳市场建设步伐

构建全国统一的碳市场，是我国参与全球碳市场衔接的前提和基础。早在 2022 年 4 月，《中共中央 国务院关于加快建设全国统一大市场的意见》中就要求建设全国统一的能源市场，培育发展全国统一的生态环境市场。时任国务院副总理韩正强调，要深入贯彻习近平生态文明思想，围绕我国新设定的二氧化碳达峰和碳中和目标，加快推动全国碳市场建设。事实上，只有建设全国统一的碳市场，才能使各行各业能够遵循相同的标准和交易规则，同时也才能为监管部门提供统一的标准来监控整个碳交易过程。推动污染排放权和能源消耗权的市场化交易，这不仅可以帮助企业更好地控制其碳足迹，还可以通过市场机制优化资源配置，从而提高整体效率。在这一过程中，需要研究并制定一套完整的制度体系，包括各用碳单位的初始配额分

---

① 刘惠宇：《中国已建成全球规模最大碳市场》，《解放日报》2023 年 12 月 23 日。

配、用碳权的有偿使用以及配套服务的各个环节，这些制度将确保碳市场的稳定运行，并为参与者提供公平的竞争环境。

为了推动全国碳市场建设，需要采取一系列措施。其中的首要任务是制定出全国性的碳市场发展战略，这个战略应着重于构建一套与全国碳市场需求相匹配的法律和规章制度框架。具体来说，这包括在全国范围内建立起一套以全国碳排放权交易管理条例为核心，以生态环境部的相关管理规定为主导，以及由交易所交易规则提供支持的"1+N+X"政策制度体系。此外，还需确保这套政策制度体系能与各个省份的碳达峰目标紧密结合，从而使全国各地和各行业的碳配额资源能够通过全国碳市场得到更有效的分配和优化。

（二）依托"一带一路"开展国际碳市场衔接

"一带一路"倡议覆盖68个国家，其GDP占全球总GDP的1/3，这使它在减少世界碳排放方面发挥着至关重要的作用。中国是"一带一路"倡议的发起国，2023年，《"一带一路"绿色发展北京倡议》发布，倡议提出各方应践行共商、共建、共享的原则，加强绿色低碳发展的政策沟通与战略对接，分享绿色发展的理念与实践。并且发布了一系列的双边、多边的环保绿色协议。[1]"一带一路"提出了促进全球可持续发展的重大战略，以及通过建立有效的碳排放管控体系应对全球性的气候变暖。"一带一路"提出了更多的可持续性政策，以此来促进"一带一路"国家的可持续发展。[2]因此，当中国全国统一碳市场运行较为成熟后，将逐步探索不同类型的"一带一路"碳市场衔接和合作方式。在与发达国家衔接方面，可优先考虑与近邻韩国建立双向衔接机制。同时，欧盟是全球气候治理与碳市场建设走在前列的发达地区，我国亦可优先与欧盟尝试碳市场衔接的可能性。待其他国家，特别是发展中国家的碳市场逐渐成熟后，再逐步建立衔接机制。

---

[1] 云静达：《全国统一碳市场的法治化建构：价值平衡与路径借鉴》，《学术交流》2023年第8期，第70~86页。

[2] 季华：《〈巴黎协定〉国际碳市场法律机制的内涵、路径与应对》，《江汉学术》2023年第4期，第104~112页。

（三）利用市场衔接形成国际碳交易协同

《巴黎协定》无疑为全球碳交易提供了一个全新的"参考坐标"和制度基础，然而，为了有效地降低在实施过程中可能出现的各种不确定因素，同时塑造出一个真正意义上的全球合作模式，并且最终达到全球碳价的相对一致性，我们仍然需要深入探讨一种可以协调各个国家内部多样化减排行动的全球性政策框架。这种政策框架不仅能帮助各国的减排行动更加有序，而且能促进全球范围内的碳排放控制，从而推动全球气候变化问题的解决。在全球范围内，碳交易市场已经成为一个重要的发展领域，它不仅推动了碳排放权的买卖，还为碳交易的发展提供了一个广阔的舞台。这个市场通过与其他国家的碳交易机构建立联系，实现了国际合作，从而使碳交易的市场规模得以扩展。此外，这种跨国合作也增强了碳交易市场的流动性，使更多的企业和个人有机会参与到这一领域。这不仅有助于提高碳排放权的交易效率，同时有助于降低碳排放的成本。总的来说，碳交易市场的衔接为碳交易的发展提供了强大的支持，并有望进一步推动全球范围内的碳减排行动。要利用市场衔接逐步形成国际碳交易协同，真正构建全球统一的碳交易大市场，以国际碳配额为核心，通过国际碳排放总配额锁定全球碳总排放量，从而实现碳达峰和碳中和，利用全球统一碳市场促进碳交易和流转，提高碳效益和运行效率，并在参与全球碳市场形成的过程中谋求与我国地位相当的国际碳定价话语权。

参考文献

杨博文：《〈巴黎协定〉后全球气候多边进程的国际规则变迁及中国策略》，《上海对外经贸大学学报》2023 年第 30 期。

索米娅、马军：《国外主流碳市场发展对中国碳市场建设的启示研究》，《农场经济管理》2023 年第 7 期。

杜子平、孟琛、刘永宁：《我国全面启动碳交易市场面临的机遇与挑战——基于"一带一路"战略背景》，《财会月刊》2017 年第 34 期。

B.19
"双碳"目标下中国环境立法的协同路径*

张叶东**

摘　要： 在"双碳"目标背景下，中国环境立法应作相应调整，实现从污染防治到降碳协同的范式转换。当前面向"双碳"目标的环境立法存在数量不足、位阶偏低、内容不完整、针对性不强等问题，未来应当转变环境治理思路，以环境质量为环境法直接管制目标，从污染防治转换为满足人民对优良环境的更高期待。同时，加快制定气候变化应对法，加强各现行环境单行法的协同立法，丰富立法数量，提升法律位阶，通过管制、激励、教育等多重手段来调控温室气体的排放与吸收，在促进经济社会发展全面绿色转型中落实"双碳"目标，彰显中国积极应对气候变化挑战和推动构建人类命运共同体的大国担当。

关键词： "双碳"　环境立法　生态环境　温室气体

一　问题之提出

2020年9月22日，中国国家主席习近平在第75届联合国大会一般性辩

---

* 本报告系国家社科基金一般项目"'双碳'目标下上市公司绿色治理法律制度研究"（项目编号：23BFX102）、上海市哲学社会科学规划项目"中国生态法学范式的理论构建研究"（项目编号：2023EFX008）的阶段性研究成果。

** 张叶东，博士，复旦大学环境资源与能源法研究中心助理研究员，主要研究方向为环境资源法、气候变化法。

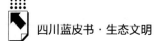

论上的讲话中宣布，为应对气候变化，中国将提高国家自主贡献力度，采取更加有力的政策和措施，二氧化碳排放力争于 2030 年前达到峰值，努力争取 2060 年前实现碳中和，① 此即"双碳"目标。2022 年，生态环境部等七部门印发《减污降碳协同增效实施方案》，系统规划了减污降碳协同增效的任务措施。② 2024 年 1 月 31 日，习近平在中共中央政治局第十一次集体学习时指出："必须加快发展方式绿色转型，助力碳达峰碳中和。"2024 年 2 月 19 日，中央全面深化改革委员会第四次会议审议通过《关于促进经济社会发展全面绿色转型的意见》，要求以"双碳"工作为引领，协同推进降碳、减污、扩绿、增长，把绿色发展理念贯穿于经济社会发展全过程各方面。"双碳"目标对于环境立法而言，具有重要的指导意义。在 2023 年 9 月 7 日发布的十四届全国人大常委会立法规划中，《生态环境法典》被纳入一类立法项目，即"条件比较成熟、任期内拟提请审议的法律草案"，其中的"绿色低碳发展编"条文数量尚未形成一定体量，而气候变化与碳达峰碳中和立法被纳入三类立法项目，即"立法条件尚不完全具备、需要继续研究论证的立法项目"。这些进展意味着生态环境立法涉及多领域多维度多方面，也对应"双碳"目标战略和生态文明建设的基本要求，因此必须从更为广阔的视野展开研究。③ 范式是学科研究的根本，是一个专业领域成员之间的一组共同信念，"危机是新理论出现的前提条件"。④ 环境法学的研究范式自"双碳"目标提出后进入了新阶段，实现了从污染防治到降碳协同的视角切换。本报告首先对中国环境立法有关二氧化碳等温室气体管控的相关内容进行回顾与梳理，并结合"双碳"目标对中国环境立法的嬗变诉求，

---

① 《在第七十五届联合国大会一般性辩论上的讲话》，联合国大会网站，https://estatements. unmeetings. org/estatements/10. 0010/20200922/cVOfMr0rKnhR/qR2WoyhEseD8_ zh. pdf.

② 刘超：《"双碳"目标下"减污降碳协同增效"在生态环境法典中的立法表达》，《政法论丛》2024 年第 2 期。

③ 张梓太、张叶东：《实现"双碳"目标的立法维度研究》，《南京工业大学学报》（社会科学版）2022 年第 4 期。

④ 〔美〕托马斯·库恩：《科学革命的结构》（第四版），金吾伦、胡新和译，北京大学出版社，2012，第 66 页。

指明中国环境立法的应然转向，以《生态环境法典》编纂为契机重构相应的生态环境范式，形成减污降碳协同增效的实施路径。

二 因应"双碳"目标的中国环境立法嬗变考察

回溯中国环境立法的发展历程，可以看出我国环境立法具有本土嬗变的特色，尤其在"双碳"目标背景下更体现了中国式现代化的独特路径。"双碳"目标对中国环境立法有两大嬗变诉求，一是来自环境基本法的回应，二是打破碳排放权交易制度的藩篱。与发达国家相比，我国实现"双碳"目标的任务将更加紧迫，时间周期更短。经过多年的酝酿与筹备，部分行业企业开始对碳排放进行管控，全国碳排放权交易市场也已全面启动，可是环境立法似乎并未跟上时代需求的步伐，面向"双碳"目标的中国环境立法数量不足、位阶偏低，环境立法内容不完整且针对性不强。中国环境法的基本特质是"回应型法"，其实质就是环境政策的体现。[1] 当前环境立法基本都是紧随环境问题及环境需求作出回应，以解决经济发展和环境保护之间的主要矛盾。

（一）中国环境立法的数质缺陷

经过 40 多余年的努力，我国生态环境立法已经形成了由 30 多部法律、100 多部法规、1000 多部地方立法、1200 多项国家环境标准构成的"1+N+4"法律体系（"1"是发挥基础性、综合性作用的环境保护法，"N"是多部环境保护专门法律，"4"是 4 部针对特殊地理、特定区域或流域的生态环境保护立法），[2] 共计 2400 余部。但针对控制温室气体排放和应对气候变化的法律文本仍然较少。目前，我国就"双碳"领域（直接相关）共制定法律法规、规范性文件及行业规定 117 件（见图 1），其中法律 0 件；行

---

① 陈海嵩：《中国环境法治中的政党、国家与社会》，《法学研究》2018 年第 3 期。
② 吕忠梅：《环境法典编纂研究的现状与未来》，《法治社会》2023 年第 4 期。

政法规 1 件，即《碳排放权交易管理暂行条例》；地方性法规 1 件，即《天津市碳达峰碳中和促进条例》；部门规章 1 件，即生态环境部出台的《碳排放权交易管理办法（试行）》；党内规范性文件 93 件，其中中央规范性文件 2 件，即国务院出台的《中共中央　国务院关于完整准确全面贯彻新发展理念做好碳达峰碳中和工作的意见》和《2030 年前碳达峰行动方案》，部委规范性文件 13 件，涉及生态环境、发展改革、财政、教育、交通、农业、住建、工业信息化、科技、能源、市场监管等多个领域的"双碳"行动方案，省、自治区、直辖市规范性文件 78 件，包含全国 26 个省、自治区、直辖市已发布的"双碳"实施方案及配套规范性文件，大多从财政、工业、科技、城乡建设等领域结合各地区实践开展"双碳"工作；行业规定 21 件，包含监管部门制定的碳标准和各社会团体制定的碳标准，特别指出《碳管理体系　要求及使用指南》《企业碳资信评价规范》等涉及企业碳管理和碳资信评价的标准已经陆续出台，这意味着未来企业需要进一步管理好碳资产，并借助碳资产的管理运营，做好企业碳资信的评级工作。

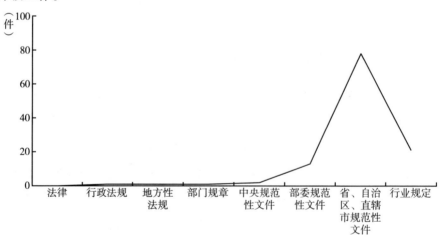

图 1　与"双碳"领域直接相关的法律法规、规范性文件及行业规定（截至 2024 年 5 月）

资料来源：笔者根据中国政府网、全国人大网等网站公布的法律法规政策自行统计整理。

从应然角度分析，直接面向"双碳"目标的法律包括《环境保护法》《应对气候变化法》以及其他相关法律（见表1）。首先，《环境保护法》作为环境保护领域的龙头法，对环境法的立法目的、调整范围、基本原则、基本法律制度和法律责任等内容都进行了规定，中国环境立法需要对"双碳"目标进行回应，最先应该进行回应的便是《环境保护法》。其次，"双碳"目标与气候变化问题有着极为密切的联系，控制温室气体排放成为应对气候变化减缓性立法的重中之重。但是就当前的环境立法现状而言，《环境保护法》根本不足以体现对"双碳"目标的关怀，《应对气候变化法》尚处于起草阶段，控制温室气体排放的目标和制度内容主要来自党中央和国务院所发布的一系列政策性规范性文件，以及更低位阶的法规与规章。

表 1 推进"双碳"战略所涉及领域的高位阶法律

领　域	法　律
低碳领域的法律	《循环经济促进法》(2018 年修正)
	《清洁生产促进法》(2012 年修改)
环保领域的法律	《环境保护法》(2014 年修订)
	《海洋环境保护法》(2023 年修订)
	《大气污染防治法》(2018 年修正)
	《土壤污染防治法》(2019 年施行)
	《湿地保护法》(2022 年施行)
能源领域的法律	《节约能源法》(2018 年修正)
	《电力法》(2018 年修正)
	《煤炭法》(2016 年修正)
	《矿产资源法》(2009 年修正)
	《可再生能源法》(2009 年修正)
	《石油天然气管道保护法》(2010 年施行)
气候领域的"法律"	《中国应对气候变化国家方案》(2007 年发布)
	《全国人民代表大会常务委员会关于积极应对气候变化的决议》(2009 年施行)

注：气候领域的"法律"实际上代指正在起类似法律作用的文件。

我国环境立法有关温室气体管控的历史沿革大致可以分为两个阶段。第一阶段为 1992~2009 年的起步阶段，以联合国《气候变化框架公约》的颁布为标志，中国开始关注气候变化问题，并于1994年制定《中国21世纪议程》，其中控制温室气体排放是该议程所关注的内容之一。该阶段的国内立法以政策立法为主，将应对气候变化作为中国可持续发展总体战略的优先领域，同时将生态环境目标与减少温室气体排放纳入中国经济社会发展规划，但局限在没有对减排目标提出具体化、数字化的约束性指标，强调以企业自愿减排为主。第二阶段为2009~2021年的快速发展阶段，以2009年全国人大常委会发布的《全国人民代表大会常务委员会关于积极应对气候变化的决议》为标志，虽然以宣示性内容为主，但该决议是我国首部由国家立法机关制定通过的专门应对气候变化的综合立法，具有里程碑式的意义。生态环境部于2020年底颁布了《碳排放权交易管理办法（施行）》，并于2021年初陆续出台了《碳排放权交易管理规则（试行）》《碳排放权登记管理规则（试行）》《碳排放权结算管理规则（试行）》等多项规范性文件，国务院也颁布了《碳排放权交易管理暂行条例》，首次将碳排放权交易上升至行政法规，这些法规和规章对全国碳排放权交易市场进行了较为全面且细致的规定。

地方立法最早作出回应的是陕西省政府于2008年颁布的《陕西省应对气候变化方案》，而后青海省政府于2010年颁布了《青海省应对气候变化办法》，首次提出开展气候变化对水资源、生态环境和敏感行业的影响评价，并且要求对气候资源开发利用建设项目进行气候可行性论证，以此来规避气候变化所带来的环境风险。2012年深圳市人大颁布《深圳经济特区碳排放管理若干规定》，对特区内的重点碳排放企业及其他重点碳排放单位的碳排放量实施管控，这是全国范围内首个也是目前唯一一个针对碳排放管控的地方性法规。而后上海市、广东省、湖北省等省份都陆续颁布通过了有关碳排放管理的相关规定，基本上都是依托碳排放权交易制度来对温室气体排放进行管控，并没有形成专门针对温室气体排放的管控体系，虽然开始通过市场手段激励企业自主减排，但法律位阶普遍较低。

（二）中国环境立法的内容缺失

我国有关温室气体排放管控的大部分内容都是围绕碳排放权交易展开

的，形成了以碳排放权交易制度为核心的碳排放制度。一是重点排放单位名录管理制度。根据《碳排放权交易管理暂行条例》第 7 条和《碳排放权交易管理办法（试行）》第 8 条的规定，列入温室气体重点排放单位名录的企业主要包括两类：第一类属于全国碳排放权交易市场覆盖行业，第二类是年度温室气体排放量达到 2.6 万吨二氧化碳当量的企业。二是排放总量控制和配额管理制度。温室气体排放总量是某个区域内在一定期间可以排放的温室气体总量，由中央政府给出约束性指标，再通过配额制度层层分解至具体的行业与企业，此种减排机制是一种自上而下、主要靠政府发动的机制。三是登记和交易制度。这是我国针对温室气体管控最为重要的内容，也是打破自上而下管控僵局、提高企业自主减排积极性的关键举措。2021 年，全国碳排放权交易市场已经正式拉开帷幕，其中登记注册机构设在武汉，交易机构设在上海。理论上说，碳排放权交易能够为积极减排的企业带来额外的经济效益，从而刺激企业主动减排，在排放总量固定的情况下实现不同企业对配额"需"与"求"的良性互动，减少政府在碳排放权初次分配时的决策失误。四是报告与核查制度。重点排放单位有对自身碳排放量进行检测、核算、并将结果报告给政府的报告义务，对于未按要求及时报告或拒绝履行报告义务的单位可以追责；核查主要由有资质的第三方核查机构依照颁布的核查方法对排放源所排放的温室气体进行检测与核算。五是清缴与抵消机制。重点排放单位每年需要向生态环境主管部门清缴上年度的碳排放配额，如果配额结余，则后续年度可适用，或可用于配额交易。企业还可以通过购买国家核证自愿减排量来抵消超额排放量，其中抵消比例不得超过应清缴碳排放配额的 5%。

碳排放权交易作为《京都议定书》规定的三大履约机制之一，是各国政治博弈的结果。碳排放权交易其实是一个人造法律概念，其结果是富国通过从低收入国家以低价购买碳排放权来继续其高排放与高收益并存的生产和消费，进而加深资源的不公平使用。但是碳排放权交易在理论上能够刺激企业主动减排，相较于传统的命令控制型措施而言具有更经济的优势，同时也能避免企业在"违法成本低、守法成本高"的情况下选择违法排放，而且欧盟碳排放权交易市场的成功也在实践上证明了碳排放权交易制度的现实可行性。中国的碳排放权交易市场具有极大的发展潜力，交易市场的成功运行将极大提高中国在全球气候治理领域的话语权，以"授人以渔"理念为指引为广大发展中国家提供宝贵的中国经验，切实帮助发展中国家提高应对气候变化能力，推动构建人类命运共同体。

虽然碳排放权交易制度能够行之有效地控制温室气体的排放，但是并不能理想地期待单独依靠该制度就能促成"双碳"目标的实现，面对域外的制度经验应秉持"海纳百川"的态度，同时还应当坚持一切从实际出发，结合中国国情，走适合本土实际的道路。全球气候治理"道阻且长"，其中必将充满各种各样的不确定因素，一旦出现市场失灵的情况，如果没有其他制度手段的支撑，政府便难以通过"看得见的手"进行调整。为了避免这种被动局面的出现，可以强调行政调控，将温室气体与大气污染物进行协同控制。"双碳"目标还可以通过增加碳汇的方式达成。由于专门立法的缺位，保障"双碳"目标的制度手段都散见于各环境单行法之中，而且缺乏针对性，如《大气污染防治法》虽然规定将温室气体与大气污染物进行协同控制，但在具体的控制措施方面却并没有赋予环境主管部门相应的职权；《清洁生产促进法》《循环经济促进法》《节约能源法》《森林法》《草原法》等单行法未将温室气体作为管制对象，其可操作性仍然不强。由于部门职责不清、统一的协调应对机制不健全、有关监管制度尚未法定化等问题的存在，当前面向"双碳"目标的中国环境立法呈现出"形散神也散"的特点。

三 《环境保护法》回应"双碳"目标的法理基础

在"双碳"目标背景下，《环境保护法》在回应"双碳"目标时需要注意国家目标的一致性和环境立法的复合性。即将启动编纂的《生态环境法典》设置"绿色低碳发展编"，以绿色低碳发展标准体系串联全编，以降碳为制度边界，形成经济全流程控制体系，需要对温室气体排放的管控或气候变化问题进行专章回应，依托现有的基本原则和基本制度对这一问题进行规范，在法典化统领下提高对气候变化问题的重视程度，妥善处理气候变化减缓与适应的关系，以原则性规范构造为主，注意国家目标的一致性和环境立法的复合性。

（一）国家目标的一致性

《环境保护法》是我国环境保护领域的基本法与龙头法，其立法目的是"保护和改善环境，防治污染和其他公害，保障公众健康，推进生态文明建设，促进经济社会可持续发展"。2018 年《宪法》"序言"中将生态文明扩充为"五位一体"总体战略布局之一，使其成为国家战略目标。"双碳"目标作为生态文明建设的一部分，理所应当地成为国家战略目标。同时依据《宪法》第 26 条，国家负有保护环境的义务，因此国家负有碳排放管理的义务。[①]"双碳"目标的直接效果体现在对环境的保护和改善方面，一旦大气中的二氧化碳浓度维持在稳定水平，全球气候变暖将得到一定缓解，由气候变暖所导致的自然灾害或其他环境问题也会得到改善；此外是对经济发展方式和能源消费结构的调整与优化，只有不断降低化石能源的消费量、提高清洁能源消费比重，才能尽早实现"双碳"目标。

大气污染导致大气环境质量下降所引起的健康问题早已进入大众视野，可是就温室气体而言，它与公众健康之间的关系却很微妙，它的存在不会直接对公众健康造成影响，但是因气候变化引起的环境变化与公众健康之间的因果关系却是多维的，对温室气体管控是推动实现高质量清洁空气的必然要求。当前我国环境立法仍然以行为规制模式为主，无论是《环境保护法》还是《大气污染防治法》，只有主体从事排放污染物的行为才会被纳入环境法监管之下，那么在目前温室气体法律属性未明的情况下很难将其纳入现有的环境法律体制框架下进行监管。有学者提出环境法应当以"环境质量目标主义"为设计思路，将环境质量作为环境法直接规制的目标，笔者认为这能够较好解决行为规制模式的弊端。按此逻辑，如果温室气体浓度过高引

[①] 张梓太、张叶东：《实现"双碳"目标的立法维度研究》，《南京工业大学学报》（社会科学版）2022 年第 4 期。

起环境质量改变，那么在环境质量目标主义之下，对温室气体排放进行管控便有了合法依据。

（二）环境立法的复合性

《环境保护法》对"双碳"目标的回应，首先应该体现在立法目的之中。耶林说，"目的是全部法律的创造者，每条法律规则的产生都源于一种目的"。[①]"双碳"目标与环境保护目标存在一致性，《环境保护法》第1条所规定的立法目的理论上与"双碳"目标相契合，可是从《环境保护法》所规定的一系列基本原则和基本制度来看，却缺少了对"双碳"目标的规则性和制度性支撑。当前《环境保护法》已经确立了一系列环境基本制度，通过立法和行政等公权力的介入，将人们开发利用和保护改善环境的行为"管"起来。就"双碳"目标而言，其规定的推动经济生产方式转变、调整和优化产业结构、鼓励低碳经济发展等内容十分重要，可以将"双碳"目标巧妙融入这些制度内容之中，直接为温室气体管控提供法律基础。由此看来，"双碳"目标与环境保护目标一致，为《环境保护法》设定了更高的价值目标和制度要求。综观《环境保护法》全文可以发现，仅在第6条第4款有对公民应当采取低碳节俭生活方式的义务规定，而面向企业和其他主体的低碳行为规定则存在空白。《环境保护法》第4条强调国家应采取有利于节约和循环利用资源、保护和改善环境的经济、技术政策和措施，其中节约和循环利用资源在一定程度上能够从源头减少温室气体的排放，可惜这一指向依旧具有模糊性，未能体现对气候变化问题的重视。温室气体并非传统意义上的"污染物"，由温室气体浓度过高导致的气候变化问题本身具有极大的不确定性，如果中国未来的气候变暖趋势进一步加剧，其不利影响主要会体现在农牧业、森林与自然生态系统、水资源和海岸带等方面，对温室气体排放进行管控一方面是风险预防原则的要求，另

[①] 〔美〕E. 博登海默：《法理学：法律哲学与法律方法》，邓正来译，中国政法大学出版社，2017，第115页。

一方面也有利于满足人民日益增长的美好生活需要，通过确保气候安全来增进人类福祉。

四 回应"双碳"目标的中国环境立法协同方案

为了回应"双碳"目标，必须在中国环境立法过程中注意法典编纂与立改废释协同推进，并行不悖。2021年生态环境部发布《关于统筹和加强应对气候变化与生态环境保护相关工作的指导意见》，提出要突出减污降碳协同增效，将降碳作为源头治理的"牛鼻子"，建立协同优化高效的工作体系，该《指导意见》从环境法律体系和法律制度的全局出发，对减污降碳协同控制工作作出了较为全面的指导，突出了相关部门对应对气候变化和控制温室气体排放问题的重视程度。回应"双碳"目标的环境立法可以协同开展，法典编纂与单行立法并存，各法之间做好衔接协同，并将分散式立法进行整合，从而形成统一且稳定的应对气候变化法律体系。

（一）与《大气污染防治法》的协同

温室气体管控和大气污染物防治具有很强的"减污降碳"协同效益，该协同主要体现在以下三点。首先，对象本就是同根同源。传统大气污染物和温室气体的排放大多来自化石能源的燃烧。正是温室气体和大气污染物的同根同源性为二者的协同控制提供了可行路径。其次，具有相同介质和传播渠道。大气污染物和温室气体都主要通过排放源进入大气环境中，以大气为介质或传播媒介对人们的身体财产安全造成不利影响，导致局部或整体环境的恶化。最后，方式手段具有相似性。早期对温室气体的减排一般依靠能源政策实现，而大气污染防治则主要依靠末端治理。现有的科学研究表明，由前端或过程控制措施实现的协同效应最好，而这类措施主要包括短期的以节能为主的技术减排措施，以及长期的优化产业结构和能源结构措施。

"减污降碳"协同控制最早在2015年修订的《大气污染防治法》第2条有所体现，它打破了长期以来温室气体管控和大气污染物减排相互独立开展的局面，科学地认识到温室气体与大气污染物之间的微妙联系。但是第2条仅是宣示性的规定，对于其基本原则和基本制度能否直接适用于温室气体的管控，应当如何进行协同控制，则没有任何进一步的详细说明。《大气污染防治法》规定了环境影响评价制度、排污许可证制度、环境行政执法等内容，形成了一套从源头预防到末端治理的较为完整的监管体系，在我国《气候变化适应法》缺位的背景下，通过《大气污染防治法》直接对温室气体进行管控，一定程度上减少了新立法所需要消耗的时间成本，为尽快实现碳达峰和碳中和争取了宝贵的时间。关于"双碳"目标与《大气污染防治法》及相关制度立法的协同立法，具体可以从以下几个方面展开。一是进一步明确将温室气体纳入《大气污染防治法》的管控范围，重点要在监管手段和方式上进一步突出温室气体和大气污染物的协同控制。二是加快制定温室气体排放标准，并将其纳入大气环境质量标准总体评价。三是将温室气体纳入环境影响评价对象。2021年生态环境部发布《关于开展重点行业建设项目碳排放环境影响评价试点的通知》标志着碳排放制度与环境影响评价制度的正式衔接，在试点结束后，可以根据试点经验在《环境影响评价法》中新增碳排放环境影响评价章节，将核算建设项目建成后的碳排放量作为环评的前提条件。四是将温室气体纳入许可证管理。可以新增碳排放总量及减污降碳技术要求作为许可证发放的依据，将碳配额及交易过程载入排污许可证，要求进行信息公开并定期进行检查，实现污染物排放和温室气体排放的一证式管理。

（二）与《清洁生产促进法》《循环经济促进法》《节约能源法》等的协同

温室气体的排放与能源的开发利用有着极为密切的联系，化石能源的大量使用是导致气候变化加剧的重要原因。节约能源和清洁循环生产在推动经济和社会的可持续发展的同时，还能够有力推动实现低碳排放，为应对气候变化作出实质性贡献，产生"节能降碳"的协同增效。因此，循环再利用法和能源法在减少温室气体排放、减缓气候变化方面具有举足轻重的作用。

一是推广清洁生产和循环经济。《清洁生产促进法》和《循环经济促进法》的主要目的是通过采取清洁生产、促进循环经济发展的方式，从源头削减污染，提高资源利用效率，保护和改善环境，减轻或消除污染对人类健康的危害，实现经济的可持续发展。这一立法目的与"双碳"目标具有一致性，而且推广清洁生产和循环经济是确保"双碳"目标定时定量实现的重要保障，这两部法律中所提出的采取强制性清洁生产审核，实施强制回收名录管理制度，发布鼓励、限制和淘汰的技术、工艺等名录，调整产业结构，发展激励措施等都能够在一定程度上鼓励企业减少温室气体的排放。对于这两部法律的修订，最重要的是确立"减少温室气体排放"的整体目标，突出强调调整能源结构、发展清洁生产对温室气体减排的重要作用。

二是强调能源开发利用过程中对温室气体排放的管控措施。节约资源是我国的一项基本国策，我国针对能源的节约利用制定了节能目标责任制、节能考核评价制度、节能标准体系、节能评估和审查制度、能耗过高的产品工艺淘汰制度、能源安全储备制度，强调要调整和优化能源产业结构和消费结构，同时从2024年4月全国人大网公开征询意见的《能源法（草案）》第1条、第3条、第5条、第12条、第20条和第27条的规定可以看出，国家越来越重视能源行业积极应对气候变化、积极稳妥推进碳达峰碳中和的能力建设，并同时对能源行业污染物和温室气体排放进行监督管理。

（三）与《森林法》《草原法》等的协同

"双碳"目标的实现一方面在于减少温室气体的排放量，另一方面还可以通过增加碳汇的方式来减少大气中二氧化碳等温室气体的浓度，排放量越小、吸收量越大，则能够越早地实现"双碳"目标。陆地生态系统固碳是当前国际社会公认的最经济可行和环境友好地减缓大气二氧化碳浓度升高的重要途径之一。"十四五"规划确定的经济社会发展主要目标中，就有对森林覆盖率的指标设定，即"十四五"期间森林覆盖率应提高到24.1%。林业资源是经济社会可持续发展的重要支柱，在应对气候变化这一问题上具有举足轻重的地位，《森林法》自1979年制定以来，已经经历了四次大大小小的修正和修订，从将林木仅仅作为一种资源来看，到逐渐重视森林的生态效益，《森林法》的立法理念已经产生了根本转变。现行《森林法》秉持生态保护优先、保育结合、可持续发展的基本原则，建立了森林资源保护发展目标责任制、考核评价制度、森林生态效益补偿制度、采伐许可证制度等基本制度，并对森林资源的保护进行专章规定，从第28条对森林资源的功能描述来看，调节气候已经成为森林资源重要的价值功能，但可以增加"碳汇功能"以突出其基本功能。

草原、湿地等生态系统也能够增加碳汇，但是我国对于除森林以外的生态系统的碳汇功能的重视程度却较低，《草原法》强调草原对生物多样性维护、畜牧业和经济发展的作用，但是却忽视了其强大的碳汇功能，这是其需要进行修改的内容。对于其他生态系统，目前没有法律对其进行统筹规定，对这些生态系统的保护主要通过建立国家公园和自然保护区等自然保护地的方式进行，以提升自然生态空间承载力为重要目标，力求提高生态系统服务功能，通过相关管理机构组织环境监测来保护自然保护地内的自然环境和自然资源，同样在这些条款中可以增加对碳汇功能的监测，并将其作为划入资源环境生态红线管理的重要依据。另外，对于破坏森林、草原等生态系统的行为，可以通过环境公益诉讼和生态环境损害赔偿制度来要求破坏者修复和赔偿，并将碳汇功能损失纳入生态服务功能损失之中计算。

（四）《生态环境法典》编纂与《气候变化应对法》制定的协同

《生态环境法典》"绿色低碳发展编"的编纂与《气候变化应对法》的制定应当协同推进，一体建设。环境法由于其科学开放包容的适度法典化特质，注定其法典化可以与单行法并列。因此可以协同推进《生态环境法典》编纂与《气候变化应对法》制定，并彼此融合，相互借鉴。总体上来看，除了第一种观点认为需要制定专门的气候变化法以外，其他观点都认为可以通过一部或多部单行法对温室气体排放进行协同控制。

首先，立法模式的选择需要考虑一国的立法传统、立法内容、立法技术水平等各个方面。综合性立法有利于对某一问题进行总体规划设计，通过明确立法目的、设计合理的制度规范以作为这一领域各单行法的统领，体现了法律的稳定性。从短期来看，可以先通过《大气污染防治法》协同控制的目标设定来依托该法建立的法律原则和法律制度对温室气体排放进行管控，而且在碳排放方面，国务院和生态环境部已经陆续出台有关碳排放权交易和碳排放配额等制度的相关法律法规，利用现有的法律资源对温室气体"管起来"是行政需要做的第一步，但这只能作为权宜之计。从长期来看，加快制定《气候变化应对法》作为该领域的基本法，同时推进《生态环境法典》"绿色低碳发展编"的编纂工作，它应该与现行《大气污染防治法》以及即将出台的《能源法》处于相同法律位阶之上。

其次，随着"双碳"目标的提出，必须加快制定气候变化综合立法的脚步。一部全局性的综合立法既可以展现我国应对气候变化的决定和信心，也能使原则和制度更加明晰，有利于我国应对气候变化工作的统筹和有序展开，为国际气候谈判争取更多的话语权和主动权。在《气候变化应对法》中明确温室气体排放总量控制的目标、程序与规范要求，注意采用环评、许可、执法、督查等制度，规范碳排放权交易市场，教育和倡导绿色和低碳经济发展，为"双碳"目标的实现保驾护航。

最后，碳中和作为气候变化领域的目标自然也就必须在人与自然和谐共生的框架内分析，这就绕不开生态环境的体系化，进一步落到立法技术上，就是《生态环境法典》的编纂。《生态环境法典》编纂过程中应当充分结合"双碳"战略实施的具体要求，立足生态安全价值，在《生态环境法典》"总则编"中细化"双碳"战略适用预防原则条款的条件，设置各专编尤其是《绿色低碳发展编》的碳转型内容。[1] 同时明确"双碳"战略推进的过程中，因保障生态安全所涉及的主体、内容和法律后果，并厘定相应的权利与义务。未来《生态环境法典》编纂过程中应当设置好权利与义务，将环

---

① 张忠民：《环境法典绿色低碳发展编对可持续发展理念的体系回应与制度落实》，《法律科学》（西北政法大学学报）2022 年第 1 期。

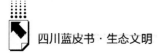

境权利和环境义务作为贯穿整个《生态环境法典》的线索。通过在"绿色低碳发展编"中明确企业和个人开展生产经营活动的绿色低碳权利与义务,① 形成与"双碳"战略目标要求衔接协调的体系框架。

五 结语

实现"双碳"目标极具挑战性,路漫漫其修远,然众力并,则万钧不足举也。环境立法作为"众力"之一,应当为"双碳"目标之落实提供强有力的法治保障,系统、科学、完整的环境法律体系是总抓手。当前面向"双碳"目标的中国环境立法还存在许多问题甚至空白,环境立法嬗变应以控制温室气体排放为着力点,以增加碳汇吸收为辅助,将"双碳"目标贯彻融入现行法律的立法目的之中,并充分利用现有的环境法律制度资源为"双碳"目标的实现保驾护航,继续探索完善碳排放权交易机制,推进《生态环境法典》编纂工作,最终形成以环境基本法为龙头、《气候变化应对法》为主干、法典与单行法相协同的面向"双碳"目标的中国特色环境法律体系。

---

① 张忠民:《环境法典绿色低碳发展编的编纂逻辑与规范表达》,《政法论坛》2022 年第 2 期。

国家公园建设篇 ⟫

B.20

大熊猫国家公园生态产品价值实现的
宝兴路径*

——基于四川省雅安市宝兴县硗碛藏族乡的观察

沈茂英　周　丰　张声昊　尹楚帆**

摘　要：　　大熊猫国家公园是全国最早成立的五个国家公园之一。大熊猫国家公园的74.36%在四川境内，宝兴县土地面积的81.74%为大熊猫国家公园。宝兴县在生态产品价值实现方面的任何探索对于四川及至于全国大熊猫国家公园都是积极尝试，宝兴生态产品价值实现面临的问题也具有代表性和典型性，宝兴路径与经验对于提升大熊猫国家公园社区居民幸福感获得感至关重要，对于展示国家公园的公益性也极具代表性。本报告在系统回溯自然

　*　基金项目：四川省软科学课题"大熊猫国家公园（四川部分）生态产品价值实现在地路径研究"（项目编号：23RKX0255）。

**　沈茂英，四川省社会科学院研究员，主要研究方向为人口资源与环境经济；周丰，四川省环境科学研究院工程师，主要研究方向为生态环境政策；张声昊，四川省社会科学院，主要研究方向为人口与区域可持续发展；尹楚帆，四川省社会科学院，主要研究方向为人口与经济社会发展。

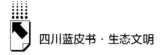

资源部发布的 4 批次生态产品价值实现典型案例基础上，结合生态产品价值实现的学术文献梳理，以宝兴县硗碛藏族乡为观察点，将生态产品价值实现路径总结为门票分成主导、生态民宿旅游、牧场草山放牧、农田庭院循环、生态保护补偿、景区就业等六种路径，基本经验是门票分成壮大集体经济、集体成员资格分享集体经济、兼顾生态保护与百姓发展和多元化路径推动生态产品价值实现。

关键词： 大熊猫国家公园　生态产品价值实现　硗碛藏族乡

大熊猫国家公园既要"实现重要自然资源和自然生态系统的原真性、完整性和系统性保护，又要促进生产生活方式转变和经济结构转型，提升社区居民幸福感获得感"①。大熊猫国家公园生态产品价值实现内化为自然生态系统原真性、完整性保护，外化为社区生产生活方式转变和经济结构转型，展现为国家公园的科研教育游憩等文化功能。大熊猫国家公园的74.36%在四川境内，宝兴县土地面积的 81.74% 为大熊猫国家公园。从这两组数据不难看出，四川是大熊猫国家公园建设的关键区，宝兴县是大熊猫国家公园的核心区之一。宝兴县在生态产品价值实现方面的任何探索对于四川乃至于全国大熊猫国家公园都是积极尝试，宝兴生态产品价值实现面临的问题也具有代表性和典型性，宝兴路径与经验对于提升大熊猫国家公园社区居民幸福感获得感至关重要，对于展示国家公园的公益性也极具代表性。

一　生态产品价值实现的实践案例回顾

"生态产品"一词最早出现在 2011 年印发的《全国主体功能区规划》

① 《大熊猫国家公园总体规划（试行）》，2020 年 6 月。

中，是"指维系生态安全、保障生态调节功能、提供良好人居环境的自然要素，包括清新的空气、清洁的水源和宜人的气候等。生态产品同农产品、工业品和服务产品一样，都是人类生存发展所必需的"。2012年11月党的十八大报告提出要"增强生态产品生产能力"。2021年中共中央办公厅、国务院办公厅印发《关于建立健全生态产品价值实现机制的意见》，启动了生态产品价值实现机制工作，标志着生态产品价值实现成为两山转化的重要载体。

2020年，自然资源部推出了一批典型的生态产品价值实现案例以指导各地的生态产品价值实现工作，截至2023年10月底共发布了四批次共43个典型案例，其中国外典型案例6个，国内典型案例37个。除第二批典型案例未对生态产品以及生态产品价值实现路径、模式等进行说明外，其余三批均对生态产品的类型、属性、实现路径和实现模式进行了详细解释，生态产品的内涵也在不断拓展。

在2020年4月第一批典型案例中指出"优质生态产品是最普惠的民生福祉，是维系人类生存发展的必需品。生态产品价值实现的过程，就是将生态产品所蕴含的内在价值转化为经济效益、社会效益和生态效益的过程。"视生态产品为"作为维系生态安全、保障生态调节功能、提供良好人居环境的自然要素"，提出"生态产品具有典型的公共物品特征"。强调生态产品价值实现的路径：市场路径，主要表现为通过市场配置和市场交易，实现可直接交易类生态产品的价值；政府路径，依靠财政转移支付、政府购买服务等方式实现生态产品价值；政府与市场混合型路径，通过法律或政府行政管控、给予政策支持等方式，培育交易主体，促进市场交易，进而实现生态产品的价值。具体将11个案例分解为：生态资源指标及产权交易（福建南平森林生态银行、重庆森林覆盖率指标交易、重庆"地票"交易、美国湿地缓解银行），生态修复及价值提升（福建省厦门市五缘湾片区土地资源升值溢价、山东威海生态修复产生土地资源溢价、江苏省徐州市贾汪区潘安湖矿山修复溢价），生态产业化经营（浙江省余姚市梁弄镇土地整治发展生态旅游、江西省赣州市寻乌县生态产业、云南省玉溪市抚仙湖整治），生态补偿（湖北省鄂州市生态产品价值核算）。

2020年10月，自然资源部直接发布了第二批典型案例，对于生态产品价值内涵、属性、实现路径等未进行解释，但从第一批价值实现路径和实现模式来看，可以归纳：生态资源指标及产权交易（广东花都区公益林碳普惠），生态修复及价值提升（湖南常德市穿紫河生态治理与综合开发、北京房山区曹家坊废弃矿山生态修复、山东邹城市采煤塌陷地治理、河北唐山市南湖采煤塌陷区生态修复），生态产业化经营（江苏苏州市金庭镇发展"生态农文旅"、福建南平市光泽县"水美经济"、河南淅川县生态产业发展），生态补偿（江苏江阴市"三进三退"护长江、英国基于自然资本的成本效应分析）。

2021年12月，自然资源部发布了第三批典型案例。在第三批典型案例中，对生态产品的内涵进行了界定，明确指出：生态产品是自然生态系统与人类生产共同作用所产生的、能够增进人类福祉的产品和服务，是维系人类生存发展、满足人民日益增长的优美生态环境需要的必需品。这个概念与国际上生态系统服务功能的内涵一致，包括了生态系统提供的产品和服务，也就是人类从生态系统中的获益。

第三批案例对生态产品的属性进行了归类，将生态产品划分为三种类型和四种价值实现方式。第一类是公共性生态产品。这一类主要指产权难以明晰，生产、消费和受益关系难以明确的公共物品，如清新空气、宜人气候等，具有典型的自然要素特征。这一类公共性生态产品的价值实现主要采取政府路径，依靠财政转移支付、财政补贴等方式进行"购买"和生态补偿。第二类是经营性生态产品。这一类产品主要指产权明确、能直接进行市场交易的私人物品，如生态农产品、旅游产品等，对应生态服务功能中的实物产品和文化服务。这一类经营性生态产品的价值实现主要采取市场路径，通过生态产业化、产业生态化和直接市场交易实现价值。第三类是准公共性生态产品。这一类主要指具有公共特征，但通过法律或政府规制的管控，能够创造交易需求、开展市场交易的产品，如我国的碳排放权和排污权、德国的生态积分、美国的水质信用等。这一类产品的价值实现，主要采取政府与市场相结合路径，政府通过法律或行政管控等方式创造出生态产品的交易需求市场并通过自由交易实现其价值。

第三批的生态产品价值实现模式有四种，分别是：生态资源指标及产权交易（福建三明市集体林产权制度改革的"林票"、澳大利亚农业土壤碳汇、德国的生态账户），生态治理及价值提升（广东省南澳县海洋生态修复、广西北海市生态修复综合治理、海南儋州市莲花山生态修复），生态产业化经营（云南元阳县阿者科村生态旅游、吉林省抚松县做大做优绿水青山、宁夏银川市贺兰县土地整理下农工旅融合发展），生态补偿（美国马福德农场生态补偿、浙江杭州市余杭区青山村水基金模式）。这四种模式依然是政府路径、市场路径以及混合路径的拓展。

2023年9月，自然资源部发布了第四批典型案例，不仅再次明确"生态产品是维系人类生存发展、满足人民日益增长的优美生态环境需要的必需品"，还提出"自然资源是生产生态产品的物质基础"，强调"自然资源产权制度是生态产品交换和利益分配的基本依据，国土空间规划和用途管制是生态产品生产和价值实现的重要前提，生态保护和修复是提供优质生态产品的重要路径"，肯定"自然资源领域是生态产品价值实现的主要领域"。

在第四批典型案例中，依然将生态产品划分为三种类型，即公共性生态产品、经营性生态产品和准公共性生态产品，其划分类型并没有发生改变，但对于每一类生态产品价值的实现路径有了新的提法。第一类，公共性生态产品，其价值实现表现为外溢共享型，即由政府通过转移支付、财政补贴等方式进行"购买"或开展生态保护补偿，以显化这一类生态产品的外溢价值，中央财政对重点生态功能区的纵向转移支付、流域上下游横向生态补偿等，均属于这种类型的价值实现。第二类经营性生态产品，其价值实现以赋能增值型实现为主。自然资源是生态产品的生产母体和价值承载主体，赋能增值型路径主要通过明确或扩展自然资源资产及其产品的权能，如自然资源使用权、经营权的出让、转让、出租、抵押、入股等，促进自然资源资产及其产品的市场化运营，实现自然资源资产所承载的生态价值。此外，部分生态产品可以通过品牌认证等方式实现价值的提升与

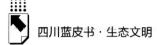
显化，如国家农产品"地理标志产品"品牌等。生态农业、生态工业、生态旅游以及国家公园的特许经营等，都属于赋能增值型价值实现。第三类准公共性生态产品，其价值实现表现为配额交易型。其典型做法是政府通过法律或行政管控等方式，对自然资源、生态容量、生态权益等实施总量控制，将非标准化的生态系统服务转化为标准化的"指标"和"配额"产品，通过市场交易方式实现价值。如碳排放权配额交易、碳汇交易、美国湿地信用指标交易等。

第四批生态产品价值实现的典型模式有11种，同样可以对应第一批、第三批所提出的典型模式，即生态资源指标及产权交易（湿地指标交易、碳汇交易、特许经营），生态治理及价值提升（全域土地综合整治及增值溢价、矿山生态修复及价值提升、公园导向型开发），生态产业化经营（生态农业、生态工业、生态旅游），生态补偿（纵向生态保护补偿、横向生态保护补偿）。

在这43个典型案例之中，福建5个、江苏4个、浙江4个、山东3个、云南3个、广西2个、广东2个、北京2个、重庆2个、湖南1个、河北1个、湖北1个、吉林1个、新疆1个、青海1个、江西1个、宁夏1个、河南1个、海南1个，涉及19个省（市、区），涵盖了东中西部地区以及首批五个国家公园的武夷山国家公园。全国生态产品资源最为富集的四川省，还没有一个生态产品价值实现案例入选（见表1）。

表 1　生态产品价值实现典型案例

批次	典型案例名称
第一批 2020 年 4 月	1-1 福建省厦门市五缘湾片区生态修复与综合开发；1-2 福建省南平市森林生态银行案例；1-3 重庆市拓展"地票"生态功能促进生态产品价值实现；1-4 重庆市森林覆盖率指标交易；1-5 浙江省余姚市梁弄镇全域土地综合整治促进生态产品价值实现；1-6 江苏省徐州市潘安湖采煤塌陷区生态修复及价值实现；1-7 山东省威海市华夏城矿坑生态修复及价值实现；1-8 江西省赣州市寻乌县山水林田湖草综合治理；1-9 云南省玉溪市抚仙湖山水林田湖草综合治理；1-10 湖北省鄂州市生态价值核算和生态补偿；1-11 美国湿地缓解银行案例

批次	典型案例名称
第二批 2020 年 10 月	2-1 江苏省苏州市金庭镇发展生态农文旅促进生态产品价值实现;2-2 福建省南平市光泽县水美经济;2-3 河南省淅川县生态产业发展助推生态产品价值实现;2-4 湖南省常德市穿紫河生态治理与综合开发;2-5 江苏省江阴市"三进三退"护长江促生态产品价值实现;2-6 北京市房山区史家营乡曹家坊废弃矿山生态修复及价值实现;2-7 山东省邹城市采煤塌陷地治理促进生态产品价值实现;2-8 河北省唐山市南湖采煤塌陷区生态修复及价值实现;2-9 广东省广州市花都区公益林碳普惠项目;2-10 英国基于自然资本的成本效益分析案例
第三批 2021 年 12 月	3-1 福建省三明市林权改革和碳汇交易促进生态产品价值实现;3-2 云南省元阳县阿者科村发展生态旅游实现人与自然和谐共生;3-3 浙江省杭州市余杭区青山村建立水基金促进市场化多元化生态保护补偿;3-4 宁夏回族自治区银川市贺兰山"稻渔空间"一二三产融合促进生态产品价值实现;3-5 吉林省抚松县发展生态产业推动生态产品价值实现;3-6 广东省南澳县"生态立岛"促进生态产品价值实现;3-7 广西壮族自治区北海市冯家江生态治理与综合开发;3-8 海南省儋州市莲花山矿山生态修复及价值实现;3-9 德国生态账户及生态积分;3-10 美国马里兰州马福德农场生态产品价值实现;3-11 澳大利亚土壤碳汇案例
第四批 2023 年 9 月	4-1 浙江省杭州市推动西溪湿地修复及土地储备促进湿地公园型生态产品价值实现;4-2 浙江省安吉县全域土地综合整治促进生态产品价值实现;4-3 江苏省常州市郑陆镇整理资源发展生态产业促进生态产品价值实现;4-4 福建省南平市推动武夷山国家公园生态产品价值实现;4-5 山东省东营市盐碱地生态修复及生态产品开发经营;4-6 青海省海西蒙古族藏族自治州"茶卡盐湖"发挥自然资源多重价值促进生态产业化;4-7 北京城市副中心构建城市"绿心"促进生态产品价值实现;4-8 广西壮族自治区梧州市六堡茶产业赋能增值助推生态产品价值实现;4-9 云南省文山壮族苗族自治州西畴县石漠化综合治理促进生态产品价值实现;4-10 新疆维吾尔自治区伊犁哈萨克自治州伊宁县天山花海一二三产融合促进生态产品价值实现;4-11 澳大利亚新南威尔士州生物多样性补偿

资料来源:根据自然资源部网站整理而成。

二 国家公园生态产品价值实现文献回顾

习近平总书记指出,"要积极探索推广绿水青山转化为金山银山的路径,选择具备条件的地区开展生态产品价值实现机制试点,完善政府主导、企业和社会各界参与、市场化运作、可持续的生态产品价值实现路径"。

2020 年 9 月 30 日，习近平总书记在联合国生物多样性峰会上的讲话指出，"我们要以自然之道，养万物之生，从保护自然中寻找发展机遇，实现生态环境保护和经济高质量发展双赢"。2021 年 4 月，中共中央办公厅、国务院办公厅印发《关于建立健全生态产品价值实现机制的意见》，明确提出拓展生态产品价值实现模式，促进生态产品价值增值。在试点层面，相继实施了国家生态文明试验区（福建、江西、贵州、海南）、国家生态产品市场化省级试点（浙江、江西、贵州、青海）、国家生态产品价值实现机制试点城市（浙江丽水、江西抚州）。生态产品价值实现为贯彻落实习近平生态文明思想提供了实践抓手，是实现"两山"转化的关键途径。[①] 生态产品产业有望成为经济高质量发展的新动力和生态文明建设的新模式。[②]

浙江丽水市是"两山"转化理论的策源地，是全国生态产品价值实现机制的试点城市之一。学界对丽水生态产品价值实现进行了多视角研究，内容涵盖丽水国家公园生态产品价值实现路径[③]、丽水地域模式[④]、丽水市生态资产的产权交易[⑤]、丽水山耕[⑥]以及基于丽水案例的国家政策机制分析[⑦]等。

生态产品价值实现研究视角进一步拓展。孙博文等从消费属性视角研究生态产品价值的内在逻辑与实现模式，[⑧] 石敏俊从保护与转化逻辑探讨生态

① 王茹：《基于生态产品价值理论的"两山"转化机制研究》，《学术交流》2020 年第 7 期，第 112~120 页。

② 王金南、王志凯、刘桂环等：《生态产品第四产业理论与发展框架研究》，《中国环境管理》2021 年第 4 期，第 5~13 页。

③ 罗婵、周伟龙：《丽水积极探索国家公园生态产品价值实现路径》，《浙江林业》2023 年第 6 期，第 8~9 页。

④ 华启和、王代静：《生态产品价值实现的地域模式——丽水市、抚州市比较》，《南京林业大学学报》（人文社会科学版）2022 年第 3 期，第 7~12、25 页。

⑤ 李璞、王晓强、欧阳志云：《生态资产产权交易机制研究—以丽水市河权到户改革为例》，《中国国土资源经济》，2023 年第 8 期，第 10~17 页。

⑥ 廖峰：《生态产品价值实现与山区农产品区域公共品牌研究—基于"丽水山耕"的个案分析》，《丽水学院学报》2020 年第 6 期，第 1~10 页。

⑦ 朱新华、贾心蕊：《生态产品价值实现地方经验上升为国家政策的机制分析——浙江丽水案例》，《资源科学》2023 年第 1 期，第 118~129 页。

⑧ 孙博文、彭绪庶：《生态产品价值实现模式、关键问题及制度保障体系》，《生态经济》2021 年第 6 期，第 13~19 页。

产品价值的市场路径和政府调节路径,[①] 周伟等从生态产品价值实现系统边界视角提出生态产品价值实现的生产、交易与消费三环节路径。[②] 还有大量文献从生态系统要素如农业生态产品、乡村生态产品、水生态产品、土地生态产品、森林生态产品等,分类研究生态产品价值实现的机制与实现路径。

国家公园拥有最优质的生态产品,国家公园不仅要保护自然生态系统的完整性与原真性,同时要促进社区发展、提供包括科研教育游憩等公益服务,天然承载着生态产品价值实现。国家公园拥有大量的生态产品需要进行有效转化。[③] 大熊猫国家公园资源价值具有多维性,具有生态系统服务功能价值、生物多样性保护价值、游憩和科普价值,在地质地貌、生物生态生境等方面具有独特性和唯一性。[④] 国家公园要面向三个主体,即面向生态保护的首要功能,面向公益性发挥的科研、教育和游憩功能,面向当地农牧民增收致富的社区发展功能,[⑤] 生态产品价值实现是国家公园三大功能的载体和平台。

大熊猫国家公园是全国首批试点公园和正式设立的公园之一,也是南北跨度最大的国家公园。在大熊猫国家公园内,有国家级自然保护区、省级自然保护区、市级自然保护区、自然保护小区、国家森林公园、省级森林公园、国家地质公园、风景名胜区以及自然遗产地等,还有林场、旅游经营机构、森工企业以及150余个乡镇,生态保护、社区发展以及科研教育游憩文化服务等一样不少,是国家公园生态产品价值实现的天然试验地。因而,有理由关注大熊猫国家公园生态产品价值实现,有必要从实地调查视角总结大

---

① 石敏俊:《生态产品价值的实现路径与机制设计》,《环境经济研究》2021年第2期,第1~5页。
② 周伟、沈镭、钟帅等:《生态产品价值实现的系统边界及路径研究》,《资源与产业》2021年第4期,第94~104页。
③ 章锦河、苏杨、钟林生等:《国家公园科学保护与生态旅游高质量发展—理论思考与创新实践》,《中国生态旅游》2022年第2期,第189~207页。
④ 任庆柳、杨兆萍、韩芳等:《国家公园"资源价值"与"游客感知"对比研究—以大熊猫国家公园四川片区为例》,《中国科学院大学学报》2023年第3期,第333~342页。
⑤ 陈东军、钟林生、樊杰:《青藏高原国家公园群功能评价与结构分析》,《地理学报》2022年第1期,第196~213页。

熊猫国家公园特定区域的生态产品价值实现路径与实现机理以及甄别实现过程中的各种困境和问题，这对大熊猫国家公园高水平保护与社区高质量发展亦有重要意义。

三 案例观察点——硗碛藏族乡概况

硗碛藏族乡是青衣江之源头，青衣江则是大渡河上游左岸一级支流。据《四川江河纪》记载，青衣江源自四川省宝兴县北夹金山南麓硗碛乡林场，最上源称三道坪沟，在硗碛藏族乡政府驻地纳入纳卡日沟后成为东河，是青衣江正源。又据课题组实地考察，硗碛藏族乡新寨子沟桥设有青衣江宝兴源头保护区水功能区标识。在硗碛藏族乡内的夹金山村新寨子设有大熊猫国家公园宝兴县新寨子管护站和四川省夹金山国有林保护局有限公司夹金山林场，在咎落村的神木垒设有四川省夹金山国有林保护局有限公司硗碛林场。硗碛藏族乡与阿坝州的小金县、汶川县接壤，土地面积937.45km²（占宝兴县土地面积的30.1%），下辖咎落村、夹拉村、嘎日村、夹金山村4个行政村，15个村民小组，户籍人口5256人（2020年统计数据）、常住人口3274人（2020年普查数据），户籍人口占全县户籍人口的9.2%、常住人口占全县常住人口的6.8%，常住人口密度3.5人/km²，是宝兴县人口最稀疏的乡镇，也是距离宝兴县城最远的乡镇（62km），同时是四川海拔最高的乡镇。

1. 硗碛藏族乡是自然保护地类型最多样最完整的乡级行政区

2019年6月，国务院办公厅在《关于建立以国家公园为主体的自然保护地体系的指导意见》中明确，自然保护地是生态建设的核心载体、中华民族的宝贵财富、美丽中国的重要象征，在维护国家生态安全中居于首要地位。自然保护地包括国家公园、自然保护区和自然公园。硗碛藏族乡同时拥有国家公园、自然保护区、自然公园三种类型的自然保护地。硗碛藏族乡的大部分区域为大熊猫国家公园宝兴管护站的管护范围，属于保护地体系的国家公园层级；宝兴河珍稀鱼类市级自然保护区，包括硗碛湖以及汇入硗碛湖的波日沟、新寨子沟、瓦斯沟等，流域面积达 620km² (占硗碛藏族乡土地面积的 66.2%)，属于保护地体系的保护区层级；夹金山森林公园、神木垒、达瓦更扎等风景名胜区，属于保护地体系中的自然公园层级。保护强度从国家公园—保护区—自然公园依次递减，生态资源开发（或生态产品价值实现）强度则依次递增。同时，硗碛藏族乡还位于四川大熊猫栖息地世界自然遗产的区域范围之中。可见，硗碛藏族乡是四川自然保护地体系最完整的乡级行政区。自然保护地不仅要实现生态系统原真性、完整性保护，还要为人民提供优质生态产品，要维持人与自然和谐共生并永续发展。

2. 硗碛藏族乡是距离成都最近的嘉绒藏族聚居区和宝兴河水电移民乡

在宝兴县，硗碛藏族乡被描述为距离成都最近的嘉绒藏族聚居区，是体验嘉绒藏族民俗文化最近的区域。硗碛藏族乡拥有非常丰富的嘉绒藏族文化，硗碛原生态多声部民歌是国家级非物质文化遗产，2006 年就登上"中国民间歌舞盛典"舞台。硗碛锅庄、硗碛上九节、天鹅抱蛋是四川省级非物质文化遗产。在一个常住人口仅有 3000 多人的乡镇，同时拥有 1 项国家级、3 项省级非物质文化遗产，足以证明硗碛藏族乡的传统民俗文化富集和多样。硗碛藏族乡是宝兴河"一库八级"水电资源开发的"一库"所在乡。2002 年开工建设的华能硗碛水电站水库蓄水高程达 2140m，水库水面有 4.01km²，水面平均宽度 400m，最大宽度 950m，硗碛老集镇和大坝上游 2140m 高程以下河流沟谷两侧耕地村庄是淹没区。硗碛藏族乡是宝兴县唯一的库区移民乡，硗碛藏寨集中居住区、泽根藏寨等都是典型的移民安置点，辖内还有二次安置、三次安置点。宝兴县的灵关镇、雅安市的雨城区和茗山区，也有硗碛移民安置人口，且这些人至今还保留着硗碛户籍，是硗碛常住人口占户籍人口比重较低[①]的原因之一。同时，七普数据显示，硗碛藏族乡

---

① 2023 年在咎落村和硗碛藏族乡调研时，乡村两级访谈对象均强调硗碛独特的人户分离现象：因华能硗碛水电站淹没大量耕地，原硗碛藏族乡咎落村是硗碛水电站（现硗碛湖）的主要淹没村，有 700 多人因硗碛湖而搬迁，其户籍一直保留在咎落村，这种水库移民所形成的户籍人口大于常住人口现象与普通村寨出现的人口流出不同。

人口老龄化程度较高（65 岁及以上人口占比为 18.33%），性别比偏高（115.11），受教育年限偏低（7.32 年）。

3. 硗碛藏族乡是红色旅游资源最富集和集体经济最发达的乡镇

硗碛藏族乡是中央红军长征途中翻越大雪山的起点，有红军长征翻越夹金山纪念碑、中央红军长征硗碛居住地旧址、誓师坪、红军井、红军伞等红色旅游资源，还有正在建设的长征国家文化公园（宝兴段）。硗碛乡的集体经济遥遥领先于其他乡镇，在雅安市也名列前茅。2022 年，硗碛藏族乡集体经济总量 351.22 万元，其中嘎日村 221.5 万元、咎落村 72.3 万元、夹金山村 33.07 万元、夹拉村 24.35 万元。嘎日村境内有达瓦更扎景区，咎落村有"硗碛藏寨·神木垒景区"，夹金山村有夹金山森林公园和长征国家文化公园（宝兴段），夹拉村有泽根藏寨、中央红军长征硗碛居住旧址、纪念碑等。咎落村自 2012 年以来连续 12 年实施集体分红，嘎日村给村民购买医疗保险、对村内考上大学（含专科）的学生给予 2000～3000 元的奖励。据雅安农村商业银行硗碛支行 2023 年 1～4 月份的存款统计，全乡人均存款达到 7 万元之多。

四 硗碛藏族乡生态产品类型及其价值实现路径

1. 硗碛藏族乡的生态产品和生态产品价值

硗碛湖在蓄水期有 4.01km² 的水面，与湖岸的永寿寺、2300m 海拔的硗碛藏寨和神木垒、达瓦更扎雪山、林草、农地等构成了独特的自然—社会—经济复合生态文化景观。硗碛人在长期适应自然生态环境中形成并保留了独有的民俗文化，如上九节、天鹅抱蛋、硗碛锅庄等，这些既是硗碛的地域文化标记也是硗碛向外展示的看点。据统计，硗碛藏族乡有 180 余个家庭从事乡村旅游（酒店民宿、藏家乐等），可提供 5700 余张床位，年均接待游客 100 余万人次。全乡有 30% 的农户从事旅游或以旅游接待为主，旅游接待户主要集中在咎落村的碛丰一二组（硗碛藏寨集中居住区）、嘎日村嘎日组（达瓦更扎入口处）、滨湖藏寨—泽根藏寨、夹金山村中国熊猫大道两侧。

香猪腿、蜂蜜酒、野生菌是硗碛的当地美食。四川夹金山印象农牧发展公司将硗碛香猪腿、硗碛藏香猪、宝兴本地毛猪等特色产品开发为走出硗碛、走向四川乃至全国的高端畜产品，成为带动硗碛乃至宝兴乡村畜产品的龙头企业。蜂蜜酒是苞谷酒与野生蜂蜜的混合，一种饮前现调现制的酒精饮品，是硗碛藏寨独有的特色饮品。捡自山上的野生菌和野生蔬菜，则是硗碛乡村酒店和民宿餐厅的主打产品。硗碛的土特产品与餐饮酒店相结合，以30%的旅游从业带动70%的农畜产业，形成了以旅游为龙头、以农牧为支撑的硗碛独特的一二三产业融合，被硗碛人称为循环农业。

2. 生态产品价值实现的硗碛路径

以门票分成为主导的生态产品价值实现路径。建立国家公园的目的之一就是使民众能够享受到国家最美、最优质的生态产品。生态产品价值实现要在可持续规模下推进全民福祉提升，发挥生态产品作为要素参与分配、再分配的作用。[1] 在国家公园中划出一定区域，让游客体验国家公园的游憩功能，让社区居民分享保护成效，门票无疑是公益性的体现也是周边居民分享公园生态产品的重要途径。景区门票分成是绝大多数入口社区因社区地理空间位置而获得的天然福祉，是国家公园促进社区发展的重要标志。在硗碛藏族乡的四个行政村中，咎落村与嘎日村因村域范围内的景区资源而获得了景区门票的收益分成，是景区门票经济的直接受益者，也是国家公园普遍采取门票收益分成模式的具体体现。[2] 硗碛藏族乡的三处景区（夹金山森林公园、神木垒、达瓦更扎）均设置了门票，其中神木垒景区门票价格为52元/人、达瓦更扎景区为60元/人且需乘坐景区观光车（观光车票价为80元/人）、夹金山森林公园的门票为30元/人。神木垒景区门票的12%归咎落村所有，达瓦更扎景区门票收入的20%归嘎日村。

以卖风景与民俗体验相结合的生态民宿旅游路径。一方水土养育一方

---

① 高晓龙、郑华、欧阳志云：《生态产品价值实现愿景、目标及路径研究》，《中国国土资源经济》2023年第5期，第50~55页。

② 窦亚权、李娅、何友均：《我国国家公园门票收费原则与模式选择研究》，《北京林业大学学报》（社会科学版）2023年第1期，第25~31页。

人，地域空间资源转化为地域生计文化，呈现出适应独特资源环境下的生计策略并通过民居、建筑、服饰、语言、饮食等物态与活态文化体现。距离宝兴县城62公里的硗碛藏族乡，保留着最原生态的嘉绒藏族文化习俗，藏寨独特的建筑形态与周围环境的完美结合，让藏寨与自然景区（神木垒、达瓦更扎）完美结合并演绎为独特的民宿经济形态，将绿水青山转化为入口社区居民的金山银山。民宿经济是生态产品价值实现最具特色的一种表现路径，在硗碛藏族乡各行政村中均有所体现。民宿经济形成需要一定的环境和条件支持，包括自然条件、农户个体的观念意识、金融支持等。在硗碛民宿旅游发展中，大学生返乡创业贴息贷款发挥了重要作用，嘎日村文旅员和村副书记两位大学生都曾经使用过大学生返乡创业贴息贷款项目。硗碛乡境内有各类民宿酒店、藏家乐等180余家，相当于180余个家庭。山山水水与民俗文化的结合，通过游客的消费转变为村民手中的现金流量。

以牧场放牧为主导的生态畜产品价值实现传统路径。林下种养、高山草甸放牧等既是自然绿色空间的既有价值，也是嘉绒藏族的文化符号。高海拔地区自然空间最常态化的利用是游牧经济，牦牛、藏绵羊、帐篷等融入青山、雪山的自然空间之中，既是游客凝视的生态旅游文化表达，也是高海拔居民传统生计的展示。居民通过出售畜产品而得到现金流量，用现金购买回生活所必需的日常用品等。

以农田庭院为载体的生态产品价值实现循环路径。农田生态系统在硗碛藏族乡并非主要生态类型，但农田生态却提供着硗碛人基本生存的食物安全保障，也形成了硗碛独特的农产品自给为主、售卖为辅的利用特点，构成了硗碛独特的农林牧产业循环，被当地人称为循环农业。硗碛有承包耕地7527亩，人均耕地面积2.3亩，耕地复种指数（播种面积与承包耕地面积之比）为219，为典型的耕地精细化耕种农业。农田生态产品以实物（如粮食、蔬菜、油料以及副产物等）形式体现，以满足人的基本生计、娱乐以及家禽家畜的过冬需求。传统利用是农田生态产品的最主要转化形态、借助畜产品（牦牛、藏绵羊、香猪腿等）的销售实现农产品的现金价值。

以生态保护补偿为主的生态产品价值实现的非市场路径。市场和自给并不能代表全部生态产品价值实现，供给服务、文化服务等只是生态产品的两大组成部分，而且在生态产品价值核算中所占比例偏低，更多的服务是调节服务和对生态系统自身的支持服务，这才是生态基础。对生态基础的保护体现为对国家公园生态系统完整性、原真性的保护。作为青衣江源头、大熊猫国家公园核心区以及世界遗产地核心区，硗碛藏族乡保护生态环境的发展损失是以生态补偿形式呈现的，或者说基于保护逻辑的生态产品价值实现以纵横向补贴形式体现。纵向补贴是农户承包耕地的地力补贴（2022年每亩补贴是114.3元）、集体和个人天然商品林停伐管护补贴[15元/（亩·年）]、集体和个人生态公益林管护补贴[15元/（亩·年）]以及国家公园保护补助、退耕还林还草延期补助等。此外，横向补贴则是景区占用农户耕地、林地、草山等提供的补贴，包括神木垒景区针对咎落村朝霞组的禁马补贴等，禁牧补贴涉及家庭是3500元/户。除了这些看得见的补贴之外，还有一种补贴是以项目形式存在的，如风貌改造、通户路建设、防洪堤改造等，这些项目同样带有比较强的补贴性质。

以景区岗位为载体的生态产品价值实现就业路径。景区在为游客提供自然体验的同时，也为当地人创造了很多就业岗位，代表性的就业岗位有以下几种。①保洁，每一个景区都会有保洁岗位，就业岗位设置原则是本地人优先。以达瓦更扎景区为例，嘎日村有9名村民在景区内担任保洁员，工资2200元/月。②摊位。景区为方便游客而设置了经营当地特色产品和美食的摊位，岗位优先满足入口社区居民需求。以神木垒景区为例，该景区烧烤摊位有三处，其中两处为本地人经营，有12户农户参与其中。③门岗。景区有大门，负责游客进出验证和车辆进出等，门岗以本地人为主。④临时岗。为增强游客体验感，景区会定期不定期进行基础设施建设、娱乐设施维护等，创造许多临时工作岗位，非技术类岗位也多为当地人承担。在神木垒景区，就有水管铺设、道路改造等工作，日薪均在200元以上。这些就业岗位看似与生态产品价值实现无关，实际上也是生态产品价值实现的一种体现，这些岗位为当地人提供了就业机会，是生态产品价值实现的延伸领域。

五　生态产品价值实现的硗碛经验

集体经济持续壮大源于游憩与景区门票分成。作为国家公园重要组成部分的硗碛藏族乡，在国家公园的一般控制区划出一定区域以满足公众的生态游憩、研学体验等公益性需求，是国家公园生态产品价值实现的重要表达形式。呰落村有硗碛藏寨·神木垒景区、嘎日村有达瓦更扎网红景区、夹金山村有夹金山国家森林公园，以及与硗碛独特的自然山水相结合的点状红色旅游资源，共同构成了硗碛藏族乡集体经济持续发展壮大的优质生态产品。神木垒景区12%的门票归呰落村、达瓦更扎景区20%的门票收入归嘎日村，形成了两村持续的集体经济收入源。景区门票收入，一部分转化为集体经济收益，一部分转化为居民的集体经济分红，一部分成为村人才奖励的先导资金。以嘎日村为例，该村2022年村集体经济收入之中，借助达瓦更扎景区集体承包景区保洁一项净收益为68950元（景区支付给村上的保洁费-村上支付给保洁员工资），民宿管理费为450000元（村上对小木屋等新型民宿收取的管理费），村级牧场管理费116000元，土地租金40000元。嘎日村集体经济的70%来自景区门票收入以及景区内保洁、民宿管理费用等。呰落村主要集体经济收入同样来自景区门票收入以及出租集体资产的租金收入。这些收入就是两村生态产品价值实现的直接转化。

有效兼顾生态空间生态保护与居民长期发展。生态产品兼顾公益性与私人性，或者说市场性与排他性，普遍存在"五难"（供给难、核算难、抵押难、交易难、变现难）困境，保护与发展矛盾始终困扰着生态产品的有效供给和持续开发。硗碛藏族乡在兼顾生态空间的生态保护与居民的生存发展方面形成了多方共识，实现了有效兼顾。从硗碛林地的产权构成来看，全乡66%的林地及森林资源是夹金山国有林保护管理有限公司的保护空间，设有硗碛林场、夹金山林场以及国家公园保护站，对国有林地林草资源实施持续保护。但居民在国有林下放牧的传统用益权同样得到认可，当地居民在林下放牧与国有林保护之间形成一种平衡，保护与发展通过林下放牧实现有效平衡。

生态产品价值实现是多元化多维度的发展过程。党的十八大以来，围绕生态产品价值实现的试点有国家生态文明试验区、国家生态产品市场化省级试点、国家生态产品价值实现机制试点城市、国家绿水青山就是金山银山实践创新基地等，生态环境部还陆续出台了生态产品价值实现案例汇编，从这些试点示范以及创新基地等来看，生态产品价值实现是一个极为复杂的过程，具有多元性多维度的特征，在生态产品变现上有生态补偿渠道、生态产业化与产业生态化渠道、生态资源权益交易渠道等。结合硗碛生态产品价值实现，有体现为生态补偿的农耕地地力补贴、天然林集体商品林停伐补贴、天然林管护补贴等，以中央财政转移支付形式的生态保护补贴，还包括神木垒景区的禁马补贴。同时，在生态旅游产业发展之中，当地居民通过开办民宿、乡村酒店、藏家乐以及在景区摆摊设点、从事保洁工作等，依托硗碛独特的自然生态环境实现了多维度多样态的就业。生态产品价值实现，不仅仅是生态旅游所展现的文化价值，更多是从生态系统中得到的农产品、畜产品、林产品，以及维持生存发展的自然生态空间。

六　结语

尽管硗碛拥有较为发达的集体经济、较高的人均存款，也有形式多样的民宿乡村酒店，但硗碛生态产品价值实现路径还有拓展的空间。硗碛乡是青衣江的源头，承担着水源涵养功能，但基于水源保护和水源涵养的生态补偿在硗碛的生态补偿中未能得到明确的体现，优质的水资源未能转化为当地老百姓增收致富的水生态产品。宝兴河珍稀鱼类保护区，包括硗碛湖在内的水域成为常年性禁渔区，依靠硗碛湖形成的一些垂钓休闲区等持续关停，也引发了乡镇负责人以及部分村民对保护与发展矛盾冲突的反思。

包括森林碳汇、水权交易、排污权交易等在内的生态交易权益类价值实现在硗碛还处于空白状态，属于生态产品价值实现的处女地。

作为大熊猫国家公园区、世界遗产地、自然保护区的硗碛，其纵向生态

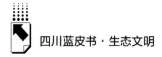

补偿标准并未体现出硗碛人的保护成本，无论是集体和个人天然商品林停伐管护补贴，还是国家和省级公益林保护补贴等，均为全省标准（或者说是依照省上的标准），硗碛独特的水源涵养价值、生物多样性服务价值以及生态系统的支持功能，均未得到明确体现。

硗碛优质的生态供给产品，更多是满足自用以及游客消费所需，商品化开发利用还处于起步阶段，大熊猫品牌、世界遗产地品牌、青衣江源头品牌以及红色文化品牌等具有赋能生态供给产品生态化和高端化的潜在价值和提升空间。

美丽、富足、人与自然和谐共生的硗碛，是生态产品价值实现的典型代表，也是镶嵌在国家公园之中的社区生态共富模式的典范。

B.21
大熊猫国家公园四川片区自然教育发展策略研究

李晟之　王方月　赵　洋　张黎明*

摘　要： 随着大熊猫国家公园建设的逐步深入，四川片区内的国家公园建设工作正在如火如荼地推进，呈现出蓬勃发展的态势。其特有的生态环境和丰富的自然资源为自然教育提供了广阔舞台。如何让更多的人了解、保护大熊猫，实现人与自然和谐共生，成为四川片区内自然教育发展的重点工作。本报告通过对大熊猫国家公园四川片区自然教育发展现状的分析，从内外两方面总结当前自然教育在发展过程中存在的问题，提出规划合理布局、构建自然教育课程标准、完善自然教育配套设施、强化自然教育人才培训、培育自然教育品牌项目、加强自然教育与相关产业融合、推进全民自然界教育发展的策略，从而调动公众对大熊猫及其生境保护的积极性，确保大熊猫的长期生存与发展，同时为推动四川片区自然教育工作提供一些启示与思路。

关键词： 大熊猫国家公园　四川片区　自然教育

一　引言

　　大熊猫是我国特有的珍稀动物，是全球生物多样性保护的旗舰物种，也是我国与国际社会交往的"使者"。2021年10月12日，我国以保护野生大熊猫种

---

　　* 李晟之，四川省社会科学院生态文明研究所研究员，主要研究方向为农村生态；王方月，四川省社会科学院，主要研究方向为农村发展；赵洋，四川省社会科学院，主要研究方向为发展经济学；张黎明，四川省林业和草原局科研教育处处长，主要研究方向为自然教育。

群及其生境为主要任务，成立大熊猫国家公园，该国家公园集科学研究、自然教育、生态体验于一体。大熊猫国家公园是党中央、国务院在"五位一体"战略布局下做出的一项重要决定；是贯彻新发展理念，推进"美丽中国"的重大举措；是贯彻落实"绿水青山就是金山银山"的生态文明思想，促进人与自然的协调发展的有效途径；也是保护自然遗产，展示负责任大国的重要体现。

随着大熊猫国家公园建设的深入推进，其成效逐渐显现，不仅为大熊猫提供了更加安全和适宜的生存环境，也有效促进了生物多样性保护和生态系统的恢复。然而，在取得这些成果的同时，大熊猫国家公园也面临着一系列问题，其中最为突出的是发展与保护之间的矛盾。大熊猫国家公园的建设旨在实现生态保护与可持续发展的双赢，但在实践过程中，两者难以平衡。一方面，保护大熊猫及其栖息地需要严格限制人类活动，避免对自然环境造成破坏；另一方面，国家公园的周边社区和居民也需要发展经济、改善生活，这必然会产生一定的开发需求。这种发展与保护之间的矛盾，在一定程度上制约了大熊猫国家公园的可持续发展。

自然教育不仅是大熊猫国家公园构建的关键组成部分，而且在促进人与自然和谐共处的过程中扮演着不可或缺的角色。通过自然教育，可以提高公众对大熊猫及其栖息地保护的认识和参与度，增强公众的生态保护意识。同时，自然教育也能为周边社区提供新的发展机遇，通过开发特色旅游、生态体验等项目，促进当地经济的绿色发展。四川片区高度重视自然教育，先后发布了《关于推进全民自然教育发展的指导意见》和《推进大熊猫国家公园四川片区自然教育高质量发展的意见》等文件，从政策层面推动自然教育的发展，旨在扎实推进全民自然教育、加快提升生态文明水平。

二 大熊猫国家公园四川片区基本情况

（一）大熊猫国家公园四川片区位置和概况

大熊猫国家公园地处青藏高原东缘、四川盆地向青藏高原过渡的岷山、邛崃山、大小相岭等高山峡谷地带，地理坐标为东经 102°11′06″~105°40′00″、北纬 28°51′03″~33°12′50″。四川片区位于四川盆地西部边缘山地，地处岷山山系和邛崃山系，共涉及 7 个市（州）、20 个县（市、区），总面积为 1.93 万平方公里，占大熊猫国家公园总面积的 87.73%。这个区域被视为岷山和邛崃山两座山脉之间的重要纽带，不仅是大熊猫种群迁徙和繁衍的关键通道，也是维持珍贵动物种群生态平衡、文化多样性以及生物多样性保护的一部分。四川片区是大熊猫栖息地面积最大、数量最多、种群生态最完整、景观类型最丰富、最具代表性的区域。最新发布的全国第四次大熊猫调查报告中显示了四川片区的重要性。报告指出，四川片区的野外大熊猫种群数量占据了全国总数的绝大部分，高达 74.4%。[①] 这一数字凸显出该区域在保护大熊猫资源方面的核心地位。同时，人工圈养的大熊猫同样不容忽视。在这部分群体中，共有 73% 的大熊猫集中居住在圈舍之中，这些圈养大熊猫不仅为研究大熊猫提供了宝贵的样本，也成为维持其种群繁衍的重要部分。此外，该区域不仅是川金丝猴的家园，也是雪豹和羚牛等珍稀动物的生存乐园。绿尾虹雉也在这里找到了繁殖地。

1. 自然环境

大熊猫国家公园地跨岷山、邛崃山两大山系，具有复杂多样的高山、峡谷、河流、森林等地貌，是我国重要的生态旅游资源。在水文方面，四川片区拥有发达的水系和丰富的水资源。其主流河域包括嘉陵江、岷江、沱江、汉江，河流以短直型为主，瀑布、急流、险滩多。地势高耸，山坡陡峭，使河流在穿越山峦时自然形成了显著的落差。这种独特的地形条件孕育了极为丰富的水能资源，其中涪江是我国水电开发利用的重要水源。在动植物资源方面，由于横跨亚热带和暖温带两个气候带，四川片区拥有丰富多样的森林资源，其群落在漫长的演化过程中，逐渐演变出不同的植被类型。不仅为大熊猫等野生生物提供了充足的食物资源，也为其生存提供了多样化的栖息条

---

① 四川省林业厅：《四川大熊猫：四川省第四次大熊猫调查报告》，四川科学技术出版社，2015。

件。除大熊猫外，至今仍有万余种野生动物在大熊猫国家公园内生存，包括全国 39% 的鸟类、32% 的哺乳动物、26% 的两栖动物、20% 的爬行动物以及 4% 的鱼类等。大熊猫国家公园四川片区动植物资源丰富，给自然教育提供了适宜场所，方便其活动的开展。

2.经济社会环境

（1）经济

大熊猫国家公园四川片区的产业结构比较单一，整体经济效益普遍偏低。当地居民的主要经济来源是传统的种植业，也有部分居民从事采矿、加工等工作。在大熊猫国家公园"共建共管"项目的推动下，部分地区发展了养蜂、中草药种植加工、山货采摘加工和农家乐等。

（2）人口与民族文化

大熊猫国家公园四川片区跨越了 151 个乡镇，涉及人口达到 12.08 万。这片区域是多个民族的共同家园，聚居着藏、羌、彝、回、蒙古、土家、侗、瑶等 19 个少数民族，各自拥有独特的文化传统和民族特色。[1] 这片土地孕育了多项国家级非物质文化遗产，如九寨沟县勿角镇、草地乡的登嘎甘傩（熊猫舞）、傩舞，绵竹木版年画。这些文化遗产既体现了各族人民的智慧与创造力，又体现了中华民族的优秀传统文化。文化的传承和发展，不仅有助于维护民族的多样性，也为推动文化旅游事业的繁荣注入了新的活力。

（二）大熊猫国家公园四川片区建设取得的成就和面临的问题

1.取得的成就

大熊猫国家公园四川片区在生态保护、科研教育、基础设施建设和社区参与等方面取得了显著成就，为大熊猫及其栖息地的保护提供了坚实的基础。四川片区通过自然恢复和人工修复两种途径，对大熊猫生境进行连续恢复，集中力量把破碎化的栖息地连接起来。截至 2023 年 9 月底，已累计修

---

[1] 国家林业和草原局（国家公园管理局）：《大熊猫国家公园总体规划（2023—2030 年）（征求意见稿）》，2023 年 8 月 19 日。

复 16.26 万亩大熊猫栖息地。① 在科研和教育方面，四川片区也取得了积极进展。国家林业局、四川省林业局和成都市政府于 2023 年 11 月共同出资 1.1 亿元，设立"大熊猫保护科研基金"，并且同步开展对野生大熊猫种群及生境保护的关键技术及人工饲养研究。同时，通过自然教育与生态体验活动，吸引了近 200 万人次参与，增强了公众对大熊猫保护的认识和支持。四川片区在基础设施建设方面也取得了重要成就。2024 年 3 月，在完成自然资源确权登簿登记后，首次向社会公布登簿成果，为大熊猫国家公园建设提供了法律保障。此外，四川片区率先在各国家公园中完成打桩定标，首批 3646 个感应界桩正式投入使用，提高了管理效率和效果。在促进社区参与和协调方面，四川片区在充分尊重公众意愿的基础上，探索新型的集体资源经营模式，并对其进行资源管理。这些措施不仅有助于保护大熊猫及其栖息地，也促进了当地社区的发展和居民的福祉。

2. 面临的问题

当前，大熊猫国家公园自然教育的开发还存在一些问题，主要表现为：没有进行充分规划，没有形成统一的规划理念；挖掘资源特点、文化内涵以及传承开发的力度不够；空间布局不明确，造成优质资源的利用率低；存量经营项目异质化不足，亟须调查整理、重新定位；高质量、多样化的生态产品与服务供给严重不足，开发方式功能单一；环境承载力没有得到足够重视，生态保护面临巨大压力；公共服务体系不完善，缺乏完整的运行系统。

三 大熊猫国家公园四川片区自然教育发展概况

（一）自然教育概念界定及必要性

1. 自然教育概念界定

自然教育发展至今，已有不少专家学者、行业平台和政府机构从自身的

---

① https：//www.cdrb.com.cn/epaper/cdrbpc/202310/13/c121708.html。

角度出发，就自然教育概念提炼出具有代表性的定义。2015年，联合国教科文组织社会学习与可持续发展主席阿尔杨·瓦尔斯指出，"自然教育是对所有人开放，不分年龄的一种教育，它有助于人类认识和了解大自然，与大自然建立关系，并与之和谐共处"。2018年，全国自然教育论坛将自然教育定义为"在自然中实践的、倡导人与自然和谐关系的教育"。2021年，四川省对自然教育的理念进行了深化和扩展，制定并发布了《自然教育基地建设》（DB51/T2739-2020）标准。该标准详细阐述了自然教育的内涵，将其界定为一种以自然为中心的教育方式，强调通过对自然资源的利用和对自然环境的感知来激发学习动力。中国林业协会于2022年发布《自然教育师规范》（T/CSF001-2022），其中对自然教育的定义是："以人与自然之间的关系为中心，立足于自然，在大自然中学习和体验有关自然的知识规律的一切教学和学习活动总称。"

本报告研究的自然教育，继续奉行阿尔杨·瓦尔斯的自然教育理念，同时顺应四川省印发的《关于推进全民自然教育发展的指导意见》（以下简称《意见》），《意见》中强调自然教育"进家庭、社区、学校、企业、城市、乡村"的行动，是一种全民自然教育模式。全民自然教育涵盖更为广泛的内容，除了对自然环境的直接体验与学习外，还包括通过科学知识、历史文化等多种角度来理解和认识自然。这不仅涉及自然科学领域，还涉及社会科学领域。这种教育形式旨在培养公众全面、深入地理解自然环境，而不仅仅停留在表面认识。

2.大熊猫国家公园四川片区发展自然教育的必要性

（1）落实国家公园规划的需要

自然教育作为大熊猫国家公园的基础功能之一，在落实国家公园规划需求上是不可或缺的一环。通过强化自然教育，可以提升公众对国家公园规划的认知和支持度，培养生态保护意识和行为习惯，推动国家公园规划的可持续发展。《建立国家公园体制总体方案》的发布，标志着我国对于生态环境保护和可持续发展的决心，强调在国家公园的建立过程中，要充分考虑到地方社区的需求与利益，鼓励当地居民投身到自然教育活动中，使其成为推动国家公园建设的重要组成部分。《大熊猫国家公园总体规划（2023—2030年）》明确提出，要把大熊猫国家公园建设成为"国际自然教育与生态体验示范样板区"，完善科学监测、自然教育、生态体验等功能，并在全国范围内建立大熊猫生态文明示范基地群。

大熊猫国家公园四川片区以自然教育为突破，致力于将自然教育作为提升公众生态意识的重要途径。这种以自然教育为先导的策略，是对国家公园公共服务职能的一种创新运用。通过开展自然教育，引导公众能更理智地看待国家公园的保护与发展，防止对自然资源的过度开采与破坏，增强公众对野生大熊猫及其栖息地的保护意识。同时，自然教育还可以促进国家公园与周边社区的有机结合，带动生态工业与绿色经济的发展，实现自然保护与社区建设的双赢，为推动区域内可持续发展提供了新动力。

（2）推进生态文明建设的需要

开展自然教育是我国生态文明建设的一项重要内容。党的十九大把"人与自然和谐相处"作为中国特色社会主义思想的一个重要组成部分，也作为我国未来永续发展战略的重要抓手。在此基础上，四川片区结合大熊猫的特点，通过深入开展以大熊猫为核心的自然教育活动，有效提升公众对自然的爱护意识和对大熊猫这一珍稀物种的保护意识。这样的教育活动不仅能让公众学到生态知识，还能激发其成为未来的守护者，进而在全社会营造一种珍视自然、尊重生命的良好氛围，提高全民的生态道德水平。

大熊猫国家公园四川地区动植物资源丰富，自然风光绝佳，生态环境良好，是开展自然教育的理想场所。四川片区让访客通过观察自然、与自然互动，理解建立国家公园的意义和价值，使其担负起保护自然的社会责任和义务。通过营造爱护生态环境的良好社会气氛，推动公众持续地参与到保护自然的行动中来，为创建一个良好的居住环境、维持生态平衡与安全贡献自己的一份力，从而使国家公园的自然保护核心价值观得以落实，推进生态文明建设。

（3）提高公民科学素质的需要

科学素质作为国民素质的一个重要方面，是培养科技创新人才的土壤，是推动社会文明发展的根本。自然教育是提升公民科学素质的重要途径。随着 2006 年"全民科学素质行动"的推行，国民的科学素质得到极大的提高，截至 2023 年，国民具备科学素质的人数占国民总数的 14.14%。① 国务院于 2021 年 6 月发布《全民科学素质行动规划纲要（2021—2035 年）》（以下简称《纲要》），《纲要》旨在全方位、多层次地推进全民科学素质的提升，推动我国科技进步与创新，为我国的社会主义现代化建设提供强有力的支持。次年 9 月，四川省人民政府结合自身实际，印发《四川省全民科学素质行动实施方案》（以下简称《方案》），《方案》围绕五类群体，分别开展五大科学素质提升行动，推进提升四川全民科学素质。同时明确了今后 5 年到 15 年的目标：预计 2025 年，四川省公民具备科学素质的比例达到 13% 以上；2035 年比例超过 25%。

在大熊猫国家公园四川片区的建设中，将公民科学活动与国家公园保护管理工作相结合，让专业人员指导公众开展动植物监测，引导公众学习科学知识，激发公众特别是青少年对自然的好奇心，直接培养他们观察与思维能力以及对科学学科的兴趣，使其在自然中体会生命的价值，以及不同个体之间的分工与合作，深刻理解人与自然和谐共生和保护生态环境的重要性。

（4）助力教育事业高质量发展的需要

自然教育，不仅仅是大自然的简单参观或体验活动，而是一个深层次的教育理念，旨在通过自然的力量来促进公众全面发展。自然教育作为连接家庭、学校和社会的桥梁与纽带，能够形成一种合力，吸引学校、家庭以及社会各界共同参与，为公众提供一个多元化、综合性的教育环境。在党的二十大报告中，强调教育的优先发展地位，明确指出"要通过不断提升教育质量和水平来为国家发展提供强有力的教育保障，办好人民满意的教育"。教育现代化要求教育顺应时代发展需求，达到现代社会生产力发展所需要的水平；自然教育强调重新构建人与自然的联系，符合新时代生态文明建设的目标，是实现教育现代化的重要组成部分。

---

① 资料来源：《中华人民共和国 2023 年国民经济和社会发展统计公报》。

四川片区以大熊猫国家公园为载体发展自然教育，因地制宜制定具有国家公园特色的自然教育实施方案和构建相关标准规范等，丰富自然教育类学科建设，培育更多的自然教育类专业人才，带动自然教育类相关产业发展，为教育领域的供给侧改革提供更加多元化和高品质的服务形式，进而满足社会不同层次的教育需求。

（5）加强受教者身心健康成长的需要

自然教育是以自然生态环境为基础进行的一种教学活动，既注重传授理论知识，又注重培养分析与解决问题的实际能力，在促进人与人、社会和自然和谐相处的过程中，受到社会各界的普遍认可和积极回应。现代社会，电子产品的普及应用在给儿童和青少年的生活和学习提供乐趣和便捷的同时，也造成了其脱离自然和疏远自然的局面。

四川片区的自然教育作为一种教育形式，以国家公园的自然生态为基础开展各类活动，让公众在大自然中体验生命美好的同时，还可以通过细致的观察、体验等实践，探索人与自然的联系。于是，书中的文字和图表就被赋予了生命，不再是冰冷的符号，而是栩栩如生的视觉形象。电子产品里的数字信息也通过这种方式得到生动的表达，变得既有触感又富有立体感。激发学生在学习中产生更多兴趣，挖掘其潜力。

（二）大熊猫国家公园自然教育发展现状

大熊猫国家公园四川片区目前依托各级自然保护区，对其管理方式进行了积极的探索和试验，加强保护区的保护和科研工作，大力开展自然教育和生态体验活动，推动了地方经济的发展。但是，由于缺乏系统思维、缺乏专业人员、缺乏专项资金等情况，大多数自然保护区的自然教育项目开展情况不容乐观。初步统计，大熊猫国家公园卧龙、王朗、唐家河、鞍子河、龙溪虹口、小寨子沟、小河沟、喇叭河等管理区域或社区通过国际国内合作等方式开展了自然教育探索，组建了专（兼）职自然教育团队，开展了自然教育的人员系统培训和课程研发测试，发挥了自然保护区的自然教育功能。现阶段保护国际基金（CI）与崇州市林业和旅游发展局达成战略合作协议，与鞍子河自然保护区建立了中国首个保护地共管项目；山水自然保护中心与白水河国家级自然保护区合作，在保护区和社区结合的基础上开发自然保护区类型的自然教育项目；安州国有林场、千佛村、安州团区委志愿者协会、成都四叶草科技公司、四川省社科院、大自然保护区协会等单位与千佛山国家级自然保护区达成战略合作协议，形成"社会+社区+NGO+科研院校"模式，联合开展自然教育活动。

自然教育的实践探索起步相对较晚，随着各级政府、社会组织、行业平台的共同努力，大熊猫国家公园自然教育的发展已呈现出一种良性发展的态势。相信在不远的将来，大熊猫国家公园定会在自然教育领域精心布局，辅以完善的政策法规与项目资金支持。结合各区域的地理特点、自然资源禀赋、保护重心及特色文化，打造一批既具备共性又充满地方特色的自然教育场域。在规范管理的基础上，鼓励创新思维，让自然教育深深扎根于本土文化之中，实现可持续的发展。

（三）大熊猫国家公园四川片区自然教育存在的问题

1.内部问题

（1）教育内容和方法单一

目前在大熊猫国家公园内开展的自然教育活动以传统讲解和展示为主，缺乏创新和差异化。许多课程的设计与实施还停留在感性层面，导致众多的自然教育活动雷同、重复，难以引起大众的兴趣与重视。同时，在单一的形式下，往往会忽略公众在活动过程中的体验感，对公众需求不能充分考虑，从而使自然教育活动效果不佳。

（2）基础设施不完善

大熊猫国家公园内的自然教育中心或基地数量有限，且分布不均。这些基础设施还主要依托原自然保护区的设施设备，无法满足现有管护范围，未达到全覆盖。自然教育基地是开展自然教育活动的核心场所，但建设投入不足和规划不合理，导致多数地区缺乏相应的设施，使公众难以就近参与自然教育活动，限制了自然教育的普及范围。此外，大熊猫国家公园内的自然教育设施还存在维护管理不善的问题。由于缺乏专业的维护人员和管理制度，一些设施出现损坏和老化的情况，无法正常使用。这不仅影响了自然教育活动的正常开展，也给国家公园的环境造成了负面影响。

（3）缺乏从业人员和志愿者支持

自然教育作为一门新兴学科，涉及天文、动植物和地质等多个学科。这就要求从事自然教育的人员具备良好的综合素质。从业人员是推动自然教育活动的核心力量，志愿者是自然科普事业发展的重要补充力量。但是，目前四川片区缺乏与自然教育相关的专业人才，现有人员素质低下，其专业基础和背景尚未与自然教育相匹配，难以支持自然教育的进一步发展。截至 2023 年底，在大熊猫国家公园四川片区内从事专职自然教育的员工数为 2~3 人，占各管护总站总员工数均不足 10%。工作人员严重不足，工作积极性欠佳，岗位认同感较低，流动性比较大，人才引进困难，师资力量参差不齐。志愿服务招募也存在渠道不明确、队伍力量明显不足的问题。

（4）资金使用灵活度低

自然教育覆盖面积广，活动范围存在跨界的可能，而大熊猫国家公园对于资金的使用有一系列严格的规定，包括资金的使用范围、用途、标准等。这些规定虽然在一定程度上保证了资金的规范使用，但同时也限制了资金使用的灵活性。在实际操作中，一些创新性的自然教育项目可能因不符合现有规定而无法获得资金支持，从而制约了自然教育的发展。

（5）行业规范和管理不足

由于我国自然教育产业刚刚起步，各种产业体系还不够健全，相关配套法律法规还未建立，与公众需求相适应的自然教育循环机制尚未完善，缺乏统一的规范和标准，导致市场上的产品和服务质量参差不齐，对消费者的选择和权益保障造成一定的影响。大熊猫国家公园四川片区各管理总站均依托原自然保护区管理机构推动各项工作，原有保护地管理机构分属各级政府及不同行业部门管理，虽然自然保护地在机构改革中已交林草部门统一管理，但仍未彻底解决重复管理、多头管理等问题，机构不够完善，整合难度较大。需要进一步理顺管理体制、创新管理机制。

2. 外部威胁

（1）生态环境恶劣

自然环境的变化是自然教育发展中最大的外部威胁之一。气候变化、生物多样性丧失、环境污染等问题都可能导致国家公园自然环境的变化，从而影响自然教育的主题内容和实施效果。全球气候变化导致极端天气事件频发，直接影响到大熊猫国家公园内的生物多样性，包括大熊猫在内的多种动植物面临生存威胁。这种情况下，即使最具有教育意义的活动也可能难以进行或效果大打折扣。大气、水体污染等环境问题，不仅威胁到大熊猫等珍稀物种的生存，公众也因环境恶化而失去接触自然的兴趣和动力，从而减少参与自然教育活动的可能性。

（2）公众认知度不足

社会对自然教育的认知和重视程度也是影响自然教育发展的重要因素。公众对自然教育的认识存在两个误区：要么把国家公园仅仅作为旅游观光的场所，要么把自然教育认作是关于自然科学方面的科普教育。对自然教育不仅可以提升公众的科学素养，还肩负着实现人的自我发展、促进人与自然和谐的使命这一特点缺乏了解。社会对自然教育的价值认识不足，可能导致自然教育在学校教育和家庭教育中的地位被边缘化。公众对自然教育的认知尚处于浅层次，说明当前自然教育的普及性仍需加强。

（3）历史遗留问题复杂

在大熊猫国家公园四川片区内，矿业权、小水电和人工商品林等历史遗留问题较多，处置化解矛盾面临一定的社会稳定风险。其中最为突出的是矿业权的处置问题，目前四川片区还存在大量经批准设立的采矿权、探矿权，多数采矿权已有20多年历史，我国不同类型自然保护区采矿权退出过程中，存在区域重叠不清、规划协调不到位、遗留问题突出、勘查开采空间受到严重压缩等问题，亟须尽快构建完善的矿业权退出机制。

四 大熊猫国家公园四川片区自然教育发展策略分析

大熊猫国家公园以大熊猫野生种群及其生境保护为核心，其独特的生态环境与丰富的自然资源备受瞩目。因此，在推进大熊猫国家公园四川片区的自然教育工作时，应着重提升生态系统服务水平，为公众搭建一座通往自然的桥梁，让公众更好地亲近自然、体验自然、理解自然。同时将自然教育视为一项国民福利，让公众在接受教育的同时，也能享受到休闲的乐趣，从而更深入地认识自然、尊重自然、保护自然。目前，大熊猫国家公园已完成编制《大熊猫国家公园总体规划（2023—2030）》，明确了总体目标、功能定位、管理体制、建设规划和重点任务。下一步，要进一步优化自然教育布局，构建自然教育体系，加强自然教育基地建设，提升公众生态保护意识，推进生态文明建设与经济社会发展深度融合。

（一）规划合理布局

首先，要在习近平新时代中国特色社会主义思想的指引下，立足新发展阶段，贯彻新发展理念，服务并融入新发展格局，充分贯彻党的二十大精神和省委第十二次党代会精神，切实践行"绿水青山就是金山银山"理念，按照国家代表性和公益性原则，坚持保护优先，编制具有四川片区特色的自然教育规划，规范有序推进自然教育高质量发展，建设全国自然教育示范区。其次，必须围绕岷山生物多样性保护示范区的发展定位，把生物多样性保护放在首位，高起点规划、高标准建设多个重点自然教育基地，同时提档升级平武王朗、平武老河沟和关坝社区、青川唐家河等园区核心竞争力，依托"绵九高速"白马超级服务区等流量区域建设大熊猫国家公园自然教育展示窗口和沉浸式体验场景，建设以生物多样性保护为核心主题的自然教育重点区。

（二）构建自然教育课程标准

标准体系的建立有助于为自然教育行业的健康规范发展提供指引，进而推动产业链拓展。但标准不代表墨守成规，而是在此基础上，结合当地资源禀赋，发展地方特色课程。四川片区以其独特的自然生态禀赋与人文资源为基础，综合运用科学、数理、艺术、社会学、管理学等多个学科的角度与方法，以自然观察、自然体验、自然笔记、自然游戏等多种形式，针对不同时节、主题、场景、受众，深挖大熊猫生态廊道保护文化、大熊猫野化放归科学文化和优秀民族文化内涵，开发兼顾知识性、科学性、趣味性和体验性的大熊猫国家公园特色自然教育精品课程和线路，培养学习者的批判性思维、参与式学习方法、团队合作、思辨等多种能力；同时以公民科学为切入点，开展自然教育、学校学生素质教育、周边社区村民生态环境建设教育，全面推进公民科学、学校研学和社区自然教育的发展。

（三）完善自然教育配套设施

大熊猫国家公园作为自然教育重要场所，其配套设施的完善对于提升自然教育质量、扩大教育活动覆盖范围、增强公众生态保护意识等方面都具有重要意义。为此，有必要与成都城市展示区、重点自然教育基地、重点入口社区等相结合，对已有的科研科普教育场馆、学生实训基地、自然教育解说中心、自然教育解说步道、户外教育展示点、标识系统等配套设施进行新建或完善，推进自然教育的标准化、规范化、智慧化和品牌化发展，建成大熊猫国家公园自然教育智慧平台体系，形成一批主题鲜明、特色突出、环境安全、管理有序的自然教育综合场域，一批有场馆、有线路、有课程、有活动、服务好的自然教育基地，一批集观赏、体验、科普等功能于一体的自然教育线路。

（四）强化自然教育人才培训

自然教育工作的开展离不开人才的培养，科学制定人才培养计划是保障总目标实现的基础条件。健全自然教育人员队伍建设对于推动自然教育事业健康发展、满足行业发展需求、提升自然教育质量和效果具有至关重要的作用。因此自然教育人才队伍建设可以通过高等院校、科研院所开展自然教育师资培训，支持学协会和社会责任企业开展自然教育理念普及与技能培训，培养一批高素质自然教育专业人才。同时探索建立自然教育专业人才认证体系，构建形成以自然教育管理人员、课程与线路研发人员以及自然解说员、自然体验师、自然教育导师和生态导赏员等为主体，志愿者为补充的大熊猫国家公园自然教育专业人才队伍。此外举办自然教育讲解（导赏）技能大赛，提升自然教育师资队伍自然资源科普传播能力。定期组织联合巡护、清除山林垃圾、科普教育等活动，以线上预约形式，面向社会招募志愿者，对完成任务的志愿者给予相应的积分和适当奖励。

（五）培育自然教育品牌项目

随着自然教育行业的快速发展，市场竞争也日趋激烈。培育具有特色和优势的品牌，可以更好地满足市场和消费者需求，促进自然教育行业健康发展。同时，品牌建设还有助于提高自然教育的社会认知度和接受度，为自然教育的全民普及和发展创造有利条件。

大熊猫作为我国特有的珍稀野生动物，是全球生物多样性保护的旗舰物种，是全世界关注的明星动物，也是连接国际关系的"和平使者"。大熊猫深受社会各界青睐，品牌效应显著，有利于自然教育活动的开展推广。因此四川片区发展自然教育可以通过创新打造"大熊猫国家公园探秘""公园巡护员""熊猫少年""护二代""熊猫课堂""森林盟主""熊猫森林"等一批特色高质量自然教育活动和品牌，加强大熊猫国家公园自然教育整体形象和品牌输出，加大宣传推广力度，孵化培育特色化、国际化的自然教育品牌，全面提高四川片区自然教育全球影响力。

（六）加强自然教育与相关产业融合

自然教育与环境教育、生态旅游等相关产业有着密切联系，融合发展是大熊猫国家公园自然教育未来发展的重要方向。因此，必须通过入口社区和友好社区结合建设，孵化一批自然教育创新创业园区，推动实施一批高起点"自然教育+"生态产业融合发展项目。支持大熊猫国家公园周边社区通过

"公司+农户"、合作社等方式开发提供自然教育或配套服务，鼓励生态创业、扩大生态就业、壮大生态产业，全面增强自然教育促进生态产业发展的多元动能，提升综合效益，服务乡村振兴。

（七）推进全民自然教育发展

全民自然教育是一种旨在让全体公民都能接触、了解、尊重并保护自然的教育形式，以立德树人、提升全社会自然科普素养和满足人民群众生态需求为根本宗旨，充分考虑不同年龄、职业和地域受众的身心特点和需求，注重知识性、科学性、趣味性、实践性和体验性。面向老年人及其照护者广泛传播自然教育、生态体验和运动健身等科普知识。开发具有实用性、增量性和多样化的行动研究型自然教育产品，使中青年群体在自然教育和生态体验中扩展生活圈、释放压力、增加安全感，提升情绪管理能力和应对能力。鼓励各学校（幼儿园）开展"把大熊猫引入教室，把儿童带到生境，让父母和社会了解自然教育的价值取向"的多维教学，使综合实践课程与自然教育相结合。

参考文献

李天满、张旭晨、郑重等：《稳步推进大熊猫国家公园高质量发展》，《国家公园》（中英文）2023年第2期，第126~134页。

唐艺挈、谭欣悦、代丽梅等：《大熊猫国家公园自然教育体系构建研究》，《绿色科技》2021年第5期，第250~253页。

刘宇翔、徐玟婷：《大熊猫国家公园自然教育现状及发展路径探讨》，《内蒙古林业科技》2023年第2期，第58~64页。

B.22

若尔盖国家公园建设中的生态保护与社区发展问题研究

赵 川 刘泓伯*

摘 要： 本文以若尔盖国家公园为研究区域，针对目前社区对国家公园建设参与度不够，经济发展水平滞后，对自然资源的依赖程度高，内部管理机构不健全等问题展开探讨；通过分析公园与社区之间的内在联系与协同关系，针对若尔盖国家公园实际，提出了生态保护与社区发展的协调措施。包括高质量发展生态产业、发展自然教育、提升社区参与能力建设、构建社区参与机制、高品质打造社区等方式，可以为若尔盖国家公园的可持续发展提供理论支持和实践指导。

关键词： 若尔盖国家公园 生态保护 社区发展

一 引言

国家公园是指由国家批准设立并主导管理，边界清晰，以保护具有国家代表性的大面积自然生态系统为主要目的，实现自然资源科学保护和合理利用的特定区域。党的二十大报告指出，"以国家重点生态功能区、生态保护红线、自然保护地等为重点，加快实施重要生态系统保护和修复重大工程，推进以国家公园为主体的自然保护地体系建设"。充分强调了国家公园建设

---

* 赵川，博士，四川省社会科学院副研究员，主要研究方向为生态经济，旅游经济等；刘泓伯，四川省社会科学院社会学所，主要研究方向为人口与资源环境。

的重要性。2022 年 5 月，国家公园管理局函复四川省人民政府和甘肃省人民政府，同意两省共同开展若尔盖国家公园建设工作。创建若尔盖国家公园，是加快推进黄河流域生态保护和高质量发展的重要举措，也对我国红色精神和历史文化起到宣传作用。2023 年 1 月，国家林草局、财政部、自然资源部、生态环境部联合印发《国家公园空间布局方案》，提出到 2035 年基本完成国家公园空间布局建设任务，基本建成全世界最大的国家公园体系的目标。2023 年 7 月，习近平总书记来川视察时作出"在筑牢长江黄河上游生态屏障上持续发力""要把生态文明建设这篇大文章做好"的重要指示。

若尔盖国家公园建设是一项重大的生态工程，对若尔盖公园建设和社区发展问题进行深入研究，推动若尔盖社区发展与生态保护共赢，有助于促进周边社区居民经济文化发展，优化社区发展与自然生态环境模式，增进民族团结和社会稳定。

（一）研究区概况

若尔盖国家公园位于四川、甘肃两省交界处，国家公园创建区总面积 1.38 万平方公里，现有 11 个自然保护地，行政范围包括四川省若尔盖县、红原县、阿坝县和甘肃省玛曲县、碌曲县。若尔盖草原湿地是中国最大的高原沼泽植被集中分布区、青藏高原东端面积最大的高原沼泽泥炭湿地、我国重要的高寒生物种质资源宝库，也是黄河上游重要水源补给地，蓄水总量近 100 亿立方米，为黄河上游提供约 30%水量，对维持黄河流域生态平衡和水资源供给有着关键作用。① 因此，保护若尔盖地区的生态环境对于整个黄河流域乃至全国的生态安全都尤其关键。

由于若尔盖国家公园地处我国的高寒地区，所以受气候变暖、地下水位下降等因素的影响较大，天然草原退化、湿地萎缩、森林面积减少，生态系

---

① 《推动黄河流域生态保护和高质量发展若尔盖国家公园创建按下"快进键"》，四川省人民政府网站，https://www.sc.gov.cn/10462/12771/2021/7/21/42eb9b4b534d4ef28c7e6e2c2b91e566.shtml。

统十分脆弱，目前仍处于恢复阶段，而公园周围的居民需要利用草原湿地自然资源维持生计，社会发展、过度放牧、道路建设、城镇化建设都会对自然生态系统有所影响。虽然若尔盖公园建设过程中，在周边建设范围内实行"一户一岗"，提出了一系列生态利民政策，不同程度地促进着国家公园与社区共建，但此过程中尚未健全政府、社区居民和企业、非企业组织的协调合作关系。

（二）国家公园建设与社区发展的研究现状

对于国家公园建设与社区发展的问题，学者们从不同地点进行了研究，徐姝瑶等对武夷山国家公园进行研究，将社区类型划分为综合发展型、选择发展型、乏力发展型和控制发展型 4 种，对不同类型社区产业发展的优势和问题进行比较分析，并结合武夷山国家公园社区相关规划以及社区实际发展情况，提出差异化的社区产业发展路径和生态旅游发展建议。[1] 王捷等对南阳白河国家湿地公园进行研究，对公园管理与社区生活发展的多种矛盾问题，进行了深入的调查研究分析，针对存在的矛盾问题提出了提高社区参与积极性和解决湿地公园管理与社区发展矛盾问题的基本策略。[2] 肖义发等对神农架国家公园进行研究，在系统分析神农架国家公园试点区与社区关系的基础上，从神农架国家公园试点区社区管理现状出发，提出社区规模、共管机制、社区发展等方面的建议，以期对神农架国家公园试点区社区协调发展提供借鉴参考。[3] 李晟之等对大熊猫国家公园进行研究，通过对四川省平武县关坝村案例研究发现，该村以村两委为管理核心，合作社、保护中心、兴趣小组多级支持互动，社区、政府、企业、社会组织等多元共建共治共享，在生态保护、产业发展、文化传承、人才振兴、组织管理、社会

---

① 徐姝瑶、刘彦彤、余翩翩、张玉钧：《武夷山国家公园社区类型识别与社区产业发展路径研究》，《北京林业大学学报》（社会科学版）2023 年第 4 期。

② 王捷、孙新杰、董建军、邹波：《南阳白河国家湿地公园管理与社区发展的矛盾问题及对策》，《河南林业科技》2023 年第 1 期。

③ 肖义发、王梦君、张天星：《神农架国家公园试点区社区协调发展研究》，《林业建设》2023 年第 4 期。

影响等方面有成效，但同时也存在生态产品价值转化程度不高、社区组织之间存在一定的交易成本、外部性效益内化不足等问题。[①] 李斌对三江源国家公园进行研究，通过社区共管机制，探索社区共管机制在国家公园建设中被具体运用的成效，评析社区共管机制在协调环境保护和社区发展中发挥的作用。[②]

（三）公园建设与社区发展的矛盾关系

全球约50%的国家公园和保护区建立在原住居民土地之上，生态保护与社区发展的冲突始终存在。[③] 我国国家公园建设区周边分布着大量的村镇，这些居民往往依赖着国家公园的自然资源生产生存，所以生态资源保护与社区居民的民生矛盾问题尤其明显。我国三江源国家公园在建设过程中，由于经济社会发展基础薄弱，社区发展基础设施比较滞后，传统与现代、发展与保护、试点与协同均处于探索推进中，社区共建很难在短期内达成各方共识，吸引专业的社会组织参与国家公园社区发展、社会治理仍是当前较大的难题。[④] 在国家公园建设后，公园社区的各项行动要符合保护条例的规定，社区居民并不能完全理解和全力支持这些管制和保护措施，实际反映出了公园社区治理中存在模糊、有待优化的空间。[⑤] 神农架国家公园试点区问题则体现在社区具有居民点分散、人口多、经济结构单一、经济发展水平较低、贫困人口占比大、对自然资源依赖性较高等特点。[⑥] 钱江源国家公园对功能区内的社区采用区外安置的方式进行调控，但在各功能区内，国家公园

---

① 李晟之、冯杰、何海燕：《以组织制度建设破解保护与社区发展中的集体行动困境——以四川省平武县关坝村为例的实证分析》，《农村经济》2021年第8期。
② 李斌：《三江源国家公园社区共管机制现状研究》，《河北企业》2018年第1期。
③ 臧振华、张多、王楠、杜傲、孔令桥、徐卫华、欧阳志云：《中国首批国家公园体制试点的经验与成效、问题与建议》，《生态学报》2020年第24期。
④ 苏海红、李婧梅：《三江源国家公园体制试点中社区共建的路径研究》，《青海社会科学》2019年第3期。
⑤ 陆益龙、山永久：《国家公园体制及其社区治理体系的优化——基于三江源国家公园的经验》，《河海大学学报》（哲学社会科学版）2023年第4期。
⑥ 肖义发、王梦君、张天星：《神农架国家公园试点区社区协调发展研究》，《林业建设》2023年第4期。

与社区之间在游憩利用、生产生活与生态保育多重目标方面仍存在空间冲突。①

二 国家公园建设与社区发展的理论基础

习近平生态文明思想理论是马克思主义中国化的重大成果，是新时代生态文明建设的根本遵循和行动指南，强调了在经济发展过程中，要做到人与自然和谐共处，走绿色发展的道路。在国家公园建设过程中，"绿水青山就是金山银山"理念、社区参与理论、共同富裕理论、可持续发展理论等可以为社区发展与生态共建提供理论支持，进一步协调公园建设与社区发展的矛盾。

（一）"两山"理念阐释了生态与经济的关系

习近平总书记指出，"我们既要绿水青山，也要金山银山"，并强调"宁要绿水青山，不要金山银山"，进一步明确了生态保护的重要性，并将其视为经济发展的重要基础。"绿水青山就是金山银山"理念对经济发展和生态建设的关系做出解释，其核心在于认识到经济发展和生态建设两者不是对立关系，而是可以相互促进、相辅相成的。在国家公园建设中，需要以"两山"理念处理好生态保护和民生问题，合理利用自然资源实现生态产品价值实现，在保护环境的同时合理促进经济发展。

（二）社区参与理论提高社区居民积极性

社区参与理论强调社区居民需积极投身国家公园建设，以推动社区与公园建设协同发展。在该理论的支撑下，激励当地居民参与到公园建设以及生态保护的工作当中，不仅能够为当地居民创造更多的就业机会，增添居民的

---

① 肖练练、刘青青、虞虎、林明水：《基于土地利用冲突识别的国家公园社区调控研究——以钱江源国家公园为例》，《生态学报》2020年第20期。

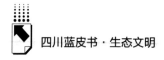
收入并提升其生活品质，还可以推动当地文化和传统产业的发展。此外，居民参与通常与生态旅游相互结合，有利于提升居民的生态保护意识，使其深入了解国家公园建设的重要意义，进而更好地促进国家公园建设。

（三）可持续发展理论为支撑原则

可持续发展理论追求人与自然之间的和谐共生，以及资源环境的可持续性发展。可持续发展理论要求用长远的发展的视角看待人与自然的关系，不仅考虑当下的利益，更要放眼未来，平衡国家公园生态保护与周边居民的利益，以确保当地的生态环境保护，为社区的长期发展创造良好的条件。用可持续发展理论引导产业结构调整，发展生态旅游、绿色农场、绿色牧场等可持续性的产业，能减少对自然资源的依赖和不可再生资源的消耗，实现生态、文化、经济协调发展。

三　若尔盖国家公园生态保护与社区发展的问题

国家公园建设与社区发展问题的现状涉及许多方面的困境和挑战。一方面，国家公园的建设和管理需要大量的资金和人力资源投入，但是实际面临着财政拮据、管理不善等问题。另一方面，社区发展也面临着诸多困难，公园建设对自然资源的管控严格，以及高原地区经济发展不平衡、人口外流、社会资源匮乏等问题，使社区经济难以得到有效提升。在若尔盖国家公园中，生态保护与社区发展的问题集中体现在社区对公园建设的参与度不够，当地的经济发展水平较为落后，对自然资源的依赖程度较高，若尔盖国家公园周边社区居民的民生问题对生态环境影响较大，国家公园内管理机构不健全，内部经营机制不成熟。

（一）社区对公园建设的参与度不够

若尔盖国家公园建设还处于初级阶段，还没有形成国家公园与社区协同发展的模式，社区居民对一些政策无所适从也不积极主动，导致他们对生态保护的重要性认识不足，很多居民没有形成良好的配合意识，增加了国家公园建设难度以及生态系统受到破坏的风险。同时社区居民对相关的政策和相关的特许经营权不太熟悉，依靠自身能力难以把握国家公园建设的发展机遇。如他们由于语言、能力的限制难以获得与生态旅游相关的就业机会，或无法充分参与若尔盖国家公园规划的系列建设项目。

（二）当地社区对自然资源的依赖程度较高

若尔盖地区常住人口以藏族为主，以农牧业为主要收入，需要大量的水草资源以及土地资源。20世纪70年代前后，若尔盖当地为了谋发展，大规模开垦湿地放牧，人为开沟排水，再加上全球气候变暖、地下水位下降等重要因素，导致湿地退化，生态被严重破坏。若尔盖国家公园建立后，周边很多区域为限制开发区或者禁止开发区，当地的各类经济活动、资源使用受限。当地生态和生产空间完全重合，加强自然资源保护必将减少放牧面积，生态保护和区域发展的矛盾日益凸显。

（三）若尔盖国家公园周边民生问题对生态影响较大

首先是生活垃圾无害化处理设施严重不足。农村生活垃圾无害化处理设施短缺、黄河流域聚居点分散，生活垃圾运转距离过长、成本高，部分偏远乡镇垃圾无法转运、处理不了等问题较为突出，存在大量不规范堆积和焚烧点。其次是居民超载放牧的问题尚未得到解决，2019年若尔盖县出栏牲畜44万头，草原超载率约14%，[①] 虽然政府已经采取相关措施治理，但是目前若尔盖草原仍处于超载的情况。据当地的居民反映，其中一个困难就是由于当地人力物力有限，无害化处理的技术不成熟，许多生物尸体无法得到及时处理，在腐化分解过程中释放如氨气等有害物质，还会传播一些病菌并污染水源的质量，这对于依赖该地区水资源的生态系统和人类社会都是不利的。

[①] 四川省生态环境厅网站，https://sthjt. sc. gov. cn/sthjt/c103878/2022/3/1/f25c7a7125704aabb8fcdbb0b2eba0ae. shtml。

此外，国家公园周边农牧业之外的主要产业是旅游业，但当地高寒高海拔的特征决定了适游区较短，仅在6~10月的时间适宜开展旅游，旅游带来的经济对周边社区支撑力度不够。

（四）管理机构不健全，内部经营机制不成熟

若尔盖国家公园内自然资源丰饶，但管理机构不健全，一些保护区甚至没有管理人员，如若尔盖县的4个各类自然保护区，仅国家级自然保护区有专门管理机构和人员队伍，而其他3个省级及以下的自然保护区仅有地方林草局的1到2个人负责相关管理工作，特别是保护区管理几乎无相关资金投入，经费严重不足。[①] 在若尔盖国家公园的管理中，亦未当地社区在特许范围内的经营项目类型进行细致的划分。这使当地居民对自身经营活动的范围模糊不清，存在特许经营项目空缺的现象。此外，管理机构在规划和实施过程中，缺乏对当地社区特色和资源深入了解和挖掘，也缺乏有效的沟通和协调机制，导致信息流通不畅，社区居民的意见和需求无法及时传达和满足，未能充分激发社区居民参与的主观能动性。这在一定程度上引发了社区居民不积极参与的问题，也埋下了国家公园生态保护与社区发展相互冲突的隐患。

四　加强若尔盖国家公园社区参与的路径

加强社区参与是实现国家公园生态保护和社区发展的重要途径，加强若尔盖国家公园社区的参与能力，有助于协调牧区与保护区的人地关系矛盾，只有通过重塑人地关系，才能建立人与自然和谐共生的高原地区新局面。由于若尔盖国家公园有着特殊的自然人文环境，在生态与社区建设过程中既要因地制宜，又要彰显高寒高海拔民族地区的特色。

---

① 贺丽、苏宇、陈德朝：《国家公园创建背景下的若尔盖湿地生态保护现状与发展研究》，《决策咨询》2023年第2期。

（一）高质量发展生态产业带动社区就业

1. 生态农牧业

结合若尔盖国家公园的自然地理特征，围绕市场需求及预期结合相关产业扶持政策，以高质量生态农牧业带动社区发展。当地特有畜种牦牛和藏绵羊、高原谷物青稞以及野生虫草是当地优势，国家公园及周边地区可以进一步提升以畜牧业为主的生态农业促进当地农牧民的经济发展，创建更多现代畜牧业园区，与相关高校合作引入科研机构和专业人才，邀请专家建立工作室，共同开发高原特色养殖技术。同时围绕畜牧产品开发更多高附加值的产品，如加工牦牛肉制品、开发牦牛衍生品等。既能提高草原生态资源的利用率，又能让社区居民进入园区就业以带动当地发展。由于生态承载力有限，当地生态产业高质量发展还需要突出重点生态产品，不断提升农牧产品质量，以高原绿色生态的招牌并按照"建基地、搞加工、促流通、创品牌、强园区"的思路，以现代农牧产业技术提升改造传统农牧业。通过标准化兴牧，投资建设现代草牧园区，引进优势龙头企业等措施引导牧民群众科学养殖。

2. 生态旅游业

以高质量发展生态旅游为目标，加强若尔盖国家公园旅游基础设施建设和服务质量提升，改善交通、住宿、餐饮等配套设施，配套高原旅游应急设施。不断提高服务质量，在确保游客安全和舒适的前提下开发多样化的旅游产品，如具有当地特色的草原生态民宿、藏式餐饮等服务，举办如赛马等节庆活动、藏戏文化体验等参与性强的旅游活动来丰富游客的旅游体验。结合"世界最美高原湿地旅游目的地"的战略定位，利用若尔盖地区红军过草地的历史题材，讲好革命故事，推出对应的红色教育产品，打造历史文化品牌。要以旅游业为突破口，推动旅游与其他产业的融合发展，带动当地居民从单一的农牧业向现代服务业转变。

3. 特许经营权

鼓励国家公园内及周边相关企业、园区居民参与特许经营活动，在特许经营模式创新中，优先考虑当地居民或当地企业参与国家公园的特许经营项目，支持当地居民在适宜的区域从事经营活动。例如，在旅游产业上可以在保护环境的前提下授予企业在特定区域、特定时间提供骑马游览服务的特许经营权，让游客深度体验草原风情，或允许企业在规定的区域提供包含帐篷租赁、餐饮、娱乐等服务的生态露营项目；在旅游交通上可给予企业电动观光车租赁的特许经营权，方便游客游览；在文化项目上，可结合传统节庆在规定时间、地点授权企业举办以当地藏族文化为主的文化遗产体验活动。

（二）发展以社区为主的自然教育

鼓励社区居民积极参与到国家公园自然教育的规划与实施中，在国家公园及周边地区提供有地域特色的自然教育课程，让周边居民和游客更深入地认识若尔盖国家公园的湿地生态系统、动植物资源以及传统文化，增强保护意识和科学素养，为国家公园的可持续发展打好基础。

1. 公园湿地生物的自然教育

若尔盖国家公园物种丰富，是野生动物的乐园，特别是在春季冰雪消融的时候，在花湖等地可以观察到多种珍稀鸟类，包括国家一级保护动物黑颈鹤。2022 年 3 月黑颈鹤种群调查结果表明，全国目前有黑颈鹤 17000 余只，而在若尔盖境内就有 2000 多只。[1] 可以通过开展实地观察鸟类形态特点的自然教育课程，开创适合生物爱好者、摄影爱好者、中小学生的课程教育，通过兼具科学性和趣味性的课程，帮助游客认识湿地鸟类物种多样性，了解栖息在国家公园内的濒危物种黑颈鹤、灰鹤等的生活习性。社区人员可扮演在自然教育中充当向导的角色，带领学校老师学生就位研讨。

2. 公园相关资源的自然教育

若尔盖国家公园周边内除了丰富的野生动植物资源，还拥有以青稞为主的农业资源。此外，若尔盖沼泽边缘地带盛产麟香、虫草、贝母、鹿茸、雪莲等名贵的传统药材。社区可以和政府、高校、科研机构等合作，将相关科

---

[1] 陈嘉珈、蒲真、黄中鸿等：《全球黑颈鹤越冬种群分布与数量》，《生物多样性》2023 年第 6 期，第 97~106 页。

研成果转化为大众可以接受的科普知识，形成若尔盖国家公园自然教育体系，并设计推出整合若尔盖国家公园内外资源的精品研学路线，打造面向全年龄段人群的自然教育产品。社区居民可以利用自家的藏乡田园以及农业、中藏药知识，参与到自然教育的产业链中。

（三）高标准进行社区参与能力建设

在社区发展的研究领域中，培养居民的社区参与能力一直是一个重要的课题，在若尔盖地区实现高标准的社区参与能力培养，对培育本土人才，巩固拓展脱贫攻坚成果具有重要的现实意义。

1. 当地老龄人口

对于老龄人口可运用其丰富经验，为社区发展建言献策，并向年轻人积极传授本地特色文化，如传统手工艺木雕、皮革制作、毛织品编织，以及骑马、放牧技巧等游牧文化相关技能，这不仅是其自身价值的体现，还是对优秀传统文化的传承。此外，老年人在公园中的活跃表现也能为社区营造积极向上的氛围，他们可以用非遗文化及丰富的本地故事、本土经验来丰富社区的文化内涵。从社区发展的角度分析，老年人的参与还有助于增强社区的凝聚力和认同感。

2. 中青年人口

中青年人口充满了活力与创造力，是社区发展的未来，当地应积极提供公益性培训机会，帮助中青年人口学习相关工作技能，提升素养与能力，增强他们的社区参与意识。中青年劳动人口可凭借当地生态优势，发展特色绿色产品，如若尔盖牦牛肉、酥油、青稞酒、中藏药等，并借助网络媒体拓展销售渠道，带动当地经济增长。通过旅游业带来的交流交往交融，深入挖掘本地特色产品，通过创新生产和经营提升其附加值与市场竞争力，借助旅游带来的流量和后备厢经济来打破地域限制，实现经济效益提升。在生态层面，中青年劳动者也更容易采用先进技术来打造绿色生态产品，并在其生产和经营过程中以身作则提高社区居民的生态保护意识。

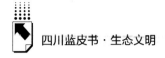

3. 返乡人群

返乡人群能够把在外获取的先进经验与技能带回到社区，为社区发展增添新的动力。而且他们还可以通过分享在外的所见所闻与亲身经历，激发居民的发展热情，并运用积累的资源和人脉，为社区发展引入项目及资金。与此同时，返乡创业人群对积极参与社区治理工作、为发展建言献策更有积极性，还能借助其自身的市场敏锐度，拓展本地特色产品的销售途径，并乐于引入创新理念与管理模式来提高运营水平。一些本土名人的影响力和知名度，亦能吸引更多的外部资源和关注。返乡创业人群的带头示范作用，能够激励更多居民投身社区建设，营造良好的氛围。

（四）构建保障居民利益的参与机制

若尔盖国家公园园区及周边地区的社区参与已经起步，但仍存在参与范围不够广、参与程度比较低的问题，需要进一步改进社区的组织架构，完善社区参与的保障机制，最大限度地发挥社区居民的积极作用。

1. 政府层面

在国家公园建设过程中保护当地居民利益是国家公园与社区协同发展的基本原则，这就要求基层治理需求与社区居民利益保障需求尽量一致。政府可以通过增加社区人员参与生态保护和公共管理的岗位，如护林员、防火防汛员、旅游向导等，来引导和鼓励社区居民参与环境保护事业，提高居民对社区的归属感和幸福感。同时需要促进生态旅游业和绿色农业等绿色富民产业的发展，实现生态保护与经济发展的双赢。此外，还可以推出草原生态补奖政策，作为保护草原生态环境、保障牧民生产生活、建设国家公园的重要举措。在继续落实、完善现有生态保护补偿政策基础上，需要引导建立持续性的生态补偿机制。

2. 旅游企业层面

旅游企业需要结合当地特点，通过有效的利益激励机制，积极引导社区及其居民介入经济活动中，给当地社区带来持久的经济效益。例如，实行产业股权激励路径，鼓励居民以生产要素入股投资当地旅游业发展，实现居民向"股东"身份转变，保障居民旅游分红收益。允许居民利用自有住宅依法从事旅游经营，支持城乡居民参与旅游业发展的务实举措，完善旅游富民共享机制。鼓励当地农牧民运用畜牧、骑马、射箭、爬山等技能开展文化旅游活动，扩大收益渠道。企业要用好当地居民能歌善舞的特点，运用互联网平台包装培育本地网红，运用宣传推介、直播带货等形式增加收益。

（五）高品质打造国家公园社区

高品质打造国家公园社区能为国家公园建设提供更完善的服务支持，保障原住民生产生活，构建多方参与协同治理体系，不仅有助于保护自然环境，还能提升社区居民的生活质量和幸福感。

1. 社区管理

国家公园建设的主要问题之一在于社区发展和公园保护的矛盾，合理有效地处理好二者的关系，能较大程度上破解生态与经济的困局。若尔盖国家公园周边社区既是国家重点生态功能区，需要加强生态环境保护和生态修复；又属于少数民族聚居地，需要尊重和保护当地的文化传统和民族特色；还兼具高寒高海拔、地广人稀的地理特征，人员调配、物资保障较为困难。在社区管理方面，需要建立有效的沟通机制，通过移动互联网等现代工具加强社区与政府、企业各方面的联系与合作，妥善处理文化差异的矛盾。要加强管理能力，增加管理人员和现代化工具，有效贯彻落实现有规章制度。

2. 人居环境

改善社区人居环境是提升居民生活的关键，丰富完善社区的基础配套设施，可以有效改善社区环境，提高居民幸福感。若尔盖国家公园及周边建筑以藏式传统民居风格为主，在社区风貌上需要尽量传承和创新地方特色。加快交通基础建设，确保居民能够便捷地联系外部；完善水利工程，有助于当地农业发展和居民的生产生活；妥善合理处理生活垃圾，改善居民社区卫生条件。在社区文化方面，依托丰富的黄河文化、游牧文化、农耕文化、长征文化等非物质文化遗产，借助如河曲马赛马节、度炯节等省级非遗项目推动地方文化保护。通过多方面的共同努力，实现国家公园社区生态宜居、产业兴旺、文化繁荣的目标。

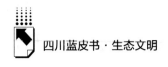
五 结论与讨论

本报告探讨了促进若尔盖国家公园生态保护与社区发展的和谐发展路径，强调了两者的平衡与协调关系。在建设过程中，生态保护对于若尔盖国家公园周边社区的发展具有不可替代的重要作用。保护好若尔盖国家公园的生态环境，将有利于提升当地社区的生活质量，促进社区经济的发展。同时，社区也需要实现绿色发展，注重生态保护和社区发展的平衡，以确保社区长久繁荣。应该加强对若尔盖国家公园的管理和监督，在保护好生态环境的同时兼顾当地社区的利益需求，制定出科学合理的政策措施，促进生态保护与社区发展的良性互动，实现双赢局面。

展望未来，若尔盖国家公园建设需要更加注重生态保护和社区发展的有机结合。可以通过加强社区参与生态保护的途径，激发当地居民保护环境的热情，让他们成为生态保护的参与者和受益者。同时，政府也需要加大对若尔盖国家公园建设的支持力度，打造生态优先、绿色发展的国家公园形象，为未来的可持续发展奠定坚实基础。若尔盖国家公园的建设，不仅要促进当地经济社会协调发展，更要成为我国生态文明建设的典范，推动高原地区实现人与自然和谐共生的现代化。

参考文献

王玉琴：《大熊猫国家公园体制建设及社区发展初探》，《甘肃林业》2018 年第 3 期。

贺丽、苏宇、陈德朝、杨靖宇、鄢武先、邓东周：《国家公园创建背景下的若尔盖湿地生态保护现状与发展研究》，《生态文明》2023 年第 2 期。

耿松涛、张鸿霞：《国家公园建设中社区参与模式：现实困境与实践进路》，《东南大学学报》（哲学社会科学版）2022 年第 5 期。

刘洋、李峰：《国家公园社区共管研究进程与展望》，《绿色科技》2023 年第 3 期。

傅斌、王新宇：《若尔盖湿地生态资产保护与利用》，《中国国土资源经济》2023 年第 8 期。

Contents

I General Report

Abstract: This report uses the framework system of the "Pressure State Response" model (PSR model) to construct three sets of indicators reflecting the "State", "Pressure" and "Response" of the ecological environment in Sichuan Province. Evaluate the effectiveness of ecological construction in Sichuan Province from 2022 to 2023 by collecting and summarizing data on three sets of interrelated and interrelated indicators. The evaluation results show that the basic situation of ecological environment construction in Sichuan Province is generally improving, with continuous improvement in ecological environment quality and increased efforts in ecological protection measures. However, there are still some problems in ecological construction practice caused by natural disasters, economic operations, policy regulations, and human activities. Therefore, based on the achievements and existing problems of ecological construction practices in Sichuan Province from 2022 to 2023, further prospects are made for the areas worth paying attention to in the future ecological construction and development process in Sichuan Province.

Keywords: PSR Model; Ecological Construction; Ecological Evaluation; Sichuan

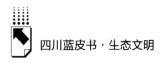

II   Economic and Cultural Reports

Abstract: The construction of county ecological civilization is related to the realization of Chinese path to modernization, and the development of ecological tourism is an important way to build ecological civilization. This study takes Yanbian County, Panzhihua City as an example, based on relevant theories and analysis of the difficulties in the development of ecotourism in Yanbian County, proposes a series of path suggestions for the high-quality development of ecotourism in Yanbian County, covering the construction of ecological product system, excavation of new ecological elements, maintenance of ecological cultural atmosphere, and protection of ecological resources, providing reference for the construction of ecological civilization in Yanbian County.

Keywords: Ecological Civilization; Ecological Tourism; Yanbian County

Abstract: Forest Wellness is an important business form for the realization of ecological product value. Sichuan Province is rich in forest resources. Developing the forest wellness industry by leveraging natural resources can help promote the progress of a healthy and beautiful China and the revitalization of the countryside. This article starts from the perspective of realizing the value of ecological products and combines the development trend of the wellness industry under the background of an aging population. It analyzes the current development status of Sichuan Province's forest wellness industry and proposes paths for promoting the high-quality development of Sichuan's forest wellness industry from the directions of "Forest Wellness + Tourism," "Forest Wellness + Medical Care," "Forest Wellness + Agriculture," "Forest Wellness + Trade," and "Forest Wellness + Culture." In addition, suggestions are made regarding industry integration, supporting facilities, business environment, market promotion, talent cultivation, and industry self-regulation.

Keywords: Realizing the Value of Ecological Products; Forest Health Care; Ecological health

B.4 Response to Building a Higher Level "Tianfu Granary" in the New Era: A New Paradigm for Green Finance

Jiang Li, Zhang Feiran / 064

Abstract: Building a higher level of "Tianfu Granary" in the new era, is an important strategic positioning made by General Secretary Xi Jinping on the development of Sichuan, a key embodiment of a holistic approach to national security in the field of food and agriculture, a path guidance for industrial integration to empower the high-level development of agriculture, and a powerful initiative to "satisfy the people's growing needs for a better life". As a core component of the modern service industry, green finance shows strong relevance and natural coupling in serving the agricultural economy, which highly utilizes natural resources and relies heavily on the ecological environment. Green finance embodies the three functions of "responding to externalities", "resolving risk dilemmas" and "optimizing resource allocation", providing a solid foundation for green finance to respond to the "Tianfu Granary" construction needs. Therefore, on the basis of comprehensive consideration of the construction of the "Tianfu Granary" and the development process of green finance, it is necessary to deeply

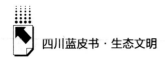

reveal the coexistence, intermingling and mutual promotion between them, to answer the four questions of "what to response", "why to response", "the logic of the response" and "how to response", to put forward proposals for optimization of the products, expansion of the scale of the innovative support, system improvement, so as to build up a green financial guarantee for the creation of a higher level of the "Tianfu Granary" in the new era.

Keywords: "Tianfu Granary"; Green Finance; Green Transformation of Agriculture; Industry Integration

B.5 Green Finance Promoting the High−Quality Economic Development: Theoretical Logic and the Sichuan Pathway

Lan Jiawei, Wang Ruonan / 078

Abstract: Finance is a critical driver of the modern economy, and green is the underlying hue of high-quality economic development. Green finance is an essential tool for promoting high-quality economic growth. This paper elucidates the theoretical logic behind green finance driving economic development from a theoretical perspective. Taking the example of Xindu District in Chengdu, a provincial-level green financial innovation pilot zone in Sichuan Province, it delves into the pathways, challenges, and strategies for fostering high-quality economic development through green finance. The study finds that green finance promotes high-quality economic development by facilitating mechanisms across five dimensions: economic innovation, coordination, greening, openness, and shared development. Xindu District's collaborative efforts among government departments, financial institutions, and enterprises provide a strong reference for the entire province's use of green finance to promote high-quality economic development. The current key challenges facing the development of green finance include insufficient transmission of policy effects to market effects, inadequate multi-sectoral and multi-domain coordination and linkage capabilities, and insufficient regional applicability of local policy pilots. Based on this, suggestions are proposed for government departments to improve institutional construction, financial institutions to enhance their service capabilities for green development, and enterprises to actively utilize the green finance market.

Keywords: Green Finance; High-Quality Economic Development; Sichuan

B.6 On the Legal Guarantee for Promoting Regional Cooperation in China's Green Finance Development

Zeng Wenge, Ren Tingyu / 093

Abstract: The deep integration of green finance legalization and regional low-carbon transformation is essential for the sustainable development of a modernized regional collaborative economy within national governance. However, cross-regional cooperation in green finance faces challenges related to legal guarantees, including issues with publicity and innovation, obstacles to inter-provincial cooperation, and contradictions between central and local supervision. Currently, the institutional development of green finance is primarily driven by a top-down government-led model as the main institutional framework, complemented by a bottom-up innovation policy system in green finance pilot zones. However, the legal systems of regional cooperation exhibit significant overlap with minimal discernible differences, resulting in competition that diminishes policy effectiveness. The development of regional cooperation in green finance in China should prioritize the legitimacy of the system's subject and authority, the binding force of policy systems, and the synergy of policies. In the future, it is essential to collaboratively develop the *Implementation Plan for Regional Green Finance Cooperation and Development* while clearly defining the legal relationship between carbon neutrality and regional green finance cooperation. This will help harmonize the legal framework for regional green finance cooperation and enhance specific system content through innovations in carbon market linkage, free

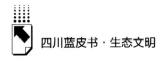

trade zone integration, and investment and financing pilots. At the same time, the environmental resources court and the financial court as the core to establish a sound judicial guarantee mechanism, and implement an effective regional green finance cooperation and supervision long-term mechanism.

Keywords: Modernization of National Governance; Green Finance; Rule of Law; Regional Cooperation

B.7 Research on the Resource Integration and the Path of Ecological Image Communication of "Beautiful Sichuan"

Li Jingli, Zhang Ruoying and Gong Xiaoqin / 107

Abstract: The construction of "Beautiful Sichuan" serves a role model in building a beautiful China. In shaping and disseminating the ecological image of "Beautiful Sichuan", Sichuan has integrated resources of ecology, history and media, and has demonstrated the excellent natural ecology and environmental protection experience of Sichuan through multi-communication paths and innovative discourse expression, forming an integrated and innovative path for disseminating ecological civilization. Providing a Sichuan solution for the construction of a beautiful China pilot area, the creation of "Beautiful Sichuan" will booster China to shape the image as a major force in ecological civilization in international discourse, thereby rendering the "China Environmental Threat Theory" collapse itself.

Keywords: "Beautiful Sichuan"; Ecological Image; Resource Integration

B.8   Exploring the Path of Excellent Traditional Chinese Culture

Supporting the Construction of the Beautiful Sichuan

Du Tangdan, Wu Ruyu, Zhai Yun, Yan Ruyue and Xiong Lei / 122

Abstract: As an important theoretical source of contemporary ecological civilization, the ecological thoughts rooted in the excellent traditional Chinese culture is rich in content and profound in value. This paper systematically reviews the innovative practice of excellent traditional Chinese culture in helping the construction of beautiful Sichuan, that is, its important role in promoting the inheritance of world natural and cultural heritage, the construction of giant panda National Park, the preservation of ancient tea-horse road, the development of green agriculture and other activities. Then we discusses the development path of excellent traditional Chinese culture in helping the construction of the Beautiful Sichuan, that is, with excellent traditional culture as the guide. We will promote the improvement of Sichuan's ecological environment, the construction of ecological projects, the creation of beautiful homes, and the development of green economy, giving full play to the internal driving force and overall synergy of the construction of the Beautiful Sichuan.

Keywords: Excellent Traditional Chinese Culture; the Beautiful Sichuan; Ecological Civilization

Ⅲ   Ecosystem Reports

B.9   Research on the Micro Foundation Construction of

Ecological Civilization Construction   *Huang Tao* / 132

Abstract: The micro basis of the macro strategy of ecological civilization construction includes the concrete practical actions of social subjects such as government, enterprises, social organizations and the public. This study draws on the " Pressure-State-Response " model proposed by the United Nations

Environment Program and the Organization for Economic and Development Cooperation, analyzes the pressure and motivation of multiple entities of the government, enterprises and the public in the construction of ecological civilization, and discusses the existing states of various entities under pressure and motivation. This paper puts forward the response mechanism of multiple social subjects under the government-society structure, which builds a research framework for the micro-foundation of social common action in the construction of ecological civilization.

Keywords: Ecological Civilization Construction; Social Subject; Social Collective Action; Micro Foundation

B.10 Enhancing the Value Realization of Ecological Products in Sichuan: Theoretical Insights and Innovative Approaches from New Quality Productive Forces *Wang Jin* / 147

Abstract: The green innovation theory and circular economy theory analyze and promote the realization of ecological product value from two different perspectives of innovation and resource recycling, jointly constructing a comprehensive theoretical framework, providing a solid theoretical foundation for promoting the realization of ecological product value through new quality productivity. Currently, the realization of the value of ecological products in Sichuan is facing significant difficulties and challenges, including the urgent need to enhance scientific and technological innovation capabilities, improve institutional mechanisms, and transform and upgrade development models. Therefore, it is necessary to strengthen technological support, innovate mechanisms and systems, innovate models, and provide solid technological support, industrial support, and institutional guarantee for the realization of the value of ecological products.

Keywords: New Quality Productive Forces; Value Realization of Ecological Products; Green Innoration; Circular Economy

B . 11   Investigation and Research on the Value realization of

Ecological Products in Ethnic Regions of Sichuan Province

Zhou Feng, Tang Yue, Liu Xinmin and Xia Rongjiao / 159

Abstract: Sichuan ethnic areas have unique natural resources, rich ecological landscapes, excellent air and water sources, diverse ethnic cultures, and other high-quality ecological products. This study found through investigation that after long-term practical exploration, the ethnic areas of Sichuan Province have basically formed three models: "ecological compensation as the main driving force to realize the value of ecological regulation service products, ecological agriculture development as the main driving force to realize the value of ecological material products, and ecological cultural tourism development as the main driving force to realize the value of ecological cultural service products." At the same time, there are also practical problems such as unclear resource and property rights, imperfect ecological compensation mechanisms, lack of diversified compensation, weak product quality control capabilities, poor supply-demand coordination, insufficient ecological cultural premiums, outdated infrastructure, insufficient inclusiveness, and weak operational capabilities. Through continuous research and exploration of institutional mechanisms, quality improvement and brand building are continuously strengthened, and innovation and operational capabilities are steadily improved. Specific path suggestions were provided in four aspects.

Keywords: Sichuan; Ethnic Areas; Ecological Products; Realizing the Value of Ecological Products

B . 12   Sichuan Province Water−Energy−Food−Ecology Coupling

Coordination Evaluation Study   *Ju Dong, Hou Jing* / 178

Abstract: Water, energy, food and ecology are important factors indispensable to human survival and development. And water, energy, food and ecology in Sichuan Province play an important role in the whole country. Based on the relevant concepts, this paper first explores the significance of the synergistic development of the four factors, and then selects relevant data of Sichuan Province from 2012 to 2021, calculates the degree of coupling coordination among the four subsystems according to the formula of the coupling model, analyzes the coupling relationship among them, and gives the corresponding suggestions in the light of the existing problems in Sichuan Province.

Keywords: Water-Energy-Food-Ecology; Coupling Synergy; Coordination Evaluation

B.13 Implementation Path and Application Scenario Construction of "Electric Sichuan" *Cao Ying* / 193

Abstract: This paper discusses the implementation path, application scenario construction and related supporting policies of the "Electric Sichuan" action plan in Sichuan Province, aiming to promote the development of new energy vehicles and power battery industry in Sichuan Province, and lay the foundation for achieving the goal of green transformation of economic and social development and carbon peak and carbon neutralization. The implementation of the action plan is promoted by a series of policy measures and various application scenarios through the construction of charging and replacement infrastructure, the promotion and application of new energy vehicles, the development of power battery industry and the upgrading of new energy automobile industry. Intelligent networking is a new trend in the development of new energy automobile industry, and Sichuan Province needs to accelerate the transformation and adjustment of the industry through policies and measures such as digital empowerment. The new energy commercial vehicle market, hydrogen energy vehicles and new energy vehicle exports, which are regarded as small "blue sea", are the areas where Sichuan should focus on strengthening competition. In the next stage of the "Electric Sichuan" action plan, we need to continue to improve the construction of charging infrastructure network and strengthen the promotion and application of new energy vehicles.

Keywords: Electric Sichuan; New Energy Vehicle; Charging and Replacing Facilities; Power Battery; Scenario Construction

B.14 The International Experience of Zero-Waste Cities and Its Inspiration on the Construction of Sichuan's Zero-Waste Cities *Wang Qian, Ding Hongyu* / 211

Abstract: Through on-the-spot investigation and study, This article thinks the key strategies of San Francisco zero-waste management includes the following aspects: Clear concept, political commitment and goal of zero-waste; Strong political commitment and strict laws and regulations; The unique system of public-private partnerships with a good operation mechanism; Effective economic incentive policies to producers and consumers, In-depth publicity and education, The government departments that lead by example, Wide public participation; and so on. These strategies are of great reference value for Sichuan's current promotion of zero-waste cities and waste classification recycling, including improving the policy framework, implementing fine management and focusing on collaborative innovation.

Keywords: Zero Waste; Zero-Waste City; Waste Disposal; Resource Management

B.15 The Research on the Spatiotemporal Evolution Trend of Extreme Climate in Sichuan Province and Its Impact on Agricultural Production *Wang Ruonan, Ouyang Ruru* / 221

Abstract: Based on panel data from 18 cities in Sichuan Province from 2000 to 2022, this paper empirically studies the spatiotemporal evolution trend of extreme climate in Sichuan Province and its impact on agricultural production. The results show that extreme climate events have significantly increased in Sichuan Province over the past two decades. There is an upward trend in the number of days representing extreme high temperatures, such as summer days and warm daytimes, and a downward trend in the number of frost days representing extreme low temperatures. Indicators of extreme precipitation, such as annual total precipitation and heavy rain days, are on the rise, while the continuous drought index and precipitation intensity show a slight downward trend. Further multivariate linear regression analysis reveals that extreme weather events have a significant negative impact on agricultural production in Sichuan Province. Based on this, policy recommendations are proposed to mitigate the adverse effects of extreme climate on agricultural production.

Keywords: Extreme Climate; Spatiotemporal Evolution; Agricultural Production

IV   Special Reports

B.16   Study on the Mechanism for Safeguarding Victims' Rights

and Interests in Corporate Environmental

Criminal Compliance   *He Jiang, Luo Lin and Deng Chao* / 237

Abstract: The protection of the rights and interests of the victim's participation is one of the legitimate foundations of the enterprise environmental criminal compliance. The legal basis of enterprise environmental criminal compliance, the ecological anthropocentric legal interests and the principle requirements of human rights judicial protection show the necessity and urgency of the victim's rights protection mechanism in enterprise environmental criminal compliance. In addition, the overlapping situation of environmental public interest and private interests, and the leniency system of confession and punishment with the "guilty plea" as the connection point provide legal reference and institutional space for the construction of the victim's rights and interests protection mechanism. Considering the interests of the enterprise involved in the case, the social public interest and the efficiency of handling the case, the limit of the victim's participation needs to be rationally constructed. Refer to the leniency system of confession and punishment to clarify the legal status and basic rights of victims in the criminal compliance of the enterprise environment, build a relief system for victims' rights and interests, as well as the coordination of interests and long-term protection mechanism of rights and interests.

Keywords: Criminal Compliance; Basis of Justification; Victims' Righs; Protection of Rights and Interests

B.17 Safeguard the Environmental Integrity for the Sustainable Development Mechanism of *the Paris Agreement*

Dang Shufeng, Jiang Li / 254

Abstract: *The Paris Agreement* establishes the Sustainable Development Mechanism (SDM) as the new international crediting mechanisms. It also clarifies that the SDM should promote environmental integrity which means that the SDM Projects should bring real, additional and measurable emission reductions, and will not increase GHG emissions, to safeguard the integrity of the components, function and natural process of the natural system. In order to safeguard the environmental integrity of the SDM, the following rules should be included. Firstly, the additionality of emission reduction projects should critically be assessed by four methods: regulatory analysis, investment additionality analysis, serious consideration of SDM, and NDC implementation analysis. Article 6. 4 supervisory body should conduct random inspections to assess the additionality of projects, establish credit rating and blacklist rules for designed operational entities (DOEs), and strengthen supervision and punishment of DOEs. Secondly, the credited emission reductions from SDM (6. 4ERs) authorized by the Parties to fulfill the

NDC should be corresponding adjusted to avoid double accounting, while the information communication about the unauthorized 6.4ERs should be strengthened for the parties, and the tracking and supervision of the supervisory body for the unauthorized 6.4ERs need to be enhanced. Finally, both formal and substantive conditions should be implemented to effectively limit the carryover of CERs.

Keywords: *Paris Agreement*; Sustainable Development Mechanism; Environmental Integrity

B.18 "The Belt and Road" Carbon Market Connection Legal System Research
Zhang Chunyu, Zhong Peng / 270

Abstract: Due to the acceleration of globalization, many countries are trying to promote the global carbon market, making it possible for the international carbon market convergence and cooperation. Through this carbon market connection, it can not only help to broaden the field of carbon trading, but also help to reduce environmental pollution and achieve the global carbon emission reduction targets. Fully understand the development of carbon trading markets between various countries and regions, make full use of various policies and measures, and achieve effective convergence, so as to promote the cooperation of "the Belt and Road" carbon market convergence. In the field of international law, to establish the connectivity of carbon markets among countries, it is possible to adopt the "hard law" or "soft law" or the combination of the two. Hard law means are mandatory, but lack of flexibility, soft law is flexible but weak. At the domestic level, China mainly participates in the connection of the carbon market by improving domestic legislation and carrying out pilot carbon market.

Keywords: "the Belt and Road"; Carbon Market; Legal System; Linking Up Cooperation

B. 19 Coordinated Approaches to Environmental Legislation in
China in Pursuit of the "Dual Carbon" Goals

Zhang Yedong / 283

Abstract: Under the context of the "dual carbon" goals, China's environmental legislation should be accordingly adjusted to achieve a paradigm shift from pollution prevention to carbon reduction synergy. The current environmental legislation aimed at the "dual carbon" goals faces issues such as insufficient quantity, low hierarchy, incomplete content, and lack of specificity. In the future, it is necessary to shift the environmental governance approach to directly regulate environmental quality as the goal of environmental law, evolving from pollution control to meeting the people's higher expectations for a superior environment. Simultaneously, it is vital to accelerate the formulation of climate change response laws, enhance the synergy of existing environmental legislation, enrich the legislative quantity, elevate the legal hierarchy, and regulate greenhouse gas emissions and absorption through multiple means such as regulation, incentives, and education. This approach aims to implement the "dual carbon" goals within the comprehensive green transformation of economic and social development, demonstrating China's commitment to actively addressing the challenges of climate change and promoting the construction of a community with a shared future for humanity.

Keywords: Dual Carbon Goals; Environmental Legislation; Ecological and Environmental Code; Greenhouse Gas Control

V National Park Construction Reports

B.20 Report on Baoxing Path of Eco-product Value Realization
in Giant Panda National Park

—*A Survey from Qiaoqi Township, Baoxing County, Ya'an City,*
Sichuan Province

Shen Maoying, Zhou Feng, Zhang Shenghao and Yin Chufan / 299

Abstract: The Giant Panda National Park (GPNP) is one of the earliest established national parks in China. 74.36% of GPNP is situated within Sichuan Province, with 81.74% of Baoxing County's land area being part of GPNP. Any exploration aimed at the eco-product value realization (EPVR) in Baoxing County represents a positive effort for Sichuan and the entire country's GPNP. The challenges faced in EPVR of Baoxing are representative and typical. The experience in Baoxing is crucial for enhancing the sense of happiness and achievement among the community residents of GPNP and is highly representative in demonstrating the public welfare associated with national parks. This report, based on a systematic review of four batches of typical cases of EPVR released by the Ministry of Natural Resources and combined with the academic literature on e EPVR, chooses the Qiaoqi Tibetan Township in Baoxing County as a survey area. From the perspective of ordinary people, it defines "a series of above-ground outputs," "local folk customs of mountains, rivers, pots, and farms," and "specialty foods such as fragrant pig legs, honey wine, and wild mushrooms" as ecological products of Qiaoqi. The summary of EPVR path includes six main paths: "ticket revenue sharing leading, ecological home-stay tourism, pastoralism in grasslands, cyclic farming in courtyards, ecological protection compensation, and scenic area employment." The basic experience is "the growth of collective economy through ticket revenue sharing, sharing of collective economy benefits by collective members, and promoting EPVR through balancing ecological protection with people's development and diversifying paths. "

Keywords: Giant Panda National Park; Eco-product Value Realization; Qiaoqi

B.21 Research on Development Strategy of Nature Education in

Sichuan Area of Giant Panda National Park

Li Shengzhi, Wang Fangyue, Zhao Yang and Zhang Liming / 317

Abstract: With the gradual deepening of the construction of the giant panda National Park, the construction of the national park in Sichuan is in full swing, showing a booming trend. Its unique ecological environment and abundant natural resources provide a broad stage for nature education. How to let more people understand and protect giant pandas and achieve harmonious coexistence between man and nature has become the focus of nature education development in Sichuan. Based on the analysis of the development status of nature education in Sichuan area of Giant Panda National Park, this paper summarizes the problems existing in the development process of nature education from both internal and external aspects, and puts forward the strategies of planning a reasonable layout, constructing curriculum standards, improving supporting facilities, strengthening personnel training, cultivating brand projects, strengthening the integration of related industries, and promoting the development of national nature education. In order to mobilize the public's enthusiasm for the protection of giant pandas and their habitats, ensure the long-term survival and development of giant pandas, and provide some inspiration and ideas for the promotion of natural education in Sichuan.

Keywords: Giant panda National park; Sichuan Area; Nature Education

B . 22 Research on Ecological Protection and Community Development in the Construction of Ruoergai National Park *Zhao Chuan*, *Liu Hongbo* / 333

Abstract: This paper takes the Zoige National Park as the research area and discusses the issues of inadequate community participation in national park construction, lagging economic development, high dependency on natural resources, and an imperfect internal management organization. By analyzing the intrinsic connections and collaborative relationships between the park and the community, and based on the actual situation of the Zoige National Park, this paper proposes coordinated measures for ecological conservation and community development. These include the high-quality development of ecological industries, the promotion of nature education, the enhancement of community capacity building, the establishment of community participation mechanisms, and the high-quality creation of communities. These methods can provide theoretical support and practical guidance for the sustainable development of the Zoige National Park.

Keywords: Ruoergai National Park; Ecological Protection; Community Development

社会科学文献出版社

皮 书

智库成果出版与传播平台

❖ 皮书定义 ❖

皮书是对中国与世界发展状况和热点问题进行年度监测，以专业的角度、专家的视野和实证研究方法，针对某一领域或区域现状与发展态势展开分析和预测，具备前沿性、原创性、实证性、连续性、时效性等特点的公开出版物，由一系列权威研究报告组成。

❖ 皮书作者 ❖

皮书系列报告作者以国内外一流研究机构、知名高校等重点智库的研究人员为主，多为相关领域一流专家学者，他们的观点代表了当下学界对中国与世界的现实和未来最高水平的解读与分析。

❖ 皮书荣誉 ❖

皮书作为中国社会科学院基础理论研究与应用对策研究融合发展的代表性成果，不仅是哲学社会科学工作者服务中国特色社会主义现代化建设的重要成果，更是助力中国特色新型智库建设、构建中国特色哲学社会科学"三大体系"的重要平台。皮书系列先后被列入"十二五""十三五""十四五"时期国家重点出版物出版专项规划项目；自2013年起，重点皮书被列入中国社会科学院国家哲学社会科学创新工程项目。

权威报告·连续出版·独家资源

皮书数据库
ANNUAL REPORT(YEARBOOK)
DATABASE

分析解读当下中国发展变迁的高端智库平台

所获荣誉

- 2022年，入选技术赋能"新闻+"推荐案例
- 2020年，入选全国新闻出版深度融合发展创新案例
- 2019年，入选国家新闻出版署数字出版精品遴选推荐计划
- 2016年，入选"十三五"国家重点电子出版物出版规划骨干工程
- 2013年，荣获"中国出版政府奖·网络出版物奖"提名奖

皮书数据库

"社科数托邦"
微信公众号

成为用户

　　登录网址www.pishu.com.cn访问皮书数据库网站或下载皮书数据库APP，通过手机号码验证或邮箱验证即可成为皮书数据库用户。

用户福利

- 已注册用户购书后可免费获赠100元皮书数据库充值卡。刮开充值卡涂层获取充值密码，登录并进入"会员中心"—"在线充值"—"充值卡充值"，充值成功即可购买和查看数据库内容。
- 用户福利最终解释权归社会科学文献出版社所有。

社会科学文献出版社 皮书系列
SOCIAL SCIENCES ACADEMIC PRESS (CHINA)

卡号：943372637117
密码：

数据库服务热线：010-59367265
数据库服务QQ：2475522410
数据库服务邮箱：database@ssap.cn
图书销售热线：010-59367070/7028
图书服务QQ：1265056568
图书服务邮箱：duzhe@ssap.cn

S 基本子库
UB DATABASE

中国社会发展数据库（下设 12 个专题子库）

　　紧扣人口、政治、外交、法律、教育、医疗卫生、资源环境等 12 个社会发展领域的前沿和热点，全面整合专业著作、智库报告、学术资讯、调研数据等类型资源，帮助用户追踪中国社会发展动态、研究社会发展战略与政策、了解社会热点问题、分析社会发展趋势。

中国经济发展数据库（下设 12 专题子库）

　　内容涵盖宏观经济、产业经济、工业经济、农业经济、财政金融、房地产经济、城市经济、商业贸易等 12 个重点经济领域，为把握经济运行态势、洞察经济发展规律、研判经济发展趋势、进行经济调控决策提供参考和依据。

中国行业发展数据库（下设 17 个专题子库）

　　以中国国民经济行业分类为依据，覆盖金融业、旅游业、交通运输业、能源矿产业、制造业等 100 多个行业，跟踪分析国民经济相关行业市场运行状况和政策导向，汇集行业发展前沿资讯，为投资、从业及各种经济决策提供理论支撑和实践指导。

中国区域发展数据库（下设 4 个专题子库）

　　对中国特定区域内的经济、社会、文化等领域现状与发展情况进行深度分析和预测，涉及省级行政区、城市群、城市、农村等不同维度，研究层级至县及县以下行政区，为学者研究地方经济社会宏观态势、经验模式、发展案例提供支撑，为地方政府决策提供参考。

中国文化传媒数据库（下设 18 个专题子库）

　　内容覆盖文化产业、新闻传播、电影娱乐、文学艺术、群众文化、图书情报等 18 个重点研究领域，聚焦文化传媒领域发展前沿、热点话题、行业实践，服务用户的教学科研、文化投资、企业规划等需要。

世界经济与国际关系数据库（下设 6 个专题子库）

　　整合世界经济、国际政治、世界文化与科技、全球性问题、国际组织与国际法、区域研究 6 大领域研究成果，对世界经济形势、国际形势进行连续性深度分析，对年度热点问题进行专题解读，为研判全球发展趋势提供事实和数据支持。

法律声明

　　"皮书系列"（含蓝皮书、绿皮书、黄皮书）之品牌由社会科学文献出版社最早使用并持续至今，现已被中国图书行业所熟知。"皮书系列"的相关商标已在国家商标管理部门商标局注册，包括但不限于LOGO（▮）、皮书、Pishu、经济蓝皮书、社会蓝皮书等。"皮书系列"图书的注册商标专用权及封面设计、版式设计的著作权均为社会科学文献出版社所有。未经社会科学文献出版社书面授权许可，任何使用与"皮书系列"图书注册商标、封面设计、版式设计相同或者近似的文字、图形或其组合的行为均系侵权行为。

　　经作者授权，本书的专有出版权及信息网络传播权等为社会科学文献出版社享有。未经社会科学文献出版社书面授权许可，任何就本书内容的复制、发行或以数字形式进行网络传播的行为均系侵权行为。

　　社会科学文献出版社将通过法律途径追究上述侵权行为的法律责任，维护自身合法权益。

　　欢迎社会各界人士对侵犯社会科学文献出版社上述权利的侵权行为进行举报。电话：010-59367121，电子邮箱：fawubu@ssap.cn。

社会科学文献出版社